Technische Mechanik im Überblick

Sebastian Götz · Geralf Hütter · Björn Kiefer

# Technische Mechanik im Überblick

## Ein Begleiter für das Studium und zur Prüfungsvorbereitung

Sebastian Götz
HTW Berlin
Hochschule für Technik und Wirtschaft
Berlin, Deutschland

Geralf Hütter
Institut für Mechanik und Fluiddynamik
TU Bergakademie Freiberg
Freiberg, Deutschland

Björn Kiefer
Institut für Mechanik und Fluiddynamik
TU Bergakademie Freiberg
Freiberg, Deutschland

ISBN 978-3-658-49253-3 ISBN 978-3-658-49254-0 (eBook)
https://doi.org/10.1007/978-3-658-49254-0

Die Deutsche Nationalbibliothek verzeichnet diese Publikation in der Deutschen Nationalbibliografie; detaillierte bibliografische Daten sind im Internet über https://portal.dnb.de abrufbar.



Planung/Lektorat: Ellen-Susanne Klabunde
Springer Vieweg ist ein Imprint der eingetragenen Gesellschaft Springer Fachmedien Wiesbaden GmbH und ist ein Teil von Springer Nature.
Die Anschrift der Gesellschaft ist: Abraham-Lincoln-Str. 46, 65189 Wiesbaden, Germany

# Vorwort

Es gibt zahlreiche Lehrbücher zur Technischen Mechanik, die Grundlagen und Anwendungsgebiete anschaulich und ausführlich darstellen. Ebenso stehen umfangreiche Aufgabensammlungen mit vollständig ausgearbeiteten Lösungen zur Verfügung. Wozu also ein weiteres Buch?

Unser Anliegen ist es, die zentralen Zusammenhänge und Formeln in kompakter Form darzustellen und so einen schnellen Überblick über die Teilgebiete Statik, Festigkeitslehre und Kinetik zu ermöglichen. Dieses Buch soll Studierende sowohl bei der Vorbereitung auf eine Vorlesung unterstützen, indem auf wenigen Seiten die wesentlichen Inhalte bereitgestellt werden, als auch bei der Nachbereitung helfen, um die wesentlichen Themen in konzentrierter Form zu wiederholen. Darüber hinaus soll es zur Orientierung im Stoff beitragen – insbesondere in der Anfangsphase des Studiums, wenn das Gesamtbild der Technischen Mechanik oft noch schwer zu überblicken ist.

Die inhaltliche Struktur basiert auf unseren langjährigen Lehrtätigkeiten in unterschiedlichen ingenieurwissenschaftlichen Studiengängen, darunter Maschinenbau, Bauingenieurwesen, Verfahrenstechnik, Chemieingenieurwesen, Fahrzeugtechnik und Wirtschaftsingenieurwesen. Für diese Fachrichtungen ist das Buch konzipiert, wobei einige wenige Abschnitte nur für die eine oder andere Richtung von Bedeutung sind.

Ein ausführliches Lehrbuch oder eine gute Vorlesung kann und soll dieses Buch nicht ersetzen. Der Reiz einer eleganten Herleitung bleibt der Präsenzveranstaltung vorbehalten. Dieses Buch versteht sich vielmehr als praktischer Begleiter zur Vorlesung und als Kompendium für die Prüfungsvorbereitung. Dabei war es unser Anliegen, eine leicht zugängliche Darstellung mit der erforderlichen fachlichen Exaktheit zu verbinden.

Berlin,
Freiberg

im Juli 2025

*Sebastian Götz,*
*Geralf Hütter,*
*Björn Kiefer*

# Inhaltsverzeichnis

# Teil I Statik

## 1 Grundlagen

Die *Statik* ist das Teilgebiet der Technischen Mechanik, das sich mit dem *Gleichgewicht* von Kräften und (Dreh-)Momenten an ruhenden Körpern befasst. Insbesondere stellt die Statik Methoden bereit, um aus den äußeren Lasten auf die Beanspruchung von Tragstrukturen in Konstruktionen zu schließen. Sie bildet damit die Grundlage für das Verständnis und die Auslegung von Tragstrukturen in Ingenieurwissenschaften, insbesondere im Bauingenieurwesen und Maschinenbau. Mithilfe statischer Berechnungen wird sichergestellt, dass Konstruktionen sowohl sicher als auch wirtschaftlich ausgelegt sind.

### 1.1 Einzelkraft

Die aus dem Physikunterricht bekannte mechanische Größe *Kraft* hat, wie in Abb. 1.1 dargestellt, einen *Angriffspunkt*, einen *Betrag* und eine *Richtung*. Durch Angriffspunkt und Wirkrichtung einer Kraft ist deren *Wirkungslinie* festgelegt. Eine einzelne Kraft bewirkt die Beschleunigung (Translation) eines Körpers in ihre Wirkrichtung. Je größer der Betrag der Kraft ist, desto stärker ist die Beschleunigung. Entsprechend ist der Kraft im SI-System die Einheit Newton $1\,\mathrm{N} = 1\,\mathrm{kg\,m/s^2}$ zugeordnet. Weiterhin treten Kräfte als Wechselwirkung zwischen Körpern auf und bewirken Änderungen der Bewegung oder der Form von Körpern. Mathematisch gesehen handelt es sich bei der Kraft um einen Vektor $\vec{F}$. Grafisch wird dieser durch einen Pfeil dargestellt, dessen Länge $|\vec{F}|$ dem Betrag entspricht. In der Technischen Mechanik wird der Betrag einer Kraft der Einfachheit halber oft nur mit dem Formelzeichen $F$ bezeichnet, während der Richtungsbezug und Angriffspunkt in Prinzipskizzen angegeben werden.

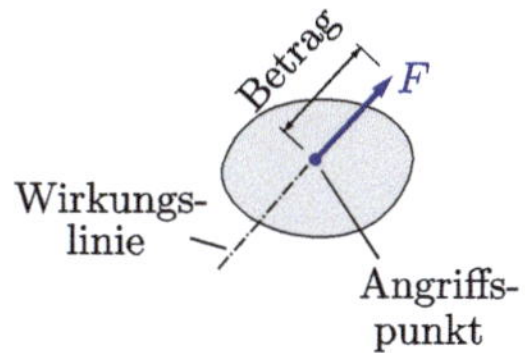


Abb. 1.1: Einzelkraft

Ist eine Kraft bzgl. eines kartesischen Koordinatensystems durch ihre Koordinaten $F_x$, $F_y$ und (ggf. im räumlichen Fall) $F_z$ gegeben wie in Abb. 1.2 dargestellt, berechnet sich ihr Betrag entsprechend den Regeln der Vektorrechnung zu

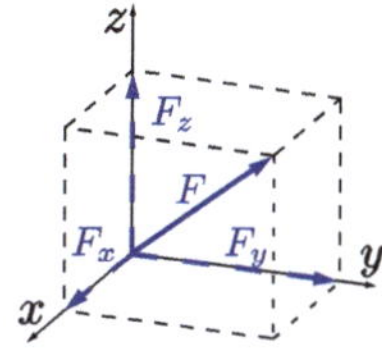


Abb. 1.2: Zerlegung einer Kraft

$$|\vec{F}| = \sqrt{\vec{F} \cdot \vec{F}} = \sqrt{F_x^2 + F_y^2 + F_z^2}\,.$$

Umgekehrt setzt sich der Kraftvektor aus den Koordinaten und den kartesischen Einheitsvektoren $\vec{e}_x$, $\vec{e}_y$ und $\vec{e}_z$ zusammen:

$$\vec{F} = F_x\vec{e}_x + F_y\vec{e}_y + F_z\vec{e}_z\,.$$


S. Götz et al., *Technische Mechanik im Überblick*,
https://doi.org/10.1007/978-3-658-49254-0_1

Im ebenen Fall ist der Kraftvektor eindeutig durch seinen Betrag und den Winkel $\alpha$ zur $x$-Achse bestimmt, wie in Abb. 1.3 dargestellt. Die Koordinaten ergeben sich dabei zu

$$F_x = F\cos\alpha\,, \qquad F_y = F\sin\alpha\,.$$

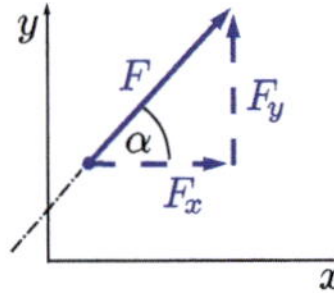


Abb. 1.3: Zerlegung einer Kraft in der Ebene

## 1.2 Einzelmoment

Physikalisch ebenbürtig zur Kraft ist das Drehmoment, oder nur kurz *Moment*, welches eine Drehbewegung (Rotation) eines Körpers antreibt.

Im räumlichen Fall wird es ebenfalls durch einen Vektorpfeil mit Angriffspunkt, Betrag und Richtung dargestellt. Die Richtung ist dabei entsprechend der Rechten-Hand-Regel festgelegt, d. h. die Drehrichtung ergibt sich aus der Lage von Zeige- bis kleinem Finger, wenn der Daumen der rechten Hand in Richtung des Momentenvektors zeigt, wie Abb. 1.4 verdeutlicht. Vektoren, die diese Eigenschaft haben, werden als *axiale Vektoren* bezeichnet und durch einen Pfeil mit doppelter Pfeilspitze dargestellt. Als SI-Einheit des Moments ergibt sich $1\,\mathrm{Nm} = 1\,\mathrm{kg\,m^2/s^2}$.

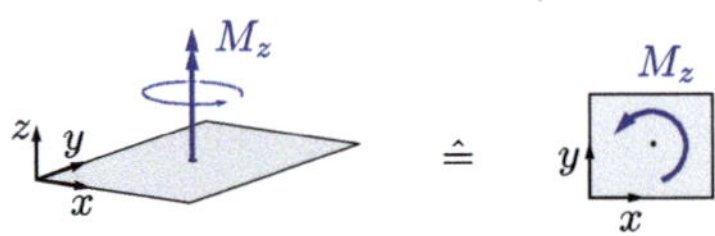


Abb. 1.4: Momentenvektor

Im praktisch relevanten ebenen Fall können nur Momente senkrecht zur Ebene auftreten. In der Darstellung blickt man dabei auf die Pfeilspitze, weshalb ein Moment in diesem Fall als gekrümmter Pfeil dargestellt wird, dessen Wirkrichtung entweder im oder gegen den Uhrzeigersinn verläuft.

## 1.3 Schnittprinzip

Die in der Technischen Mechanik betrachteten Körper sind, insbesondere in der Statik, oft mit ihrer Umgebung oder untereinander verbunden. Diese Bindungen können, je nach Art, Kräfte und Momente übertragen. Durch einen *gedachten* Schnitt um das gesamte Bauteil werden diese Kräfte und Momente freigelegt und entgegengesetzt an beiden Schnittufern angetragen, da sie sich in ihrer Gesamtwirkung ausgleichen. Werden alle Bindungen eines Körpers durch solche Schnitte entfernt und die von außen *eingeprägten* Kräfte und Momente angetragen, ist der Körper *freigeschnitten*, wie in Abb. 1.5 veranschaulicht. An derart freigeschnittenen Körpern werden die Untersuchungen zum Gleichgewicht der Kräfte und Momente durchgeführt.

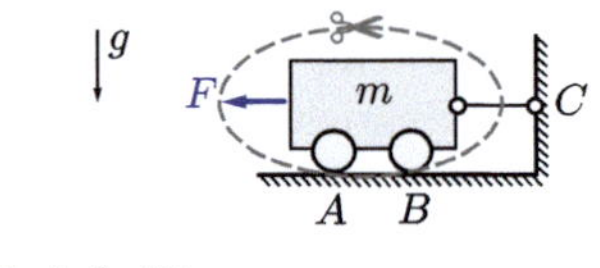


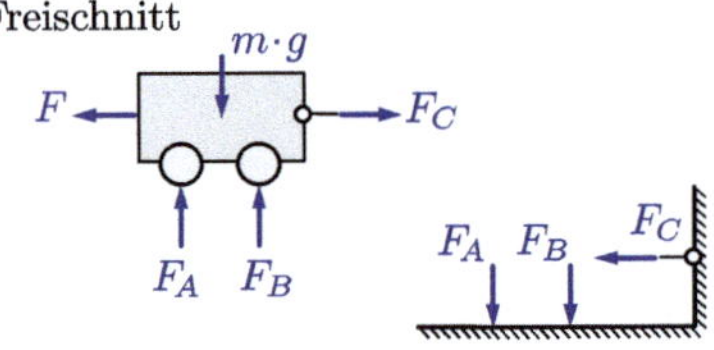


Abb. 1.5: Schnittprinzip

# 2 Kräfte und Momente in der Ebene

## 2.1 Zentrales Kraftsystem

Auf Tragwerke wirken praktisch immer mehrere Kräfte ein. Wenn die Kräfte an einem gemeinsamen Punkt angreifen oder sich ihre Wirkungslinien in einem Punkt schneiden, spricht man von einem *zentralen Kraftsystem.*

Die gemeinsame Wirkung mehrerer Kräfte kann statisch äquivalent durch die *resultierende Kraft* $F_\mathrm{R}$ erfasst werden. Im Falle von zwei zentralen Kräften $F_1$ und $F_2$ kann diese als Diagonale des Kräfteparallelogramms bestimmt werden, wie in Abb. 2.1 links dargestellt. Es ist ersichtlich,

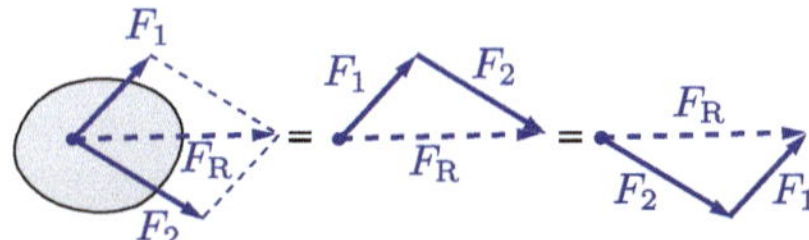


Abb. 2.1: Kräfteparallelogramm

dass sowohl die obere als auch die untere Hälfte des Kräfteparallelogramms alle nötigen Informationen enthalten und die resultierende Kraft auch durch Aneinandersetzen der beiden Kraftvektoren $\vec{F}_1$ und $\vec{F}_2$ ermittelt werden kann, was einer vektoriellen Addition $\vec{F}_\mathrm{R} = \vec{F}_1 + \vec{F}_2$ entspricht.

Dieses Vorgehen lässt sich leicht auf die resultierende Kraft einer beliebigen Anzahl von Kräften $F_1$ bis $F_n$ verallgemeinern. Dafür werden die Kräfte in einem sogenannten *Kräfteplan* aneinandergesetzt, wie in Abb. 2.2 rechts dargestellt. Die resultierende Kraft $F_\mathrm{R}$ ergibt sich als Verbindung vom Startpunkt der ersten zur Spitze der letzten Kraft im Kräfteplan. Der Linienzug der Kräfte im Kräfteplan wird auch als *Krafteck* bezeichnet. Anschließend kann

Lageplan

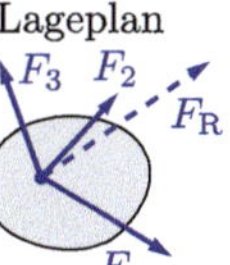


Kräfteplan

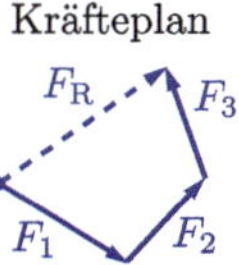


Abb. 2.2: Resultierende Kraft

die resultierende Kraft $F_\mathrm{R}$ in der örtlichen Darstellung der Kräfte, dem sogenannten *Lageplan,* am gemeinsamen Kraftangriffspunkt als statisch äquivalenter Ersatz für die Kräfte $F_1$ bis $F_n$ eingetragen werden.

Rechnerisch entspricht dieses Vorgehen der vektoriellen Summe

$$\vec{F}_\mathrm{R} = \sum_{i=1}^{n} \vec{F}_i \,.$$

Sind die einzelnen Kräfte $\vec{F}_i = F_{ix}\vec{e}_x + F_{iy}\vec{e}_y$ durch ihre Koordinaten $F_{ix}$ und $F_{iy}$ in einem kartesischen Koordinatensystem mit den Basisvektoren $\vec{e}_x$ und $\vec{e}_y$ gegeben, vgl. Abschnitt 1.1, werden die Koordinaten der resultierenden Kraft als Summe der Koordinaten der Einzelkräfte berechnet:

$$F_{\mathrm{R}x} = \sum_{i=1}^{n} F_{ix} \,, \qquad F_{\mathrm{R}y} = \sum_{i=1}^{n} F_{iy} \,.$$

### Gleichgewicht

Ist die resultierende Kraft $\vec{F}_\mathrm{R} = \vec{0}$, stehen die an einem Körper angreifenden Kräfte im *Gleichgewicht.* Im Kräfteplan entspricht dies einem geschlossenen Krafteck, d.h. Anfangs- und Endpunkt sind identisch, wie in Abb. 2.3 gezeigt. Bezüglich der kartesischen Koordinaten lauten die Gleichgewichtsbedingungen also

$$0 = \sum_{i=1}^{n} F_{ix} \,, \qquad 0 = \sum_{i=1}^{n} F_{iy} \,.$$

In der Technischen Mechanik ist es gängig, die betreffenden Gleichungen durch vorangestellte Richtungspfeile $\rightarrow$ und $\uparrow$ zu kennzeichnen.

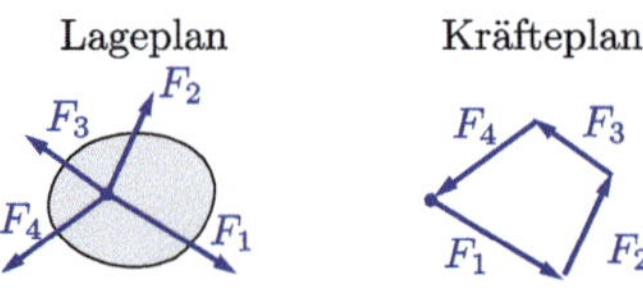


Abb. 2.3: Gleichgewicht in einem zentralen Kraftsystem

**Beispiel 2.1:** Betrachtet sei als Beispiel der in Abb. 2.4 links dargestellte Ausleger (Stabzweischlag) zur Aufnahme einer Last $F$. Zunächst wird der Lastangriffspunkt wie dargestellt freigeschnitten, d. h. die beiden Stäbe werden durch die von ihnen übertragenen Kräfte $F_{S1}$ und $F_{S2}$ ersetzt. Die Gleichgewichtsbedingungen bzgl. des dargestellten $x$-$y$-Koordinatensystems lauten

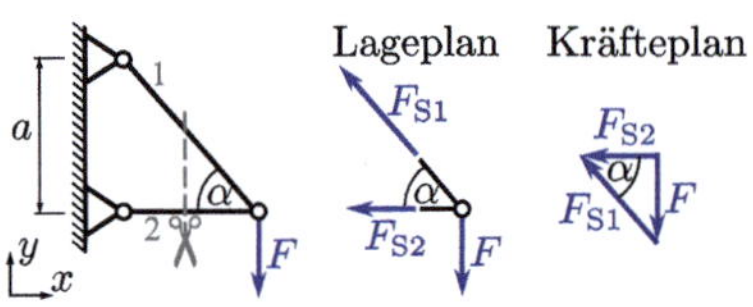


Abb. 2.4: Gleichgewicht in einem Ausleger

$$\begin{aligned} \rightarrow: \quad & 0 = -F_{S2} - F_{S1}\cos\alpha \\ \uparrow: \quad & 0 = F_{S1}\sin\alpha - F\,. \end{aligned}$$

Die zweite Gleichung führt unmittelbar auf $F_{S1} = F/\sin(\alpha)$. Einsetzen in die erste Gleichung liefert anschließend $F_{S2} = -F/\tan(\alpha)$. Im konkreten Fall lassen sich diese Gleichungen auch unmittelbar aus dem im Gleichgewicht geschlossenen Krafteck, hier ein Dreieck, mittels trigonometrischer Beziehungen ablesen. Dabei ist zu beachten, dass die Stabkraft $F_{S2}$ beim Umlauf im Krafteck entgegen ihrer angenommenen Richtung durchlaufen wird, was ein negatives Vorzeichen im Ergebnis nach sich zieht. Aus der rechnerischen Lösung folgt dieses Vorzeichen direkt.

## 2.2 Allgemeine Belastungen

Beim zentralen Kraftsystem verläuft die Wirkungslinie der Resultierenden durch den gemeinsamen Angriffspunkt aller Kräfte. Bei allgemeinen, nichtzentralen Belastungen, wie in Abb. 2.5 dargestellt, lassen sich zwar Richtung und Betrag der resultierenden Kraft aus dem Krafteck bestimmen, zur Ermittlung der Lage ihrer Wirkungslinie sind jedoch weitere Informationen erforderlich. Dafür wird das *Moment einer Kraft* $F_i$ als Produkt $M_{Fi} = F_i \cdot a_i$ benötigt. Der Hebelarm $a_i$ ist dabei der kürzeste Abstand der Wirkungslinie zu einem Referenzpunkt, z. B. zum Koordinatenursprung, siehe Abb. 2.6. Wird die Kraft bezüglich einer kartesischen Basis $x$-$y$ zerlegt, so wirken die Koordinaten $(x_i, y_i)$ des Lastangriffspunktes als Hebelarme der Komponenten $F_{ix}$ und $F_{iy}$. Unter Beachtung einer einheitlichen Zählrichtung, hier mathematisch positiv, also entgegen dem Uhrzeigersinn, ergibt sich das Moment einer Kraft

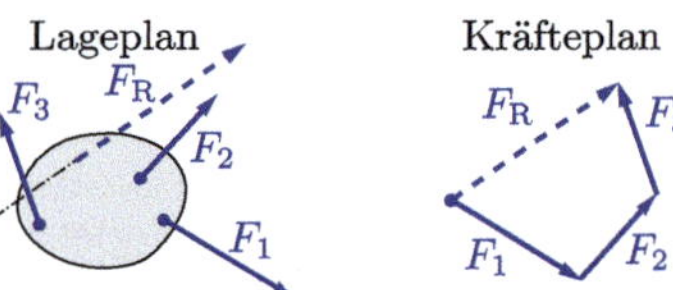


Abb. 2.5: Resultierende Kraft eines allgemeinen Kraftsystems

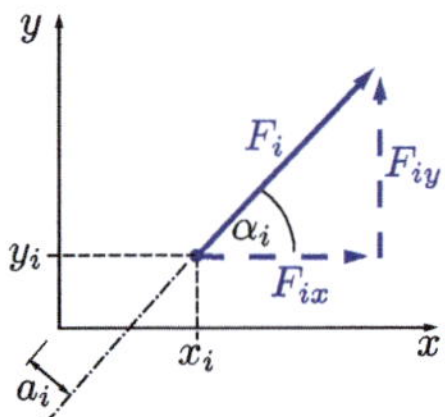


Abb. 2.6: Hebelarm einer Kraft bzgl. des Koordinatenursprungs

zu:

$$M_{Fi} = F_{iy}x_i - F_{ix}y_i\,.$$

Das Moment der resultierenden Kraft wird dann, analog zur resultierenden Kraft, als Summe der Momente aller Kräfte berechnet

$$M_\mathrm{R} = \sum_i (F_{iy}x_i - F_{ix}y_i)$$

und durch Umstellen erhalten wir die Gleichung der Wirkungslinie von $F_\mathrm{R}$:

$$y = \frac{F_{\mathrm{R}y}}{F_{\mathrm{R}x}} \cdot x - \frac{M_\mathrm{R}}{F_{\mathrm{R}x}}\,.$$

Wenn zusätzlich Einzelmomente $M_j$ wirken, müssen diese bei der Berechnung des resultierenden Moments aller Kräfte und Momente mit berücksichtigt werden:

$$M_\mathrm{R} = \sum_{i=1}^{n} (F_{iy}x_i - F_{ix}y_i) + \sum_{j=1}^{m} M_j\,.$$

Eine Gruppe von Kräften und Momenten kann also statisch äquivalent über eine im Ursprung angreifende resultierende Kraft $F_\mathrm{R}$ und ein resultierendes Moment $M_\mathrm{R}$ repräsentiert werden. Alternativ kann entsprechend Abb. 2.7 die Wirkungslinie von $F_\mathrm{R}$ um $a_\mathrm{R} = M_\mathrm{R}/F_\mathrm{R}$ parallel verschoben werden, um die gleiche Momentenwirkung zu erzielen[1].

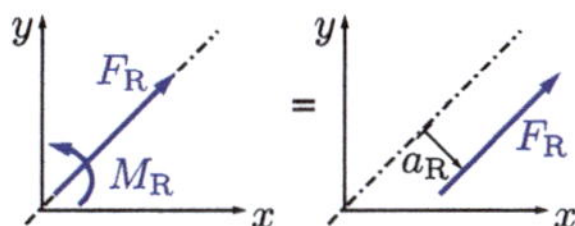


Abb. 2.7: Resultierende Kraft und resultierendes Moment

[1]Offensichtlich ist eine derartige Repräsentation nur für $F_\mathrm{R} \neq 0$ möglich.

### Gleichgewicht

Damit ein System im Gleichgewicht ist, müssen neben der resultierenden Kraft $F_\mathrm{R}$ auch das resultierende Moment $M_\mathrm{R}$ null sein. Damit stehen in der Ebene drei unabhängige Gleichgewichtsbedingungen zur Verfügung:

$$\begin{aligned} \rightarrow:&\quad 0 = \sum_{i=1}^{n} F_{ix} \\ \uparrow:&\quad 0 = \sum_{i=1}^{n} F_{iy} \\ \overset{\curvearrowleft}{O}:&\quad 0 = \sum_{i=1}^{n} (F_{iy}x_i - F_{ix}y_i) + \sum_{j=1}^{n} M_j\,. \end{aligned}$$

Analog zu den Pfeilen bei den Kraftgleichgewichtsbedingungen ist die Momentengleichgewichtsbedingung durch einen Drehpfeil $\overset{\curvearrowleft}{O}$ kenntlich gemacht. Dabei bezeichnet $O$ den Ursprung des Koordinatensystems als Referenzpunkt. Wenn das Kraftgleichgewicht erfüllt ist, kann aber auch jeder andere Punkt als Referenzpunkt (bzw. Ursprung des Koordinatensystems) gewählt werden.

**Beispiel 2.2:** Betrachten wir den in Abb. 2.8 dargestellten Hebel mit Lastarm $\ell_\mathrm{L}$ und Kraftarm $\ell_\mathrm{K}$. Zunächst wird der Hebel vom Auflagerpunkt $A$ freigeschnitten und dessen Wirkung durch eine Kraft $F_A$ ersetzt. Für den freigeschnittenen Hebel können wir nun die drei

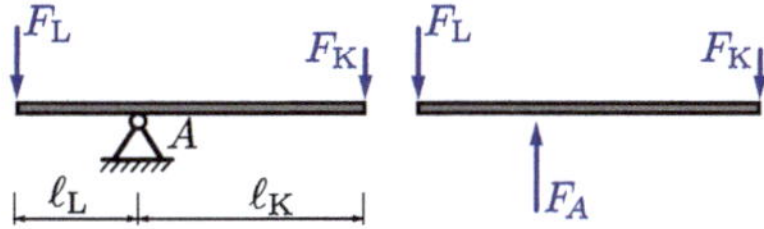


Abb. 2.8: Hebel mit Lastarm und Kraftarm

Gleichgewichtsbedingungen formulieren:

$$\begin{aligned} \rightarrow &: \quad 0 = 0 \\ \uparrow &: \quad 0 = F_A - F_\mathrm{L} - F_\mathrm{K} \\ \overset{\curvearrowleft}{A} &: \quad 0 = F_\mathrm{L}\ell_\mathrm{L} - F_\mathrm{K}\ell_\mathrm{K}\,. \end{aligned}$$

Die erste Gleichung, also die Kraftgleichgewichtsbedingung in horizontale Richtung, ist mangels entsprechender Lasten identisch erfüllt. Die dritte Gleichung für das Moment entspricht dem Archimedischen Hebelgesetz $F_\mathrm{L}\ell_\mathrm{L} = F_\mathrm{K}\ell_\mathrm{K}$. Die zweite Gleichung zeigt, dass gleichzeitig die gesamten vertikalen Kräfte $F_\mathrm{L} + F_\mathrm{K} = F_A$ über das Auflager abgetragen werden müssen.

## 2.3 Streckenlasten

In vielen relevanten Fällen treten nicht nur Einzelkräfte und -momente auf, sondern auch verteilte Lasten wie Eigengewicht, Verkehrslasten, Wind- oder Wasserdruck. Eine *Streckenlast* wird als Kraft pro Länge vorgegeben und mit dem Formelzeichen $q$ bezeichnet, siehe Abb. 2.9, wobei $q$ vom Ort $s$ abhängen kann. Die resultierende Kraft $F_\mathrm{R}$ und deren Lage $s_\mathrm{R}$ können berechnet werden, wenn in den vorgenannten Formeln für $F_\mathrm{R}$ die Einzelkräfte durch infinitesimal kleine Kräfte $\mathrm{d}F = q\,\mathrm{d}s$ und das Summenzeichen durch ein Integral ersetzt wird:

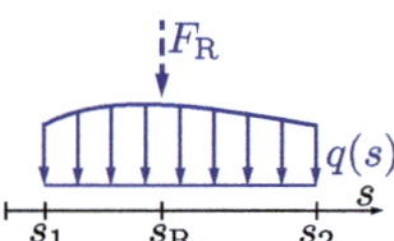


Abb. 2.9: Streckenlast mit Resultierender

$$F_\mathrm{R} = \int_{s_1}^{s_2} q(s)\,\mathrm{d}s, \quad s_\mathrm{R} = \frac{1}{F_\mathrm{R}} \int_{s_1}^{s_2} s \cdot q(s)\,\mathrm{d}s\,.$$

In Abb. 2.9 ist $F_\mathrm{R}$ gestrichelt eingetragen um zu verdeutlichen, dass $F_\mathrm{R}$ nicht gleichzeitig zur Streckenlast $q(s)$ wirkt, sondern diese statisch äquivalent ersetzt.

In Abb. 2.10 sind die Resultierende und die Lage ihrer Wirkungslinien für die gängigsten Fälle einer konstanten oder linear veränderlichen Intensität zu finden. Die Resultierende $F_\mathrm{R}$ als Fläche unter der $q(s)$-Kurve kann in diesen Fällen auch ohne Integration aus den elementaren Flächeninhaltsformeln bestimmt werden. Die Lage der Wirkungslinie einer konstanten Linienlast $q(x) = q_0$ ergibt sich schon aus Symmetriegründen zu $s_\mathrm{R} = \ell/2$. Bei einer linearen Streckenlast $q(s) = q_0 s/\ell$ ist

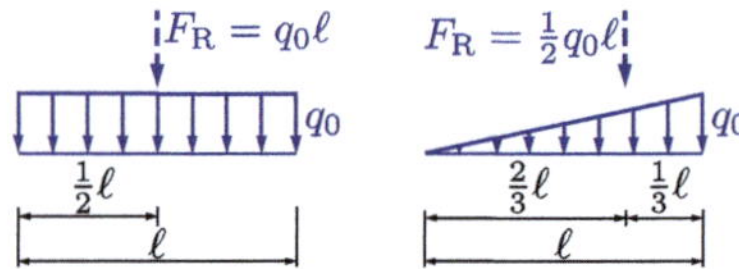


Abb. 2.10: Typische Streckenlasten und ihre resultierende Kraft

$$s_\mathrm{R} = \frac{1}{\frac{1}{2}q_0\ell} \int_0^\ell s \cdot q_0 \frac{s}{\ell}\,\mathrm{d}s = \frac{2}{3}\ell\,.$$

# 3 Schwerpunkt

## 3.1 Körperschwerpunkt

Jeder Körper ist der Erdanziehungskraft (*Schwerkraft*) ausgesetzt. Dabei wirkt auf ein infinitesimales Volumen $\mathrm{d}V$ mit der Masse $\mathrm{d}m = \rho\,\mathrm{d}V$ die Kraft $\mathrm{d}F = g\,\mathrm{d}m$. Die resultierende Kraft und die Lage ihrer Wirkungslinie können dann durch Integration über das Gesamtvolumen $V$ bestimmt werden. Der Schwerpunkt $S$ ist der Schnittpunkt der Wirkungslinien der resultierenden Gewichtskraft bei verschiedenen räumlichen Orientierungen eines Körpers im konstanten Schwerefeld ($g$ = konst.). Für eine homogene Massendichte $\rho$ = konst. berechnen sich die Koordinaten des Schwerpunktes demnach zu

$$x_S = \frac{1}{V}\int_V x\,\mathrm{d}V$$
$$y_S = \frac{1}{V}\int_V y\,\mathrm{d}V$$
$$z_S = \frac{1}{V}\int_V z\,\mathrm{d}V\,.$$

Lässt sich ein Körper in $i = 1\ldots n$ Teilkörper zerlegen, bei denen die jeweiligen Schwerpunkte $(x_{S_i}, y_{S_i}, z_{S_i})$ und Volumina $V_i$ bekannt sind, so liegt der Gesamtschwerpunkt bei

$$x_S = \frac{1}{V}\sum_i x_{S_i} V_i$$
$$y_S = \frac{1}{V}\sum_i y_{S_i} V_i$$
$$z_S = \frac{1}{V}\sum_i z_{S_i} V_i\,,$$

wobei das Gesamtvolumen $V = \sum_i V_i$ ist. Dieses Vorgehen ist insbesondere dann sinnvoll, wenn ein Körper in elementare Grundkörper zerlegt werden kann, deren Schwerpunktlagen und Volumina aus Tabellenbüchern entnommen werden können.

## 3.2 Flächenschwerpunkt

Wird das Volumen durch den Flächeninhalt ersetzt, so erhält man die Koordinaten des Flächenschwerpunktes $S$, siehe Abb. 3.1.

$$x_S = \frac{1}{A}\int_A x\,\mathrm{d}A$$
$$y_S = \frac{1}{A}\int_A y\,\mathrm{d}A$$

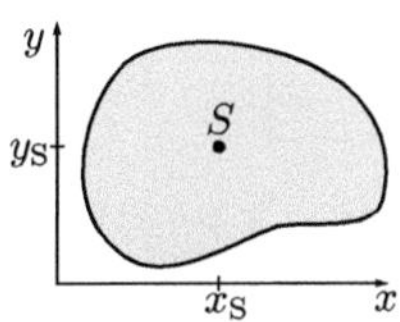


Abb. 3.1: Flächenschwerpunkt

Für eine aus den Teilflächen $A_i$ zusammengesetzte Fläche $A = \sum_i A_i$ gilt folglich:

$$x_S = \frac{1}{A}\sum_i x_{S_i} A_i$$
$$y_S = \frac{1}{A}\sum_i y_{S_i} A_i\,.$$

Die Flächeninhalte und Schwerpunktlagen einiger elementarer Flächen sind in Abb. 3.2 zusammengestellt. Wie am Beispiel eines Rechtecks oder eines Kreises zu sehen ist, liegt der Schwerpunkt auf einer Symmetrieachse, sofern eine Fläche eine solche besitzt.

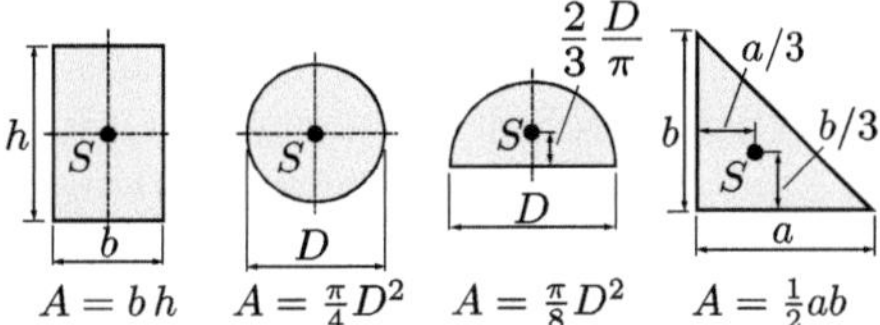


Abb. 3.2: Schwerpunkte elementarer Flächen

**Beispiel 3.1:** Die Lage des Schwerpunkts des L–Profils in Abb. 3.3 mit den Abmessungen $a = 15$ cm und $t = 5$ cm soll berechnet werden. Die Gesamtfläche kann in zwei Rechtecke mit

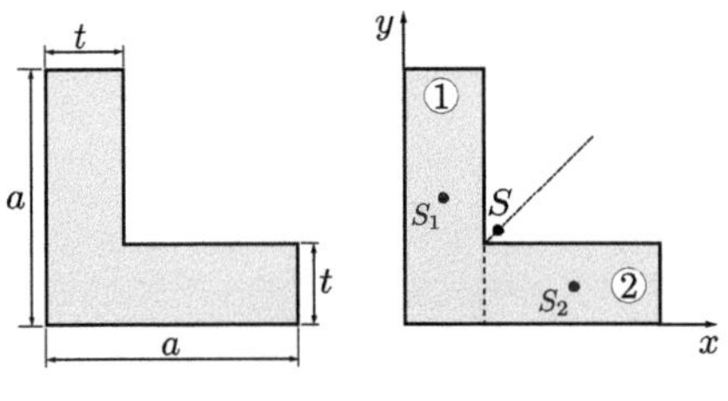


Abb. 3.3: L–Profil

den Flächeninhalten $A_1 = at$ und $A_2 = (a-t)t$ und Schwerpunkten $x_{S_1} = t/2$, $y_{S_1} = a/2$ bzw. $x_{S_2} = t + (a-t)/2$, $y_{S_2} = t/2$ zerlegt werden. Entsprechend obiger Formeln ergeben sich die Koordinaten des Gesamtschwerpunktes zu

$$x_S = \frac{\frac{t}{2}at + \left(t + \frac{a-t}{2}\right)(a-t)t}{at + (a-t)t} = 5{,}5\,\text{cm}$$

$$y_S = \frac{\frac{a}{2}at + \frac{t}{2}(a-t)t}{at + (a-t)t} = 5{,}5\,\text{cm}\,.$$

Es ist zu bemerken, dass die explizite Berechnung von $y_S$ im konkreten Fall nicht nötig gewesen wäre, da die Diagonale eine Symmetrieachse darstellt und daher $y_S = x_S$ gelten muss.

## 3.3 Linienschwerpunkt

Analog wird der Schwerpunkt einer Linie definiert, siehe Abb. 3.4, wobei der Flächeninhalt durch die Linienlänge $\ell$ ersetzt wird und eine Laufkoordinate $s$ entlang der Linie eingeführt werden muss.

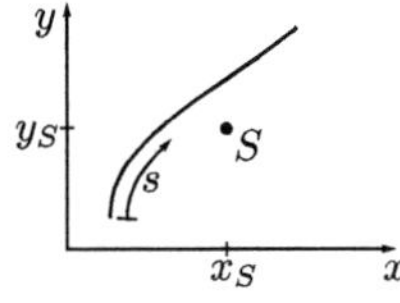


Abb. 3.4: Linienschwerpunkt

Für die Schwerpunktkoordinaten einer beliebig gekrümmten Linie gilt:

$$x_S = \frac{1}{\ell}\int_0^\ell x\,\mathrm{d}s$$

$$y_S = \frac{1}{\ell}\int_0^\ell y\,\mathrm{d}s\,.$$

Auch hier lässt sich das Integral in eine Summe von Linienstücken $\ell_i$ mit bekannten Teilschwerpunkten zerlegen:

$$x_S = \frac{1}{\ell}\sum_i x_{S_i}\ell_i$$

$$y_S = \frac{1}{\ell}\sum_i y_{S_i}\ell_i\,.$$

Wird beispielsweise das L–Profil aus Abb. 3.3 für sehr kleine Wandstärken $t \ll a$ als Linie betrachtet, so ergibt sich

$$x_S = \frac{0 \cdot a + \frac{a}{2}a}{a + a} = \frac{a}{4}\,.$$

Aufgrund der Symmetrie zur Diagonalen gilt zudem: $y_S = x_S$. Der Linienschwerpunkt liegt im Allgemeinen nicht auf der Linie selbst.

# 4 Ebene Tragwerke

Ein *Tragwerk* bezeichnet eine Konstruktion aus einem oder mehreren Bauteilen, die äußere, sog. *eingeprägte Lasten* (Kräfte und Momente) aufnimmt und auf andere Bauteile oder die Umgebung überträgt. Wir behandeln hier hauptsächlich *Linientragwerke* wie Balken oder Stäbe als Modelle von Tragwerken, deren Abmessungen in einer Richtung diejenigen in die beiden anderen deutlich übersteigt. Die Lasten werden über die Lagerungen an die Umgebung weitergeleitet und treten dort als *Lagerreaktionen* (Lagerkräfte und -momente) zwischen Tragwerk und Umgebung auf. Das Ziel dieses Abschnitts ist die Berechnung dieser Lagerreaktionen. Dafür müssen die Lagerreaktionen durch einen *Freischnitt* sichtbar gemacht werden. Anschließend können sie mit Hilfe der *Gleichgewichtsbedingungen* ermittelt werden.

## 4.1 Lagerungen

Lager können verschiedene Bewegungsmöglichkeiten eines Tragwerks blockieren, wobei aus jeder verhinderten Bewegungsmöglichkeit eine Lagerreaktion resultiert. Die Anzahl der blockierten Bewegungsmöglichkeiten wird als *Wertigkeit* eines Lagers bezeichnet. Abb. 4.1 zeigt die wichtigsten Lagertypen mit ihren Symbolen und den resultierenden Lagerreaktionen. Das 1-

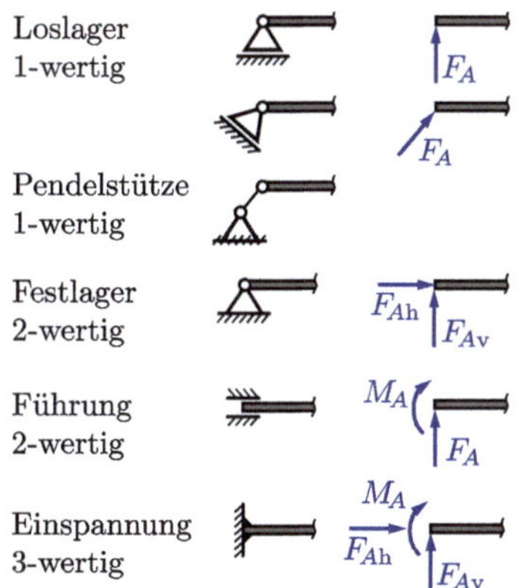


Abb. 4.1: Wichtige Lagerarten

wertige *Loslager* blockiert nur eine Richtung. In der Abbildung ist das die Verschiebung in vertikaler Richtung. Daraus resultiert eine Lagerkraft in dieser Richtung. Grundsätzlich kann ein Loslager mit beliebigem Winkel ausgerichtet sein, die entsprechende Lagerkraft zeigt immer senkrecht zur freien Bewegungsrichtung. Die gleiche Wirkung wird konstruktiv durch einen beidseitig gelenkig gelagerten Stab, eine *Pendelstütze*, erreicht. *Festlager* sind 2-wertige Lager, die Verschiebungen in vertikaler und horizontaler Richtung verhindern und daher im Freischnitt durch die beiden Lagerkräfte $F_{\mathrm{Ah}}$ und $F_{\mathrm{Av}}$ ersetzt werden. Alternativ zu den Komponenten in vertikaler und horizontaler Richtung kann auch der Betrag der resultierenden Lagerkraft $F_{\mathrm{A}}$ und ihre Richtung durch den Winkel $\alpha$ angetragen werden. Eine *Führung* ist ein weiteres 2-wertiges Lager, das Querverschiebungen und Verdrehungen blockiert, Längsverschiebungen aber zulässt. Im Freischnitt wird sie durch eine Lagerkraft $F_A$ und ein Lagermoment $M_A$ ersetzt. Eine Einspannung blockiert als 3-wertiges Lager sämtliche Bewegungsmöglichkeiten, was in den Kräften $F_{\mathrm{Ah}}$ und $F_{\mathrm{Av}}$ sowie dem Moment $M_A$ als Lagerreaktionen resultiert.

Die Lagersymbole sind gängigen Stahlbaukonstruktionen entlehnt und sind z. B. in Bahnhofshallen aus dem 19. Jhd. oder älteren Brücken noch gut zu erkennen. Auch im Maschinenbau sind Lager wichtige Konstruktionselemente. So gibt es bspw. verschiedene Arten von Kugellagern, bei denen durch die Anordnung der Kugeln und Ringe bestimmte Bewegungsmöglichkeiten einer Welle eingeschränkt sind, um den gewünschten Kraftfluss ins Gehäuse konstruktiv zu realisieren.

## 4.2 Statische Bestimmtheit

Bevor konkrete Berechnungsschritte unternommen werden, sollte man überlegen, ob genügend Gleichungen zur Bestimmung der unbekannten Lagerreaktionen zur Verfügung stehen und das Problem somit überhaupt lösbar ist. Nach dem Freischnitt eines einteiligen ebenen Tragwerks haben wir drei Gleichgewichtsbedingungen als Gleichungen zur Verfügung. Dem stehen insgesamt $r$ zu berechnende Lagerreaktionen gegenüber. Diese lassen sich nur für $r = 3$ aus den Gleichgewichtsbedingungen berechnen. Ein solches Tragwerk wird als *statisch bestimmt* bezeichnet. Diese Überlegung lässt sich formalisieren, indem wir den *Grad der statischen Unbestimmtheit* als

$$g = r - 3$$

definieren. Der Fall $g = 0$ entspricht dabei der notwendigen Bedingung einer statisch bestimmten Lagerung. Ein solches Tragwerk ist links in Abb. 4.2 zu sehen, bei dem mit dem zweiwertigen Festlager und dem einwertigen Loslager $r = 2+1 = 3$ Lagerreaktionen auftreten. Im Gegensatz dazu er-

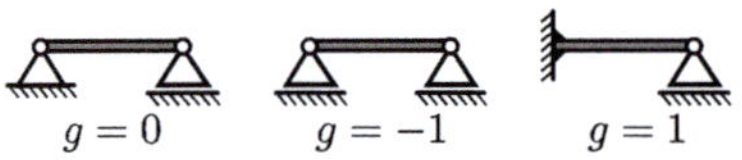

$g = 0$ $g = -1$ $g = 1$

Abb. 4.2: Beispiele für statische Bestimmtheit von Tragwerken

reicht die mittlere Konstruktion mit zwei einwertigen Loslagern nur $g = -1$. Konstruktionen mit $g < 0$ haben noch freie Bewegungsmöglichkeiten, im Beispiel in horizontale Richtung, und werden als *Mechanismus* bezeichnet. Sie sind nicht als statisches Tragwerk geeignet, aber z. B. zur Führung von Bewegungen. Wir werden uns damit im 3. Teil des Buches befassen.

Das rechts dargestellte Tragwerk erreicht mit einer dreiwertigen Einspannung und einem einwertigen Loslager $r = 4$ und damit einen positiven Grad der statischen Unbestimmtheit $g = 1$. Derartige Konstruktionen eignen sich als Tragwerke, u. U. sogar mit einem besseren Tragverhalten, können jedoch nicht ausschließlich durch die Gleichgewichtsbedingungen berechnet werden. Bei solch *statisch unbestimmten* Tragwerken müssen weitere Betrachtungen zum Verformungsverhalten einbezogen werden, wie sie Gegenstand von Teil 2 dieses Buches sind. Im Teil 1 beschränken wir uns auf statisch bestimmte Tragwerke mit $g = 0$. Es sei noch angemerkt, dass $g = 0$ eine notwendige, aber keine hinreichende Bedingung für statische Bestimmtheit ist. So erreicht das System in Abb. 4.3 mit drei einwertigen Loslagern nach dem Abzählkriterium zwar $g = 0$, jedoch ist durch die gleiche Ausrichtung der Lager trotzdem eine horizontale Bewegung möglich. Auf hinreichende Bedingungen für statische Bestimmtheit wird in späteren Kapiteln hingewiesen.

Abb. 4.3: Beispiel für ein statisch unbestimmtes Tragwerk mit $g = 0$

## 4.3 Bestimmung der Lagerreaktionen

Durch einen Freischnitt wird ein Tragwerk von seiner Umgebung getrennt und die Lager in ihrer Wirkung durch die Lagerreaktionen ersetzt, die mittels Gleichgewichtsbedingungen berechnet werden können.

**Beispiel 4.1:** Wir betrachten den in Abb. 4.4 dargestellten fest-los-gelagerten Träger, der mit einer Kraft $F$ belastet ist, die unter dem Winkel $\alpha$ angreift. Zur Berechnung der $r = 3$

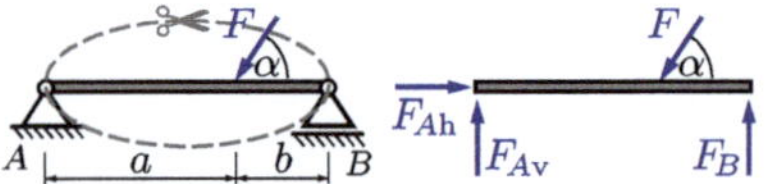


Abb. 4.4: Träger mit schräger Einzellast

Lagerreaktionen haben wir die horizontale und vertikale Kräftebilanz sowie eine Momentenbilanz zur Verfügung:

$$\begin{aligned} \uparrow:&\quad 0 = F_{\mathrm{Av}} + F_B - F\sin\alpha \\ \rightarrow:&\quad 0 = F_{\mathrm{Ah}} - F\cos\alpha \\ \overset{\frown}{A}:&\quad 0 = F_B(a+b) - F\sin\alpha \cdot a\,. \end{aligned}$$

Für die Kräftebilanzen $\uparrow$: und $\rightarrow$: musste die Kraft in ihre vertikalen und horizontalen Anteile zerlegt werden. In die Momentenbilanz $\overset{\frown}{A}$: gehen zusätzlich noch die Hebelarme der betreffenden Kräfte bezüglich des gewählten Referenzpunktes $A$ ein, wobei der horizontale Anteil von $F$ keinen Beitrag liefert, da die Länge des Hebelarmes null ist. Die Pfeilrichtungen $\uparrow$, $\rightarrow$ und $\overset{\frown}{A}$ geben die beliebig zu wählende Zählrichtung an. Auch der Referenzpunkt der Momentenbilanz kann beliebig gewählt werden. Zweckmäßigerweise wählt man einen Punkt, durch den die Wirkungslinien möglichst vieler Kräfte gehen, damit diese in der Momentenbilanz unmittelbar entfallen.

Die Gleichgewichtsbedingungen bilden ein Gleichungssystem für die Lagerreaktionen, das im konkreten Fall am einfachsten von unten nach oben gelöst werden kann. Die Lösung ergibt $F_{\mathrm{Ah}} = F\cos\alpha$, $F_{\mathrm{Av}} = b/(a+b) \cdot F\sin\alpha$ und $F_B = a/(a+b) \cdot F\sin\alpha$. Der horizontale Anteil der Last $F\cos\alpha$ wird ausschließlich vom Festlager abgetragen, während sich der vertikale Anteil entsprechend der Hebelarme $a$ und $b$ auf beide Lager aufteilt. Bei mittigem Kraftangriff $a = b$ ergibt sich demnach erwartungsgemäß eine hälftige Aufteilung als sinnvolle Plausibilitätskontrolle.

## 4.4 Streckenlasten

Neben Einzellasten sind Streckenlasten ein praktisch relevantes Belastungsszenario. Sie werden in Gleichgewichtsbedingungen zweckmäßigerweise durch ihre Resultierende ersetzt, die in Abschnitt 2.3 für typische Streckenlastverläufe bereits bereitgestellt wurde (andernfalls ist der entsprechende Integralausdruck zu verwenden).

Betrachten wir den in Abb. 4.5 dargestellten einseitig eingespannten Träger, einen sog. *Kragträger*, mit der konstanten Streckenlast $q_0$. In die Gleichgewichtsbilanzen des freigeschnittenen Tragwerks setzen wir direkt die bei $\ell/2$ angreifende resultierende der Streckenlast $F_{\mathrm{R}} = q_0\ell$ ein

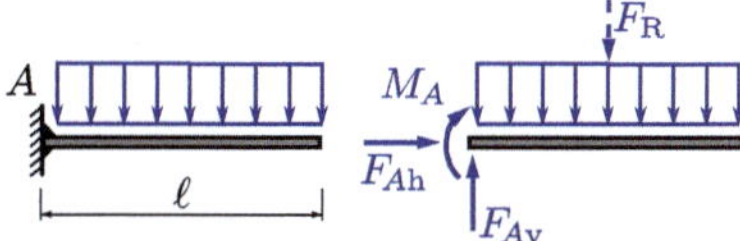


Abb. 4.5: Kragträger mit Streckenlast

$$\begin{aligned} \uparrow:&\quad 0 = F_{\mathrm{Av}} - q_0\,\ell \\ \rightarrow:&\quad 0 = F_{\mathrm{Ah}} \\ \overset{\frown}{A}:&\quad 0 = M_A + q_0\,\ell \cdot \frac{1}{2}\ell \end{aligned}$$

und erhalten nach der Lösung des Gleichungssystems unmittelbar die Lagerreaktionen: $F_{\mathrm{Ah}} = 0$, $F_{\mathrm{Av}} = q_0\ell$ und $M_A = -q_0\ell^2/2$.

## 4.5 Mehrteilige Tragwerke

In vielen Tragkonstruktionen sind Teile durch verschiedenartig bewegliche Verbindungselemente wie *Gelenke* gekoppelt. Diese erhöhen den Freiheitsgrad des Tragwerks, weshalb zusätzliche Lagerungen erforderlich sind. Zur Berechnung der Lagerreaktionen müssen die starren Einzelteile des Tragwerks einzeln freigeschnitten werden, wodurch die Gelenkreaktionen Teil der Lösung werden. Die in Abb. 4.6 dargestellten Verbindungselemente führen je nach Art der verhinderten Bewegungen auf entsprechende Reaktionskräfte und -momente. Diese treten mit ihrer Anzahl $v$ als weite-

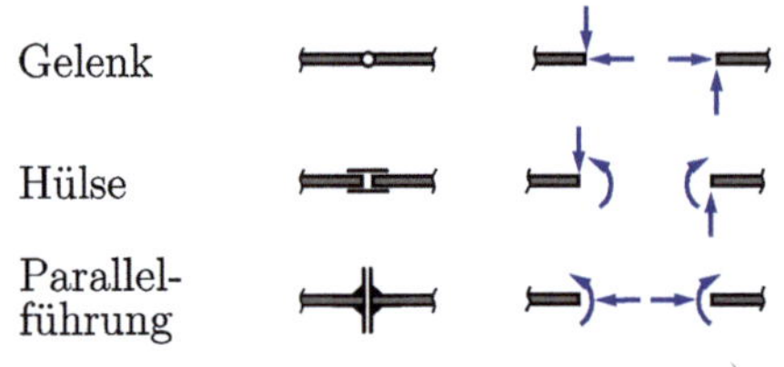

Abb. 4.6: Verbindungstypen

re Unbekannte neben die $r$ Lagerreaktionen. Dafür stehen aber auch für jedes der $n$ Teile drei Gleichgewichtsbedingungen zur Berechnung zur Verfügung. Der Grad der statischen Unbestimmtheit ergibt sich demnach zu

$$g = r + v - 3n\,.$$

Erneut ist $g = 0$ eine *notwendige Bedingung* für statische Bestimmtheit.[2]

**Beispiel 4.2:** In Abb. 4.7 ist ein sog. zweiteiliger *Gerberträger* gezeigt. Zur Berechnung

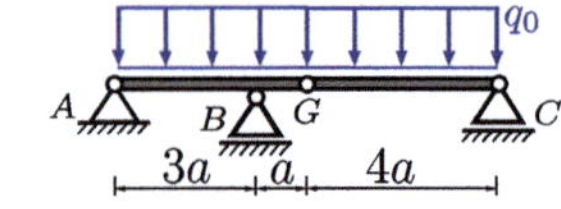

Abb. 4.7: Zweiteiliger Gerberträger

der Auflager- und Gelenkreaktionen wird das Tragwerk am Gelenk in zwei Teile freigeschnitten. Die Gleichgewichtsbedingungen lauten für den linken Teil

$$\begin{aligned}
\rightarrow&: \quad 0 = F_{\text{Ah}} - F_{\text{Gh}}\\
\uparrow&: \quad 0 = F_{\text{Av}} + F_B - F_{\text{Gv}} - 4aq_0\\
\overset{\curvearrowleft}{A}&: \quad 0 = F_B\,3a - F_{\text{Gv}}\,4a - 4aq_0\,2a
\end{aligned}$$

und den rechten Teil

$$\begin{aligned}
\rightarrow&: \quad 0 = F_{\text{Gh}}\\
\uparrow&: \quad 0 = F_{\text{Gv}} + F_C - 4aq_0\\
\overset{\curvearrowleft}{G}&: \quad 0 = F_C\,4a - 4aq_0\,2a\,.
\end{aligned}$$

Für die effiziente Lösung beginnen wir günstigerweise mit dem rechten Teil mit nur drei unbekannten Größen, die aus den letzten drei Gleichungen bestimmt werden können: $F_C = F_{\text{Gv}} = 2aq_0$ und $F_{\text{Gh}} = 0$. Anschließendes Einsetzen in die oberen Bilanzen führt auf $F_{\text{Ah}} = 0$, $F_{\text{Av}} = \frac{2}{3}aq_0$ $F_B = \frac{16}{3}aq_0$. Es überträgt also der rechte Teil des Tragwerks die Streckenlast hälftig auf das Lager $C$ und das Gelenk. Der Druck auf das Gelenk entlastet das Lager $A$, muss jedoch zusätzlich vom Lager $B$ aufgenommen werden.

**Beispiel 4.3:** Abschließend berechnen wir die Auflager- und Gelenkreaktionen für den in Abb. 4.8 gezeigten *Dreigelenkrahmen*. Die

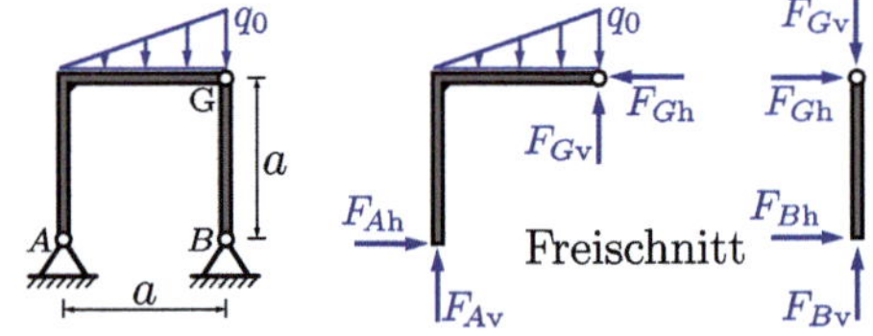

Abb. 4.8: Dreigelenkrahmen

Gleichgewichtsbedingungen für den linken Teil sind

$$\begin{aligned}
\rightarrow&: \quad 0 = F_{\text{Ah}} - F_{\text{Gh}}\\
\uparrow&: \quad 0 = F_{\text{Av}} + F_{\text{Gv}} - \frac{1}{2}q_0\,a\\
\overset{\curvearrowleft}{A}&: \quad 0 = F_{\text{Gv}}\,a + F_{\text{Gh}}\,a - \frac{1}{2}q_0\,a \cdot \frac{2}{3}a\,,
\end{aligned}$$

[2] Eine hinreichende Bedingung ist, dass zusätzlich die Determinante des Gleichungssystems der Gleichgewichtsbedingungen von null verschieden ist oder eine Beweglichkeit des Systems ausgeschlossen werden kann (kinematische Bestimmtheit), z. B. anhand eines *Polplans*.

wobei beachtet wurde, dass die resultierende Streckenlast $\frac{1}{2}q_0\,a$ im Abstand $\frac{2}{3}a$ von der linken oberen Ecke wirkt. Für den rechten Teil gilt

$$\begin{aligned} \rightarrow: &\quad 0 = F_{Gh} + F_{Bh} \\ \uparrow: &\quad 0 = F_{Bv} - F_{Gv} \\ \overset{\frown}{B}: &\quad 0 = -F_{Gh}\,a\,. \end{aligned}$$

Daraus folgt $F_{Gh} = F_{Bh} = 0$ und $F_{Bv} = F_{Gv}$. Damit erhalten wir mit der linken Seite als Ergebnisse $F_{Ah} = 0$, $F_{Av} = \frac{1}{6}q_0\,a$ und $F_{Gv} = F_{Bv} = \frac{1}{3}q_0\,a$. Der rechte Teil überträgt nur eine Längskraft und wirkt als *Pendelstütze*. Ein solches Konstruktionselement erfüllt also dieselbe Funktion wie ein Loslager und kann direkt durch dieses ersetzt werden, vgl. Abb. 4.1.

# 5 Schnittgrößen am Balken

Bisher haben wir Tragwerke in ihrer Funktion betrachtet, Lasten in die Auflager abzutragen und für die Berechnung der entsprechenden Lager- und Gelenkreaktionen Tragwerke genau an diesen Stellen freigeschnitten. Dieser Lastabtrag erfolgt über innere Kräfte und Momente in einem Tragwerk, den sogenannten *Schnittgrößen*. Die Schnittgrößen sind Maße für die lokale Beanspruchung des Tragwerks und bilden die Grundlage der Festigkeitsbewertung anhand von Spannungen im zweiten Teil des Buches.

## 5.1 Definition der Schnittgrößen

Zunächst müssen die Schnittgrößen durch einen Schnitt durch das Tragwerk sichtbar gemacht werden. Dieser erfolgt nicht an einem festen Ort, sondern an einer mit der Laufvariablen $s$ beschriebenen Stelle und wird senkrecht zur Längsachse geführt. Das hat den Vorteil, dass die Schnittgrößen in Abhängigkeit von $s$ formuliert werden und durch Einsetzen einer konkreten Position an jeder beliebigen Stelle bekannt werden. Dabei spielt es grundsätzlich keine Rolle, in welche Richtung $s$ läuft. Betrachten wir zunächst das durch eine konstante Streckenlast $q_0$ und die Kraft $F$ belastete Tragwerk in Abb. 5.1. Beim Schnitt

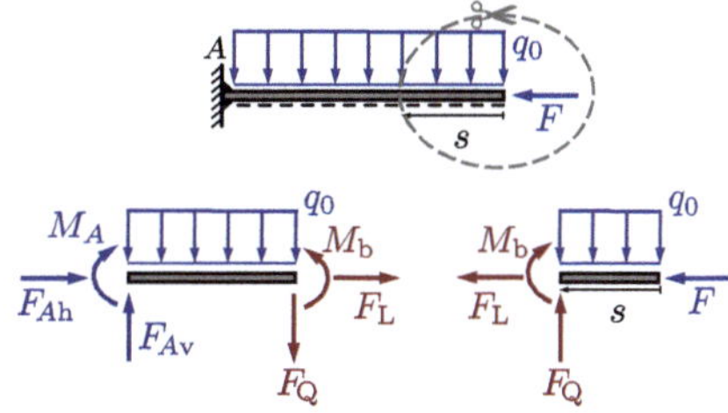


Abb. 5.1: Richtungsdefinition der Schnittgrößen

an der Stelle $s$ wird die materielle Bindung durch die rot gekennzeichneten Schnittgrößen *Längskraft* $F_L$, *Querkraft* $F_Q$ und *Biegemoment* $M_b$ ersetzt[3]. Diese inneren Kräfte und Momente sind auf beiden Seiten des Schnitts (den *Schnittufern*) gleich groß, aber jeweils einander entgegengesetzt, sodass sich ihre Wirkung nach außen aufhebt. Der Richtungssinn der Schnittgrößen wird konventionsgemäß gewählt wie in der Abbildung angetragen. Die Richtung des Biegemoments $M_b$ ist dabei so gewählt, dass auf der Unterseite des Balkens die Zugfaser liegt. Das bedeutet, dass die Unterseite bei einer durch das Biegemoment verursachten Verformung gedehnt und die Oberseite gestaucht wird. Um auch bei vertikalen Trägern eine eindeutige Zuordnung der Richtungen der Schnittgrößen an den jeweiligen Schnittufern sicherzustellen, wird die Unterseite durch eine strichlierte Linie gekennzeichnet.

[3]Es ist auch die Notation $N$, $Q$ und $M$ bzw. international $N$, $V$ und $M$ geläufig.

## 5.2 Berechnung und grafische Darstellung

Im Beispiel können die Schnittgrößen anhand der Freischnitte von links oder von rechts ermittelt werden. Beim linken Freischnitt treten aber die noch unbekannten Lagerreaktionen auf. Wir müssten sie zuvor separat bestimmen, indem wir das Tragwerk am Lager $A$ freischneiden. Einfacher geht es mit dem rechten Schnitt, denn hier treten neben den unbekannten Schnittgrößen nur bekannte Größen auf. Es ist

$$\rightarrow: \quad 0 = -F_\mathrm{L} - F$$
$$\uparrow: \quad 0 = F_\mathrm{Q} - q_0\, s$$
$$\overset{\curvearrowleft}{\times}: \quad 0 = -M_\mathrm{b} - q_0\, s \cdot \frac{1}{2} s$$

und wir erhalten als Ergebnis die Schnittgrößen $F_\mathrm{L} = -F$, $F_\mathrm{Q} = q_0 s$ und $M_\mathrm{b} = -(1/2) q_0 s^2$. Günstigerweise wird die Momentenbilanz direkt um den Schnittpunkt $\overset{\curvearrowleft}{\times}$ formuliert, da so in jeder Bilanzgleichung nur eine unbekannte Größe auftaucht, was die Berechnung der gesuchten Größen vereinfacht. Während die Längskraft im Beispiel konstant ist, sind Querkraft und Biegemoment von $s$ abhängig, ändern also ihre Größe mit der Position im Tragwerk. An der Stelle $s = \ell$ entsprechen sie den Lagerreaktionen in $A$, wobei $F_\mathrm{Q}(\ell) = -F_\mathrm{Ah}$ aufgrund der unterschiedlichen Richtung ist.

Zur Veranschaulichung werden die Verläufe der Schnittgrößen entsprechend ihrer Funktion am Tragwerk grafisch dargestellt. Dabei werden positive Werte nach unten hin positiv dargestellt. Für unser Beispiel erhalten wir die Verläufe in Abb. 5.2. In diesem Beispiel treten die maximalen Schnittgrößen an der Einspannung auf. Im Allgemeinen ist jedoch eine Extremwertbetrachtung erforderlich. Dabei ist zu überprüfen, ob lokale Extremwerte betragsmäßig kleiner sind als die Werte am Rand des Definitionsbereichs der Laufvariablen $s$. Abb. 5.3 zeigt einen solchen Fall in dem $|M_\mathrm{b,extr.}| < |M(s{=}\ell)|$ ist.

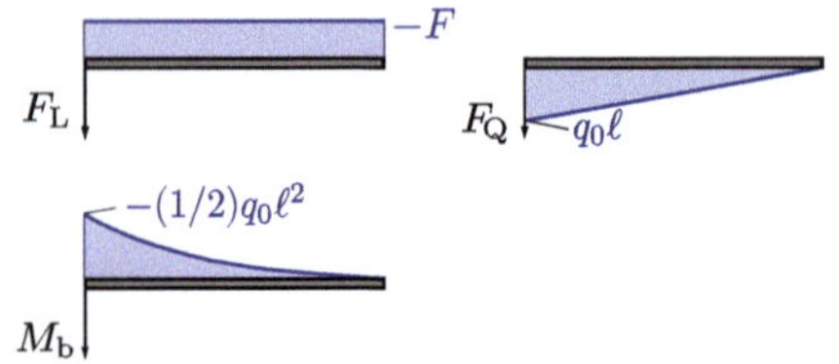


Abb. 5.2: Grafische Darstellung der Schnittreaktionsverläufe

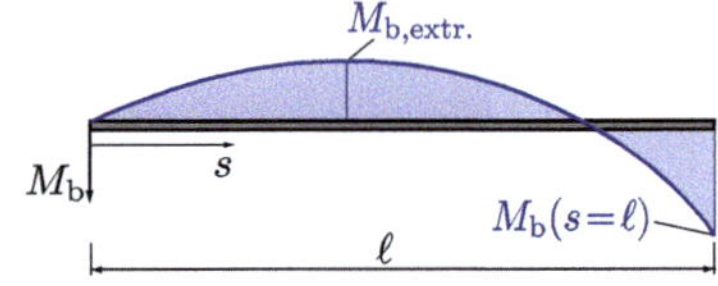


Abb. 5.3: Zur Extremwertbetrachtung

### Bereichseinteilung

Die Schnittgrößenverläufe in Abb. 5.2 sind stetig. Es gibt keine Knicke und Sprünge. Treten in einem Tragwerk jedoch Unstetigkeiten auf, so ist die Einteilung in mehrere Bereiche erforderlich. Unstetigkeiten können

- geometrisch bedingt sein, z. B. durch Knicke, Lagerungen und Verzweigungen im Tragwerk
- infolge der Belastung entstehen, z. B. durch Einleitung von Einzelkräften und -momenten, durch den Beginn und das Ende stetiger Streckenlasten oder durch Knicke und Sprünge in Streckenlasten.

Abb. 5.4 zeigt ein Beispiel mit sieben Bereichen. Hier muss also sieben mal geschnitten werden, um für jeden Bereich drei Schnittgrößen, insgesamt 21, zu berechnen. Das

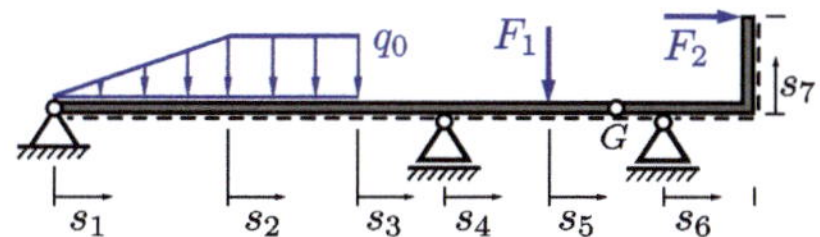


Abb. 5.4: Beispiel zur Einteilung in Bereiche

Gelenk in diesem Tragwerk stellt keine Unstetigkeit für die Schnittgrößen dar, sodass dort kein neuer Bereich begonnen werden muss.

**Beispiel 5.1:** Gesucht sind die Schnittgrößen für das Tragwerk in Abb. 5.5. Am Freischnitt des schrägen Loslagers (1-wertig) wurde die Lagerkraft in Richtung der blockierten Bewegung angetragen. Die Gleichgewichtsbedingungen lauten:

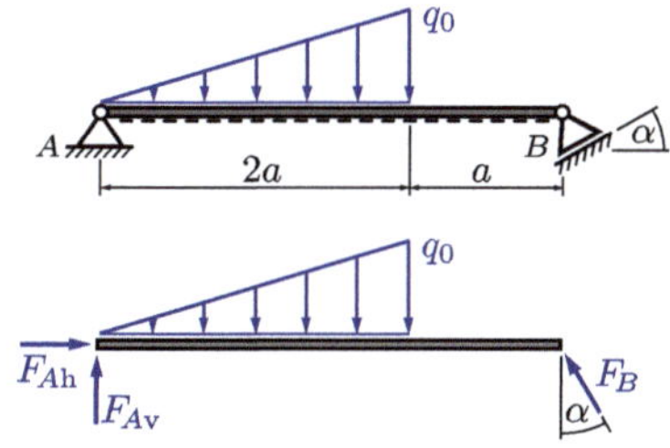


Abb. 5.5: Beispiel mit zwei Schnittbereichen

$$\rightarrow: \quad 0 = F_{Ah} - F_B \sin\alpha$$

$$\uparrow: \quad 0 = F_{Av} - \frac{1}{2} q_0\, 2a + F_B \cos\alpha$$

$$\overset{\curvearrowleft}{A}: \quad 0 = -\left(\frac{1}{2} q_0\, 2a\right)\left(\frac{2}{3} \cdot 2a\right) + F_B \cos\alpha \cdot 3a\,.$$

Als Ergebnis erhalten wir die Lagerreaktionen

$$F_{Ah} = \frac{4}{9} q_0\, a \cdot \tan\alpha, \quad F_{Av} = \frac{5}{9} q_0\, a \quad \text{und}$$

$$F_B = \frac{4}{9} \frac{q_0\, a}{\cos\alpha}\,.$$

Zur Berechnung der Schnittgrößen schneiden wir die beiden Bereiche des Tragwerks jeweils von außen her frei, siehe Abb. 5.6. Beim Aufstellen der Gleichgewichtsbilanzen für den ersten Schnitt müssen wir beachten, dass die Größe der Streckenlast abhängig von der Position $s_1$ formuliert werden muss. Vom Lager A bis zur Stelle $s_1 = 2a$ steigt sie linear auf den Wert $q_0$ an. Der Anstieg folgt also der linearen Funktion

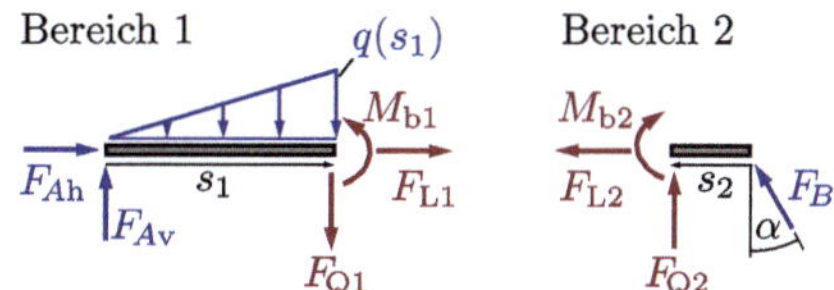


Abb. 5.6: Freischnitte der Bereiche

$$q(s_1) = \frac{q_0}{2a} \cdot s_1\,.$$

Damit lauten die Bilanzgleichungen für Bereich 1

$$\rightarrow: \quad 0 = F_{Ah} + F_{L1}$$

$$\uparrow: \quad 0 = F_{Av} - \left(\frac{1}{2} \frac{q_0}{2a} s_1\right) s_1 - F_{Q1}$$

$$\overset{\curvearrowleft}{\times}: \quad 0 = -F_{Av} s_1 + \left(\left(\frac{1}{2} \frac{q_0}{2a} s_1\right) s_1\right)\left(\frac{1}{3} s_1\right) + M_{b1}$$

und es folgen die Schnittgrößen

$$F_{L1}(s_1) = -\frac{4}{9} q_0 a \tan\alpha$$

$$F_{Q1}(s_1) = \frac{5}{9} q_0 a - \frac{1}{4} \frac{q_0}{a} s_1^2$$

$$M_{b1}(s_1) = \frac{5}{9} q_0 a s_1 - \frac{1}{12} \frac{q_0}{a} s_1^3\,.$$

Die Berechnung im 2. Bereich ist deutlich einfacher. Aus den Gleichgewichtsbedingungen

$$\rightarrow: \quad 0 = -F_{L2} - F_B \sin\alpha$$

$$\uparrow: \quad 0 = F_{Q2} + F_B \cos\alpha$$

$$\overset{\curvearrowleft}{\times}: \quad 0 = -M_{b2} + F_B \cos\alpha \cdot s_2$$

erhalten wir direkt

$$F_{L2}(s_2) = -\frac{4}{9} q_0 a \tan\alpha$$

$$F_{Q2}(s_2) = -\frac{4}{9} q_0 a$$

$$M_{b2}(s_2) = \frac{4}{9} q_0 a s_2\,.$$

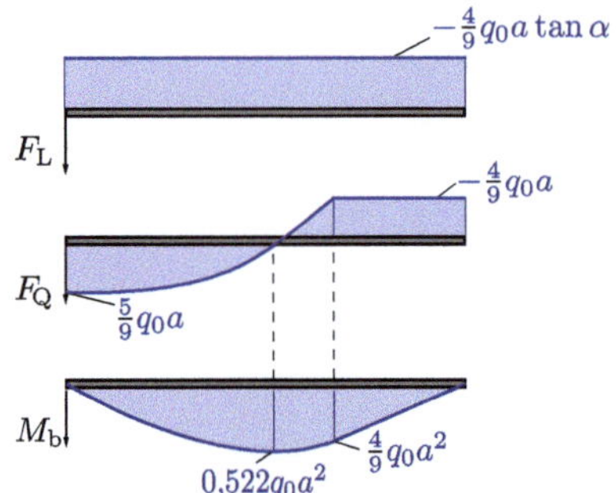


Abb. 5.7: Verlauf der Schnittgrößen

Die derart ermittelten Verläufe sind in Abb. 5.7 grafisch dargestellt. Wir sehen wieder, dass an den Lagerstellen die Schnittgrößen den Lagerreaktionen entsprechen und daher an den gelenkigen Lagern auch das Biegemoment zu null wird. Abschließend wollen wir die Extremwerte bestimmen. Der Scheitelpunkt der quadratischen Funktion $F_{Q1}(s_1)$ liegt bei $s_1 = 0$. Für den Momentenverlauf berechnen wir den Ort des Extremums mit

$$\frac{\mathrm{dM_{b1}}}{\mathrm{d}s_1} = 0 = \frac{5}{9}q_0 a - \frac{1}{4}\frac{q_0}{a}s_1^2$$

und erhalten $s_{1,\text{extr.}} = \pm\frac{2\sqrt{5}}{3}a$. Nur der positive Wert liegt im Definitionsbereich von $s_1$ und somit erhalten wir das extremale Biegemoment als $M_{\text{b1,extr.}} = 0,552 q_0 a^2$. Im zweiten Bereich erübrigt sich eine Extremwertbetrachtung aufgrund des konstanten Wertes $F_{Q1}(s_2)$ bzw. des linearen Verlaufs von $M_{b1}(s_2)$. Bei genauerer Betrachtung zeigt sich, dass das extremale Biegemoment dort auftritt, wo der Querkraftverlauf einen Nulldurchgang hat. Wie wir gleich sehen werden, ist das kein Zufall.

## 5.3 Zusammenhang zwischen Belastung und Schnittgrößen

Anhand des Freischnitts eines infinitesimal kleinen Balkenstückes d$s$ zeigt sich, dass zwischen der Streckenlast $q(s)$ und den Schnittgrößen $F_Q(s)$ und $M_b(s)$ die in Tab. 5.1 angeführten differentiellen Zusammenhänge bestehen. Dabei sind die Vorzeichen entsprechend dem Richtungssinn der Laufkoordinate $s$ zu beachten, wie in den Abbildungen dargestellt. Diese Beziehungen gelten wieder bereichsweise, da die Verläufe an den Bereichsgrenzen Unstetigkeiten aufweisen können. Anhand der zweiten Gleichung sehen wir, dass die Querkraft der Ableitung des Biegemomentenverlaufs entspricht und ein Nulldurchgang der Querkraft damit der Bedingung für ein lokales Maximum des Biegemoments entspricht.

Tab. 5.1: Zusammenhänge zwischen den Schnittgrößen

| $q(s)$, $M_b$, $s$, $F_Q$, $F_L$ | $M_b$, $q(s)$, $F_L$, $F_Q$, $s$ |
|---|---|
| $\frac{\mathrm{d}F_Q}{\mathrm{d}s} = -q(s)$ | $\frac{\mathrm{d}F_Q}{\mathrm{d}s} = +q(s)$ |
| $\frac{\mathrm{d}M_b}{\mathrm{d}s} = F_Q(s)$ | $\frac{\mathrm{d}M_b}{\mathrm{d}s} = -F_Q(s)$ |
| bzw. | bzw. |
| $\frac{\mathrm{d}^2 M_b}{\mathrm{d}s^2} = -q(s)$ | $\frac{\mathrm{d}^2 M_b}{\mathrm{d}s^2} = -q(s)$ |

Die Beziehungen zwischen den Schnittgrößen eignen sich daher zur Kontrolle der Schnittgrößenverläufe. So erkennen wir in Beispiel 5.1 in Abb. 5.7, dass im Bereich $s_1$ aus einem linearen Streckenlastverlauf ein quadratischer Querkraftverlauf und ein kubischer Verlauf des Biegemoments resultiert. Im Bereich 2 hingegen liegt keine Streckenlast an, sodass die Querkraft konstant sein und das Biegemoment einen linearen Verlauf haben muss.

### Integration der Streckenlastfunktion

Die Zusammenhänge zur Streckenlastfunktion können aber nicht nur zur Kontrolle, sondern auch zur direkten Berechnung der Schnittgrößenverläufe verwendet werden. Dazu wird der Streckenlastverlauf $q(s)$ bereichsweise zweimal unbestimmt integriert. Die dabei auftretenden Integrationskonstanten sind aus den *statischen Randbedingungen* sowie den statischen Übergangsbedingungen der Bereiche zu bestimmen und in Tab. 5.2 aufgelistet.

So erhalten wir im Bereich 5.1 durch Integration der Streckenlastfunktion $q(s_1) = \frac{q_0}{2a} \cdot s_1$:

$$F_{Q1}(s_1) = -\int q(s_1)\mathrm{d}s_1 = -\frac{q_0}{4a} \cdot s_1^2 + C_1 \,.$$

Aus der Randbedingung in Tab. 5.2 folgt, dass $C_1 = \frac{5}{9}q_0 a$ ist, da die Querkraft am linken Rand $F_{Q1}(s_1 = 0)$ der Lagerreaktion $F_{Av}$ entsprechen muss.

$$M_{b1}(s_1) = \int F_{Q1}(s_1)\mathrm{d}s_1$$
$$= -\frac{q_0}{12a} \cdot s_1^3 + \frac{5}{9}q_0 a s_1 + C_2 \,.$$

Da der Rand frei verdrehbar ist, gilt die Randbedingung $M_{b1}(s_1 = 0) = 0$, woraus $C_2 = 0$ folgt. Erwartungsgemäß ist das Ergebnis identisch zum vorher demonstrierten Vorgehen eines Freischnitts. Auf die entsprechenden Ergebnisse für Bereich 2 sei daher an dieser Stelle verzichtet. Die Integration der Streckenlastfunktion bietet damit eine alternative Methode zur Bestimmung der Schnittgrößen.

### Grafo-analytische Anwendung

In den praktisch relevanten Fällen einer abschnittsweise konstanten Streckenlastfunktion $q(s)$ kann die Integration auch grafo-analytisch durch Interpretation des Integrals als Fläche unter der Kurve durchgeführt werden. Dabei entstehen unter Berücksichtigung der statischen Rand- und Übergangsbedingungen abschnittsweise $F_Q$-Verläufe mit dem Anstieg $-q$. Das Biegemoment verläuft parabolisch, wobei sich die charakteristischen Werte aus den statischen Randbedingungen sowie den Flächeninhalten der entsprechenden Dreiecke im $F_Q$-Verlauf ergeben.

**Beispiel 5.2:** Dies soll für das Tragwerk in Abb. 5.8 demonstriert werden.

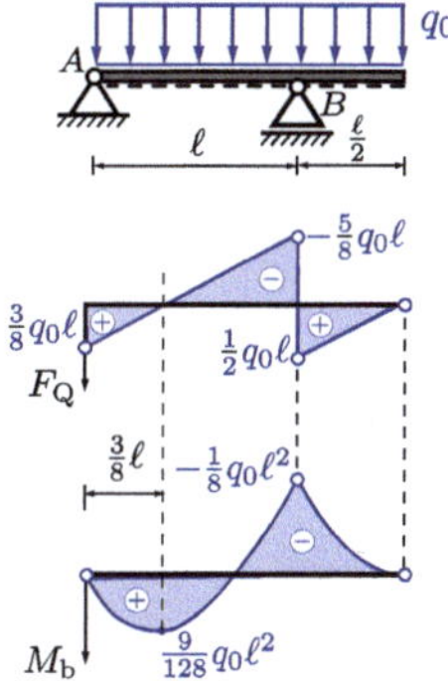


Abb. 5.8: Träger mit Kragarm

1. Die Lagerreaktionen werden, wie gehabt, berechnet: $F_{Av} = \frac{3}{8}q_0\ell$, $F_B = \frac{9}{8}q_0\ell$, $F_{Ah} = 0$
2. In den Verlaufsgraphen können nun die als umrandete Punkte markierten Randbedingungen eingetragen werden.
3. Ausgehend vom linken Randbedingungspunkt bei $F_Q = F_{Av} = \frac{3}{8}q_0\ell$ wird eine Gerade mit Anstieg $-q_0$ angetragen und erreicht über die Spannweite $\ell$ beim Lager $B$ einen Wert $\frac{3}{8}q_0\ell - q_0 \cdot \ell = -\frac{5}{8}q_0\ell$ mit einem Nulldurchgang im Abstand $\frac{3}{8}\ell$ vom Lager $A$. Nach dem Sprung um $F_B = \frac{9}{8}q_0\ell$ am Zwischenlager folgt wieder eine Gerade mit dem Anstieg $-q_0$.

Tab. 5.2: Statische Rand- und Übergangsbedingungen

| | Freischnitt | Bedingung | | |
|---|---|---|---|---|
| freies Ende | | $F_L(A) = 0$ | $F_Q(A) = 0$ | $M_b(A) = 0$ |
| Loslager/ Einzelrandkraft | | $F_L(A) = 0$<br>$F_L(B) = 0$ | $F_Q(A) = F_A$<br>$F_Q(B) = -F_B$ | $M_b(A) = 0$<br>$M_b(B) = 0$ |
| Festlager | | $F_L(A) = -F_{Ah}$<br>$F_L(B) = F_{Bh}$ | $F_Q(A) = F_{Av}$<br>$F_Q(B) = -F_{Bv}$ | $M_b(A) = 0$<br>$M_b(B) = 0$ |
| Einspannung | | $F_L(A) = -F_{Ah}$<br>$F_L(B) = F_{Bh}$ | $F_Q(A) = F_{Av}$<br>$F_Q(B) = -F_{Bv}$ | $M_b(A) = M_A$<br>$M_b(B) = -M_B$ |
| Gelenk | | $F_{L(links)} = F_{L(rechts)} = F_{Gh}$<br>$F_{Q(links)} = F_{Q(rechts)} = F_{Gv}$<br>$M_{b(links)} = M_{b(rechts)} = 0$ | | |
| Einzelkraft/ Zwischenlager | | $F_{L(links)} = F_{L(rechts)}$<br>$F_{Q(links)} = F_{Q(rechts)} - F$<br>$M_{b(links)} = M_{b(rechts)}$ | | |
| Ecke | | $F_{L(links)} = -F_{Q(rechts)}$<br>$F_{Q(links)} = F_{L(rechts)}$<br>$M_{b(links)} = M_{b(rechts)}$ | | |

4. Der Biegemomentenverlauf beginnt mit $M_b = 0$ am Festlager als Randbedingung. Der Nulldurchgang der Querkraft im Abstand $\frac{3}{8}\ell$ vom Lager $A$ bestimmt den Scheitel der Parabel. Der Wert $M_{b\max} = \frac{1}{2} \cdot \frac{3}{8}\ell F_A = \frac{9}{128}q_0\ell^2$ ergibt sich aus der Dreiecksfläche unter dem $F_Q$-Graphen. Bis zum Lager $B$ ist davon die Fläche des mit „-" markierten Dreiecks abzuziehen. Der derart ermittelte Wert $M_b = \frac{9}{128}q_0\ell^2 - \frac{1}{2}\frac{5}{8}\ell\frac{5}{8}q_0\ell = -\frac{1}{8}q_0\ell^2$ stellt aufgrund des dortigen Nulldurchgangs der Querkraft ein lokales Minimum dar. Von diesem Punkt aus läuft der Biegemomentenverlauf parabelförmig auf $M_b = 0$ als Randbedingung am rechten, freien Rand. Dort liegt auch der Scheitel dieses Bereichs, da $F_Q$ am Rand verschwindet.

## 5.4 Superposition

Oft lassen sich komplizierte Belastungen als Kombination einfacher Einzellastfälle darstellen. Die Lösungen wie Schnittgrößen und Lagerreaktionen lassen sich additiv als Überlagerung (Superposition) der einzelnen Lastfälle berechnen. Abb. 5.9 zeigt das prinzipiell an einem Beispiel.

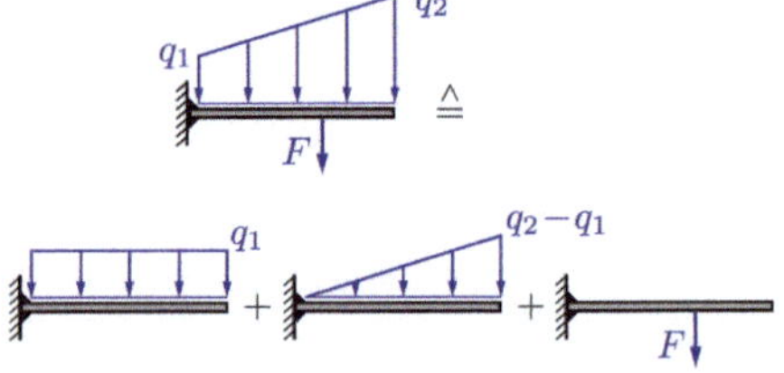


Abb. 5.9: Superposition von Belastungsfällen

## 5.5 Krummlinige Tragwerke

Die Behandlung von krummlinigen Tragwerken wollen wir uns anhand des Beispiels des in Abb. 5.10 dargestellten sog. Dreigelenkbogens mit konstantem Krümmungsradius $R$ verdeutlichen. Er ist durch eine konstante (auf die Horizontale bezogene) Streckenlast $q_0$ belastet. Zunächst werden wieder die Lagerreaktionen berechnet, die sich zu $F_{A\mathrm{v}} = F_{B\mathrm{v}} = q_0 R$ und $F_{A\mathrm{h}} = -F_{B\mathrm{h}} = \frac{1}{2} q_0 R$ ergeben. Die Resultierende $2q_0 R$ der Last teilt sich entsprechend der Symmetrie also hälftig auf beide Lager auf. Zudem bewirkt das Gelenk in Kombination mit der Krümmung ein nach innen gerichtetes Paar von horizontalen Lagerreaktionen $F_{A\mathrm{h}}$ und $F_{B\mathrm{h}}$.

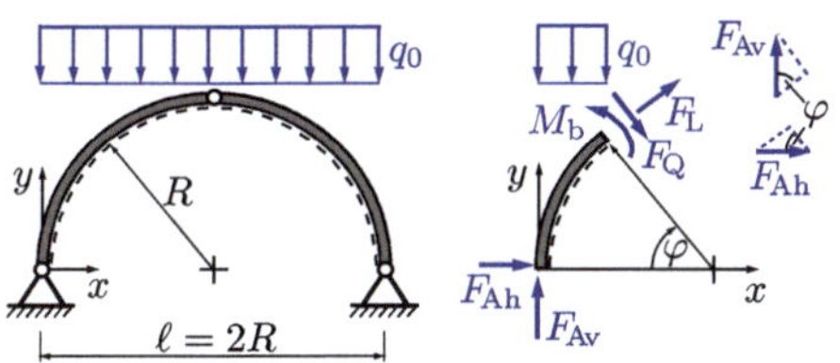


Abb. 5.10: Dreigelenkbogen

Der Träger weist keine Unstetigkeitsstellen der Schnittgrößenverläufe auf. Daher ist auch keine Bereichseinteilung erforderlich und ein Schnitt kann an einer beliebigen Stelle durchgeführt werden. Als Laufvariable bei einem Kreisbogen verwenden wir zweckmäßiger Weise den Winkel $\varphi$. An der Schnittposition werden die Schnittgrößen angetragen, wie es in Abb. 5.10 rechts erfolgt ist. Die Orientierung von Längs- und Querkraft bezieht sich dabei auf die nun ortsveränderliche tangentiale bzw. radiale Richtung. Anschließend können die Gleichgewichtsbedingungen aufgestellt werden. Es ist ratsam, das in eben diesen Richtungen zu tun, weshalb $F_{A\mathrm{h}}$, $F_{A\mathrm{v}}$ und $q_0$ entsprechend zu zerlegen sind:

$$\nearrow: \; 0 = F_\mathrm{L} + F_{A\mathrm{h}} \sin\varphi + F_{A\mathrm{v}} \cos\varphi - q_0 (R - R\cos\varphi)\cos\varphi$$

$$\searrow: \; 0 = F_\mathrm{Q} + F_{A\mathrm{h}} \cos\varphi - F_{A\mathrm{v}} \sin\varphi + q_0 (R - R\cos\varphi)\sin\varphi$$

$$\overset{\curvearrowleft}{\times}: \; 0 = M_\mathrm{b} + F_{A\mathrm{h}} R \sin\varphi - F_{A\mathrm{v}}(R - R\cos\varphi) + q_0 (R - R\cos\varphi)\frac{R - R\cos\varphi}{2} \, .$$

Die Schnittreaktionen erhalten wir daraus, unter Nutzung des Additionstheorems für den doppelten Winkel, zu

$$F_\mathrm{L} = -\frac{q_0 R}{2}\left[1 + \cos(2\varphi) + \sin\varphi\right]$$

$$F_\mathrm{Q} = \frac{q_0 R}{2}\left[\sin(2\varphi) - \cos\varphi\right]$$

$$M_\mathrm{b} = \frac{q_0 R^2}{4}\left[1 - 2\sin\varphi - \cos(2\varphi)\right] \, .$$

In Abb. 5.11 sind die Verläufe der Schnittgrößen aufgetragen. Für die graphische Darstellung und Ermittlung der jeweiligen Extremwerte empfiehlt sich in Anbetracht der recht komplexen mathematischen Ausdrücke die Nutzung geeigneter mathematischer Computerprogramme. Zu-

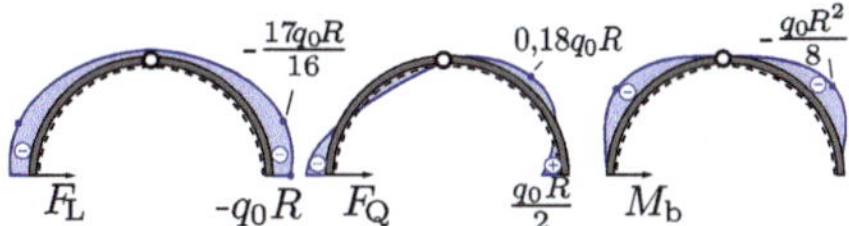


Abb. 5.11: Schnittgrößenverläufe

nächst zeigt sich anhand des Längskraftverlaufs, dass diese über den gesamten Bogen im Druckbereich liegt, was insbesondere für sprödbruchgefährdete Materialien von Vorteil ist. Zudem zeigt sich, dass das für die Festigkeitsbewertung relevante maximale Biegemoment $M_{\mathrm{b,max}} = \frac{q_0 R^2}{8} = \frac{q_0 \ell^2}{32}$ durch den Gewölbeeffekt auf nur 25% des Wertes $\frac{q_0 \ell^2}{8}$ eines Balkens gleicher Spannweite $\ell$ reduziert wurde.

## 5.6 Stützlinie

Es stellt sich die Frage, ob der *Gewölbeeffekt* von krummlinigen Tragwerken nicht derart optimiert werden kann, dass eine vorgegebene Last $q(x)$ ausschließlich durch Längskräfte $F_L$ abgetragen wird, ohne dass die für die Festigkeit i. d. R. kritischeren Biegemomente und Querkräfte auftreten, siehe Abb. 5.12. Eine Tragwerksform $y(x)$,

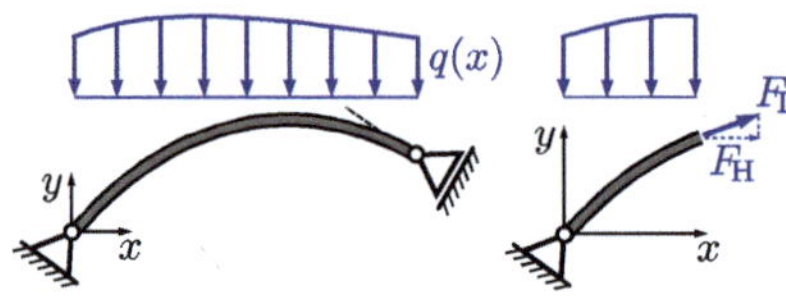


Abb. 5.12: Stützlinie

die dies gewährleistet, wird *Stützlinie* genannt und muss als Lösung der aus den Gleichgewichtsbedingungen resultierenden Differentialgleichung

$$y''(x) = \frac{q(x)}{F_H}$$

bestimmt werden. Dabei ist $F_H$ der Horizontalanteil der Längskraft, welcher aus Gleichgewichtsgründen im gesamten Tragwerk konstant und Teil der Lösung ist. Ist diese bestimmt, kann die Längskraft über $F_L = \sqrt{1 + [y'(x)]^2} F_H$ berechnet werden. Die Lösung der Differentialgleichung führt auf zwei Integrationskonstanten, die aus den $y$-Positionen der Lager zu bestimmen sind. Hierbei sei angemerkt, dass ein querkraft- und biegemomentenfreier Lastabtrag nur erfolgt, wenn die Lagerung ausschließlich Längskräfte ins Tragwerk einleitet.

**Beispiel 5.3:** Der Träger in Abb. 5.13, mit identischer Höhenlage der Lager, ist durch eine konstante Streckenlast $q_0$ belastet. Zweifache

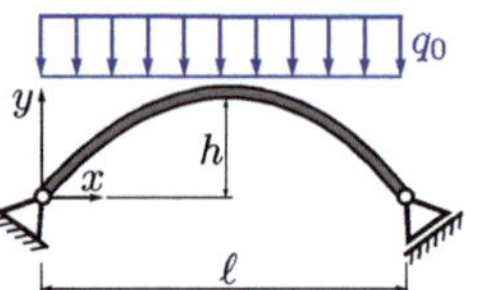


Abb. 5.13: Stützlinie bei konst. Streckenlast

Integration der obigen Gleichung liefert

$$y(x) = \frac{q_0}{2F_H} x^2 + C_1 x + C_2 \,.$$

Die Stützlinie hat für diese Last also eine parabolische Form. Die beiden Integrationskonstanten werden aus den Positionen der Lager

$$y(0) = 0, \qquad y(\ell) = 0$$

zu $C_2 = 0$ und $C_1 = -q_0\ell/(2F_H)$ bestimmt, sodass die Stützlinie durch die Gleichung $y(x) = \frac{q_0}{2F_H}(x - \ell)x$ beschrieben wird. Die Horizontalkraft $F_H$ kann nun entweder aus einer vorgegeben maximalen Längskraft $F_L$ oder geometrischen Vorgaben wie der Stichhöhe $h$ erfolgen. Letztere Bedingung lautet $h = y(\ell/2) = -\frac{q_0}{8F_H}\ell^2$ und liefert $F_H = -q_0\ell^2/(8h)$. Es folgt die Längskraftverteilung $F_L(x)$ nach oben genannter Beziehung, die ihr betragsmäßiges Maximum $F_L = -\sqrt{F_H^2 + [\frac{q_0\ell}{2}]^2} = -\frac{q_0\ell}{2}\sqrt{1 + \frac{\ell^2}{16h^2}}$ an den Lagern erreicht. Die von den Lagern abzutragende Kraft ist betragsmäßig umso größer, je kleiner die Höhe $h$ ist. Die Gleichung zeigt, dass die Stützlinie für $h > 0$ zu negativen $F_L$ und $F_H$, also Druckkräften, führt. Umgekehrt ergibt sich für eine Zugkraft $F_H > 0$ ein negativer Wert für $h$, was einem durchhängenden Seil entspricht. Die Form der Stützlinie entspricht also der umgekehrten Form eines hängenden Seiles.

### Kettenlinie

Resultiert die Last bei einem durchhängenden Seil oder einer Kette aus dem Eigengewicht, dann ist diese nicht konstant über $x$, sondern konstant über der Kurvenlänge $\mathrm{d}s = \sqrt{1 + [y'(x)]^2}\mathrm{d}x$, sodass gilt

$q(x)\mathrm{d}x = q_0\mathrm{d}s$. In diesem Lastfall lautet die Lösung der Differentialgleichung

$$y(x) = y_0 + \frac{F_\mathrm{H}}{q_0}\cosh\left(\frac{q_0}{F_\mathrm{H}}(x - x_0)\right)$$

und wird als *Kettenlinie* bezeichnet. Die Gleichung beinhaltet mit $x_0$ (der Lage des tiefsten/höchsten Punktes) und $y_0$ erneut zwei aus den Lagerpositionen zu bestimmende Konstanten. Bei $\cosh(x) = (\mathrm{e}^x + \mathrm{e}^{-x})/2$ handelt es sich um den *Kosinus hyperbolicus*.

**Beispiel 5.4:** Für die in Abb. 5.14 dargestellte symmetrische Konstellation führen die Bedingungen $y(-\ell/2) = y(\ell/2) = 0$ auf die Lösung

$$y(x) = -\frac{F_\mathrm{H}}{q_0}\left[\cosh\left(\frac{q_0\ell}{2F_\mathrm{H}}\right) - \cosh\left(\frac{q_0 x}{F_\mathrm{H}}\right)\right].$$

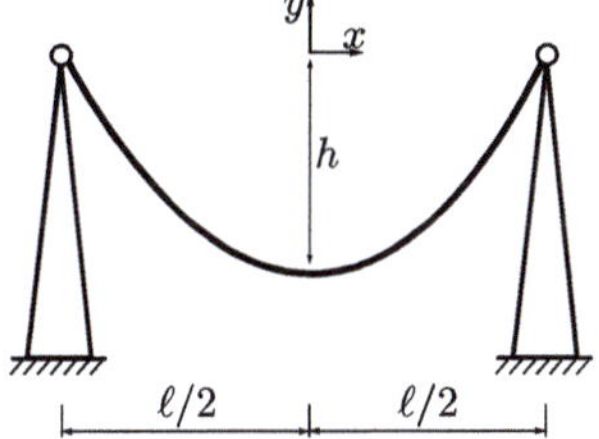


Abb. 5.14: Kettenlinie

Es sei angemerkt, dass der Zusammenhang zwischen dem maximalen Durchhang $h = |y(0)|$ und der Horizontalkraft $F_\mathrm{H}$ bei der Kettenlinie nicht geschlossen lösbar ist.

# 6 Ebene Fachwerke

Der Begriff *Fachwerk* stammt aus dem Holzbau, wo stabförmige Bauteile netzwerkartig verbunden werden – ein aus Leichtbaugründen heute in allen Ingenieurdisziplinen und über alle Größenskalen vorteilhaft genutztes Konstruktionsprinzip, das ebenso in biologischen Tragstrukturen anzutreffen ist. Als *ideales Fachwerk* wird in der Technischen Mechanik ein Tragwerksmodell bezeichnet, bei dem 1. *gerade Stäbe* ausschließlich an 2. *gelenkigen Knoten* verbunden sind und 3. *Lasten ausschließlich an diesen* eingeleitet werden.

Wie in Abschnitt 4.5 am Beispiel der Pendelstütze gezeigt, überträgt ein derartiger, beidseitig gelenkig gelagerter Stab nur eine Kraft in Längsrichtung: die *Stabkraft* $F_\mathrm{S}$, siehe Abb. 6.1. Üblicherweise wird

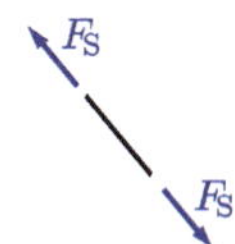


Abb. 6.1: Fachwerkstab

sie wegzeigend vom Schnittufer angetragen, sodass ein positiver Wert $F_\mathrm{S} > 0$ bedeutet, dass der betreffende Stab unter *Zug* steht, während $F_\mathrm{S} < 0$ *Druck* anzeigt.

## 6.1 Knotenpunktverfahren

Um die Stabkräfte nach dem Knotenpunktverfahren zu berechnen, wird jeder Knoten freigeschnitten, wie in Abb. 6.2 zu sehen. Entsprechend des Schnittprinzips müssen

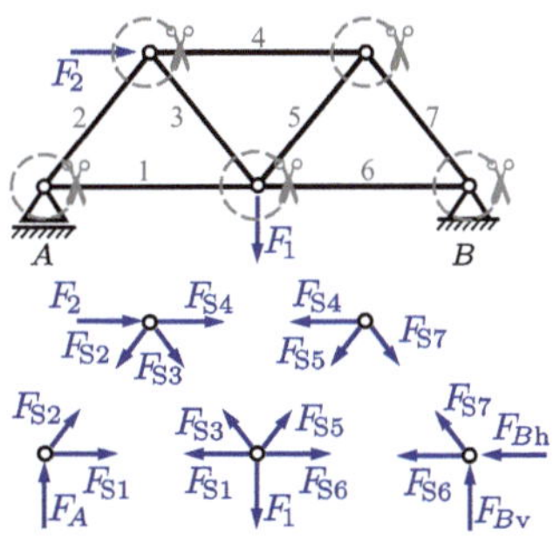


Abb. 6.2: Fachwerkträger

die (konventionsgemäß als Zugkräfte definierten) Stabkräfte nun vom Knoten weg gerichtet eingetragen werden.

### Statische Bestimmtheit

An jedem der $k$ Knoten liegt ein zentrales Kraftsystem vor, sodass jeweils zwei Gleichgewichtsbedingungen zur Berechnung zur Verfügung stehen. In diesem Sinne zählen auch die Lagergelenke als Knoten. Dem stehen als Unbekannte nun neben den $r$ Lagerreaktionen die $s$ Stabkräfte gegenüber. Der Grad der statischen Unbestimmtheit als Differenz dieser Abzählüberlegung ergibt sich also zu

$$g = r + s - 2k\,.$$

Im Beispiel aus Abb. 6.2 ergibt sich mit $r = 3$ Lagerreaktionen, $s = 7$ Stäben und $k = 5$ Knoten der Wert $g = 0$, sodass die *notwendige Bedingung* für statische Bestimmtheit erfüllt ist.

Als anschauliche Alternative zum in Abschnitt 4.5 genannten mathematischen *Determinantenkriterium* kann bei Fachwerken die statische Bestimmtheit auch *hinreichend* belegt werden, wenn sich das Fachwerk *innerlich* aus einem Dreieck durch Anbau von jeweils zwei verbundenen, nichtkoaxialen Stäben aufbauen lässt (*Aufbaukriterium*) und das Fachwerk *äußerlich* statisch bestimmt gelagert ist. Für das einfache Dreiecksfachwerk in Abb. 6.2 auf einer Fest-Loslagerkombination ist diese Bedingung erfüllt.

### Berechnung der Stabkräfte

Für die Berechnung in einem Computerprogramm könnte man die insgesamt $2k$ Knotengleichgewichtsbedingungen aufstellen und als Gleichungssystem lösen lassen. Soll dies per Hand ausgeführt werden, stellt man fest, dass i. d. R. jede der derart erhaltenen Gleichungen mehrere Unbekannte enthält und somit keine der Gleichungen separat lösbar ist. Es ist daher effizienter, zunächst die Lagerreaktionen aus einem Freischnitt des gesamten Tragwerks zu bestimmen. Mit den bekannten Lagerreaktionen lassen sich die Gleichgewichtsbedingungen an den betreffenden Knoten nach den angreifenden Stabkräften auflösen. Mit diesen fährt man Knoten für Knoten fort.

**Beispiel 6.1:** Für den in Abb. 6.3 gezeigten Fachwerkträger sind die Innenwinkel $\alpha = 45°$ und die Basislänge $a$ sowie die Belastung $F_1 = F_2 = F$ vorgegeben.

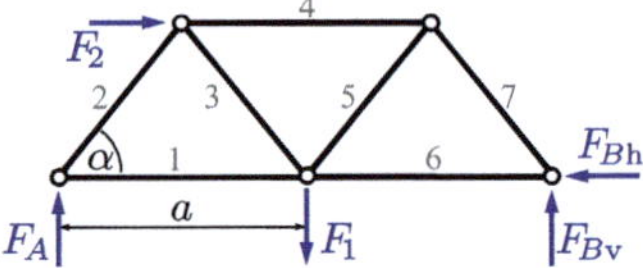


Abb. 6.3: Freischnitt des gesamten Fachwerkträgers

Aus den drei Gleichgewichtsbedingungen

$$\begin{aligned} \rightarrow&: \quad 0 = F_2 - F_{Bh} \\ \uparrow&: \quad 0 = F_A + F_{Bv} - F_1 \\ \curvearrowleft A&: \quad 0 = F_{Bv}\,2a - F_1\,a - F_2\,\frac{a}{2} \end{aligned}$$

ergeben sich die Lagerreaktionen $F_{Bh} = F$, $F_A = F/4$ und $F_{Bv} = 3F/4$.

Mit den bekannten Lagerreaktionen enthalten die beiden Gleichgewichtsbedingungen an den freigeschnittenen Lagerknoten nun noch jeweils zwei unbekannte Stabkräfte, nach denen unmittelbar gelöst werden kann. Für den Lagerknoten $A$ ergeben sich entsprechend Abb. 6.2 aus den Bedingungen

$$\begin{aligned} \rightarrow&: \quad 0 = F_{S1} + F_{S2}\cos(45°) \\ \uparrow&: \quad 0 = F_A + F_{S2}\sin(45°) \end{aligned}$$

die Stabkräfte $F_{S2} = -\sqrt{2}F/4$, $F_{S1} = F/4$. Die Lagerkraft $F_A$ wird also als Druckkraft in den Diagonalstab 2 geleitet. Aufgrund dessen Schrägstellung entsteht aber ein Horizontalanteil der Stabkraft, der vom Stab 1 als Zugkraft kompensiert werden muss.

Dieses Vorgehen wird nun nacheinander für die folgenden Knoten fortgesetzt, an denen nur noch maximal zwei angreifende Stabkräfte unbekannt sind. Im Beispiel ist dies der linke Knoten des Obergurtes, dessen Gleichgewichtsbedingungen

$$\rightarrow: \quad 0 = F + F_{S4} - \cos(45°)F_{S2} + \cos(45°)F_{S3}$$
$$\downarrow: \quad 0 = \sin(45°)F_{S2} + \sin(45°)F_{S3}$$

die für Stabkräfte $F_{S3} = \sqrt{2}F/4$ und $F_{S4} = -3F/2$ liefern. Dieses Vorgehen wird Knoten für Knoten fortgesetzt und führt im Beispiel auf die weiteren Stabkräfte $F_{S5} = 3\sqrt{2}F/4$, $F_{S6} = -F/4$ und $F_{S7} = -3\sqrt{2}F/4$. Am final erreichten Lagerknoten B sind aufgrund des bereits erfüllten Gleichgewichts des Gesamttragwerks alle Größen bekannt und die betreffenden Knotengleichgewichtsbedingungen können zur Kontrolle genutzt werden.

Die Bestimmung der Stabkräfte nach diesem Verfahren kann nicht nur rechnerisch erfolgen, sondern auch grafisch durch Konstruktion der Kraftecke an jedem Knoten. Dieses Vorgehen wird nach Luigi Cremona als *Cremona-Plan* bezeichnet.

## Nullstäbe

Als *Nullstäbe* werden solche Stäbe bezeichnet, die keine Kraft übertragen. Mittels des Knotenpunktverfahrens lassen sich die in Abb. 6.4 dargestellten Fälle identifizieren, in denen Nullstäbe unmittelbar als solche zu erkennen sind. Diese Fälle werden in den drei Nullstabregeln erfasst. Nach der links dargestellten ersten Nullstabregel sind zwei nicht koaxiale Stäbe an einem ansonsten unbelasteten Knoten kraftfrei. Wird zusätzlich, wie mittig dargestellt, eine Kraft in Richtung eines Stabes eingeleitet, wird die Kraft nur von diesem Stab getragen, der

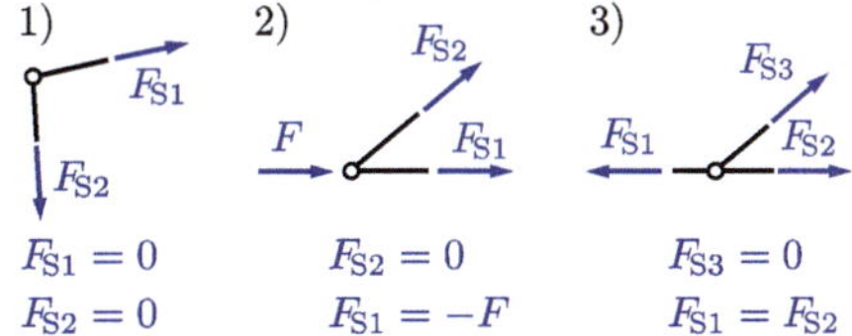


Abb. 6.4: Nullstabregeln

zweite ist ein Nullstab. Ebenfalls liegt ein Nullstab vor, wenn an einem unbelasteten Knoten zwei von drei Stäben koaxial sind, wie rechts dargestellt ist.

Diese drei Regeln folgen unmittelbar aus den Gleichgewichtsbedingungen der entsprechenden Knoten. Diese Regeln im ersten Schritt anzuwenden kürzt die anschließende Rechnung ab. Übersieht man einen Nullstab, hat das umgekehrt aber keine Konsequenzen, da die betreffenden Stabkräfte vom Wert null sich dann aus der Rechnung ergeben.

**Beispiel 6.2:** Wir untersuchen den in Abb. 6.5 dargestellten Fachwerkträger auf Nullstäbe. Nach der ersten Nullstabregel kön-

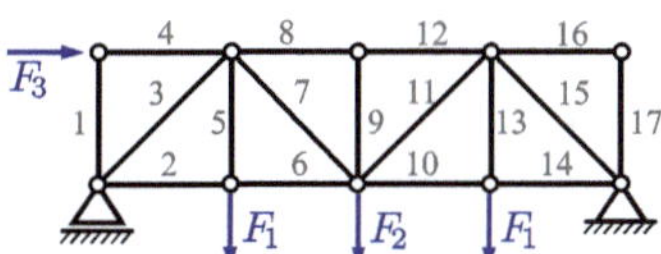


Abb. 6.5: Fachwerkträger

nen die Stäbe 16 und 17 als Nullstäbe identifiziert werden, ebenso wie Stab 1 nach der zweiten. Entsprechend der dritten Regel handelt es sich außerdem bei Stab 9 um einen Nullstab. Grundsätzlich können die Nullstabregeln auch iterativ angewendet werden, nachdem in einer ersten Schleife die schon identifizierten Nullstäbe gedanklich gestrichen wurden. Im betrachteten Beispiel bringt das keine weiteren Erkenntnisse. Damit sind immerhin schon vier der 17 Stabkräfte zu null bestimmt, ebenso wie Stabkraft $F_{S4} = -F_3$ und $F_{S8} = F_{S12}$

entsprechend der Koaxialitätsregeln und brauchen nicht berechnet zu werden.

Auf den ersten Blick mag es naheliegen, Nullstäbe gänzlich aus der Konstruktion zu entfernen. Jedoch können auch Nullstäbe wichtige Funktionen innehaben. So ist Stab 1 im Beispiel nötig für die statische Bestimmtheit, ohne diesen wäre der linke Knoten im Obergurt beweglich. Weiterhin beziehen sich Nullstäbe immer auf einen konkreten Lastfall und können in einem anderen nötig sein, um Lasten aufzunehmen, z. B. Stäbe 16 und 17 bei einer Belastung von rechts. Auch dienen Nullstäbe oft der Stabilität von Fachwerken. So könnte u. U. der lange, druckbeanspruchte Stab 8+12 im Obergurt ausknicken, wenn dieser nicht durch Stab 9 in Querrichtung fixiert würde.

## 6.2 Rittersches Schnittverfahren

Die Berechnung der Stabkräfte mittels des Knotenpunktverfahrens beginnt an den Rändern und erfordert einige Rechenschritte, um zu den abseitig der Lager gelegenen Stäben vorzudringen – allerdings sind dies oft die höchstbeanspruchten und damit für den Festigkeitsnachweis relevanten Stäbe. Sind aus dieser Überlegung heraus nur bestimmte Stabkräfte zu berechnen, kann vorteilhaft das nach AUGUST RITTER benannte Berechnungsverfahren angewandt werden. Dazu wird ein Teil des Tragwerks durch einen Schnitt durch *genau drei nichtparallele Stäbe* freigeschnitten. Die schon berechneten Lagerkräfte vorausgesetzt, lassen sich die durch diesen Schnitt freigelegten Lagerkräfte aus den drei Gleichgewichtsbedingungen, zwei für Kräfte und eine für Momente, berechnen. Damit die Momentengleichgewichtsbedingung, im Gegensatz zum Knotenpunktverfahren, als unabhängige Gleichung zur Verfügung steht, müssen die drei Stabkräfte ein nichtzentrales Kraftsystem bilden, dürfen also nicht am selben Knoten angreifen.

**Beispiel 6.3:** Betrachtet sei der Fachwerkträger aus dem Beispiel 6.2 für den in Abb. 6.6 dargestellten Lastfall. Wie beim Kno-

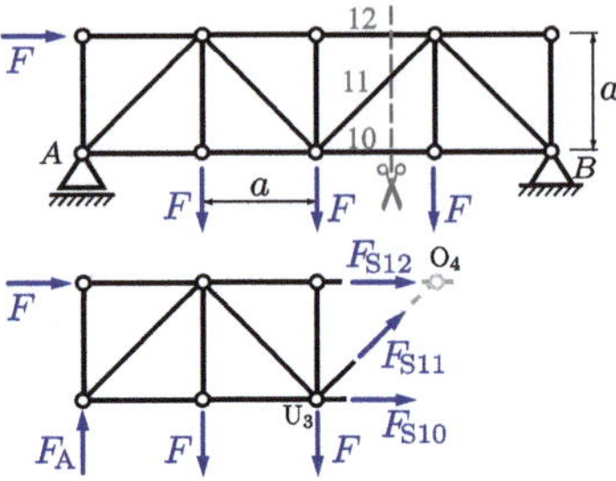


Abb. 6.6: Ritterschnitt an Fachwerkträger

tenpunktverfahren auch müssen zunächst die Lagerreaktionen berechnet werden. Eine Momentenbilanz um Lager $B$ liefert Lagerkraft $F_A = \frac{5}{4}F$. Anschließend wird ein Teil des Tragwerks freigeschnitten, z. B. durch den dargestellten Schnitt zur Bestimmung der Stabkräfte 10, 11 und 12. Diese könnte, wie bisher, aus zwei Kräftebilanzen und einer Momentenbilanz berechnet werden. Grundsätzlich können Kräftebilanzen aber auch durch Momentenbilanzen um andere Bezugspunkte ersetzt werden. Dies hat den Vorteil, dass durch geeignete Wahl der Bezugspunkte, nämlich den Schnittpunkten der Wirkungslinien unbekannter Kräfte, diese Unbekannten aus der Gleichung entfallen. Im konkreten Fall können aus den Momentenbilanzen

$$\overset{\curvearrowleft}{O_4}: \quad 0 = F_{S10}\,a + F\,a + F\,2a - F_A\,3a$$

$$\overset{\curvearrowleft}{U_3}: \quad 0 = F_{S12}\,a + F\,a - F\,a + F_A\,2a$$

um die markierten Punkte unmittelbar die Stabkräfte $F_{S10} = 3(F_A - F) = \frac{3}{4}F$ und $F_{S12} = -2F_A = -\frac{5}{2}F$ ermittelt werden. Die dritte Stabkraft folgt nun aus einer beliebigen weiteren Gleichgewichtsbedingung, z. B. der vertikalen Kräftebilanz zu $F_{S11} = \frac{3}{4}\sqrt{2}F$.

## 6.3 Gemischte Tragwerke

Selbstverständlich müssen reale Tragwerke nicht ausschließlich entweder aus Balken oder Fachwerkstäben bestehen. Vielmehr können und werden diese Tragwerkselemente für ein optimales Tragverhalten sinnvoll kombiniert, wie am Beispiel eines Gelenkträgers mit Unterzug in Abb. 6.7 zu sehen – eine typische Konstruktion bei Hallendächern.

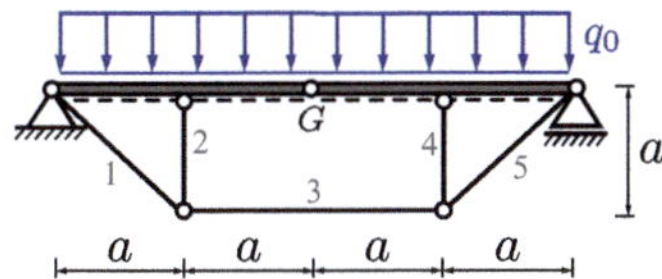


Abb. 6.7: Gelenkträger mit Unterzug

Bei derartigen gemischten Tragwerken treten als Unbekannte die $r$ Lagerreaktionen, die $v$ Verbindungsreaktionen und $s$ Stabkräfte auf, zu deren Berechnung zwei Kraftgleichgewichtsbedingungen an jedem der $k$ (reinen Fachwerk-)Knoten sowie je drei Gleichgewichtsbedingungen für jedes der $n$ Balkenteile zur Verfügung stehen. Die Formel für den Grad der statischen Unbestimmtheit lautet demnach

$$g = r + s + v - 2k + 3n\,.$$

Das gezeigte Beispiel erfüllt mit $g = 3 + 5 + 2 - 2 \cdot 2 + 3 \cdot 2 = 0$ die notwendige Bedingung für statische Bestimmtheit. Grundsätzlich können die zehn Unbekannten also nach dem *Knotenpunktverfahren* und den Gleichgewichtsbedingungen der beiden Balkenteile entsprechend des in Abb. 6.8 dargestellten Freikörperbildes als Gleichungssystem berechnet werden.

Wesentlich effizienter für eine Handrechnung ist allerdings ein an die konkrete Struktur angepasstes gestaffeltes Vorgehen.

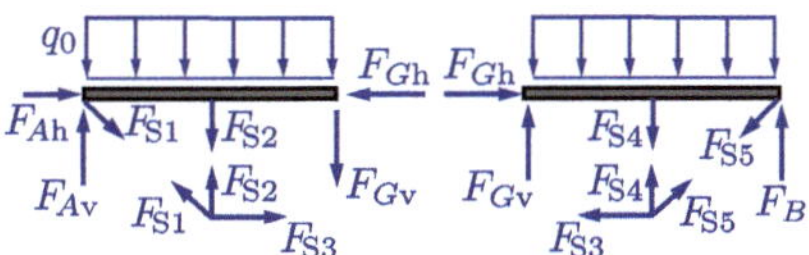


Abb. 6.8: Gelenkträger mit Unterzug – freigeschnitten

So lassen sich die $r = 3$ Lagerreaktionen unmittelbar aus den drei Gleichgewichtsbedingungen des Gesamtsystems zu $F_{Av} = F_B = 2q_0a$ und $F_{Ah} = 0$ berechnen. Die resultierende Last verteilt sich entsprechend der Symmetrie des Systems also hälftig auf beide Lager. Davon ausgehend können, analog zum Ritterschen Verfahren, ggf. durch geeignet freigeschnittene Teilsysteme jeweils drei Schnittgrößen berechnet werden, im Beispiel durch einen Schnitt durch das Gelenk und den Unterzug gemäß Abb. 6.9.

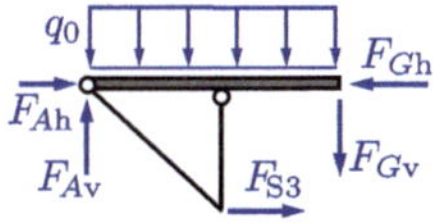


Abb. 6.9: Gelenkträger mit Unterzug – freigeschnittenes Teilsystem

Die drei Gleichgewichtsbedingungen

$$\overset{\curvearrowleft}{G}:\quad 0 = F_{Av}\,2a - F_{S3}\,a - q_0 2a\,a$$
$$\rightarrow:\quad 0 = F_{Ah} - F_{Gh} + F_{S3}$$
$$\uparrow:\quad 0 = F_{Av} - F_{Gv} - q_0 2a$$

liefern $F_{S3} = F_{Gh} = 2q_0a$ und $F_{Gv} = 0$, wobei sich letzteres auch aus der Symmetrie ergibt. Das Kräftepaar aus $F_{S3}$ im Unterzug und $F_{Gh}$ im Gelenkträger überträgt also das resultierende Moment. Im Anschluss können die Gleichgewichtsbedingungen der beiden Knoten entsprechend Abb. 6.8 zu $F_{S1} = F_{S5} = 2\sqrt{2}q_0a$ und $F_{S2} = F_{S4} = -2q_0a$ ausgewertet werden.

Ausgehend von den berechneten Lager-, Gelenk- und Stabkräften können an den beiden Balkenteilen die Schnittgrößenverläufe nach den in Abschnitt 5 bereitgestellten Methoden berechnet werden. Die Ergebnisse sind in Abb. 6.10 dargestellt. Das

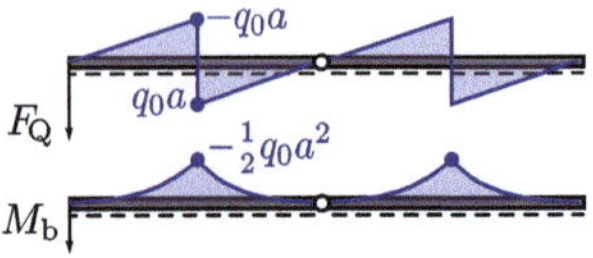


Abb. 6.10: Gelenkträger mit Unterzug – Schnittgrößenverläufe

betragsmäßig maximale Biegemoment von $\max|M_b| = q_0a^2/2$ tritt an der Anschlussstelle der Pfosten des Unterzugs auf. Es kann noch angemerkt werden, dass dies nur ein Viertel des entsprechenden Wertes eines durchgehenden Balkens ohne Unterzug darstellt. Der Unterzug verbessert das Tragverhalten also deutlich.

# 7 Raumstatik

Viele praktische Probleme lassen sich mit den bisher vorgestellten Methoden der ebenen Statik lösen. Das gilt jedoch nicht, wenn Kräfte nicht mehr in einer Ebene liegen bzw. Momente nicht senkrecht dazu angreifen. Die Gesetzmäßigkeiten der ebenen Statik gelten auch in der Raumstatik, jedoch ist hierbei das räumliche Vorstellungsvermögen stärker gefordert.

## 7.1 Kraft, Moment und Gleichgewicht

### Kraft

Abb. 7.1 zeigt eine Kraft $\vec{F}$ und ihre Komponenten im räumlichen kartesischen Koordinatensystem. Analog zum ebenen Fall

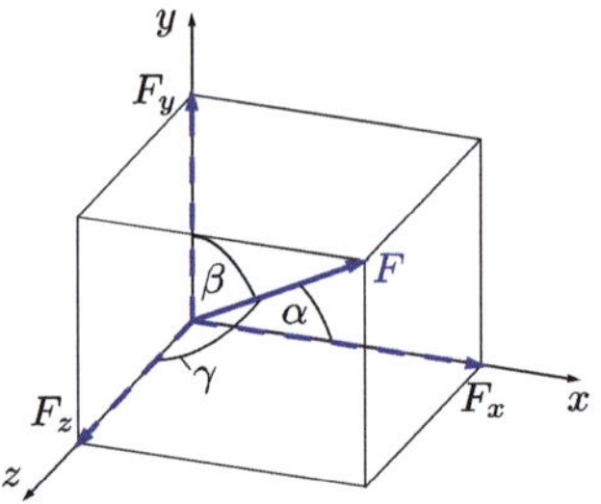


Abb. 7.1: Komponenten einer Kraft im Raum

wird die Kraft als Vektor beschrieben

$$\vec{F} = F_x\vec{e}_x + F_y\vec{e}_y + F_z\vec{e}_z$$

und hat den Betrag

$$F = \left|\vec{F}\right| = \sqrt{F_x^2 + F_y^2 + F_z^2}\,.$$

Die Komponenten ergeben sich über die Winkel $\alpha$, $\beta$ und $\gamma$ des Kraftvektors zu den Koordinatenachsen:

$$F_x = F\cos\alpha, \quad F_y = F\cos\beta \quad \text{und} \quad F_z = F\cos\gamma\,.$$

Die Resultierende einer zentralen Kräftegruppe wird durch Summation der Einzelkräfte vektoriell

$$\vec{F}_R = \sum_i \vec{F}_i$$

bzw. komponentenweise mit

$$F_{Rx} = \sum_i F_{ix}, \quad F_{Ry} = \sum_i F_{iy}, \quad \text{und} \quad F_{Rz} = \sum_i F_{iz}$$

berechnet.

### Moment

Einzelmomente sind als axiale Vektoren durch einen Doppelpfeil gekennzeichnet. Die Lage des Doppelpfeils zeigt in Richtung der Drehachse und die Orientierung

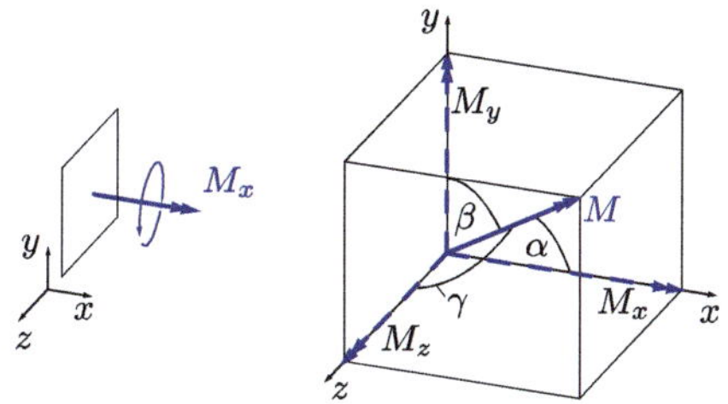


Abb. 7.2: Momentenvektor

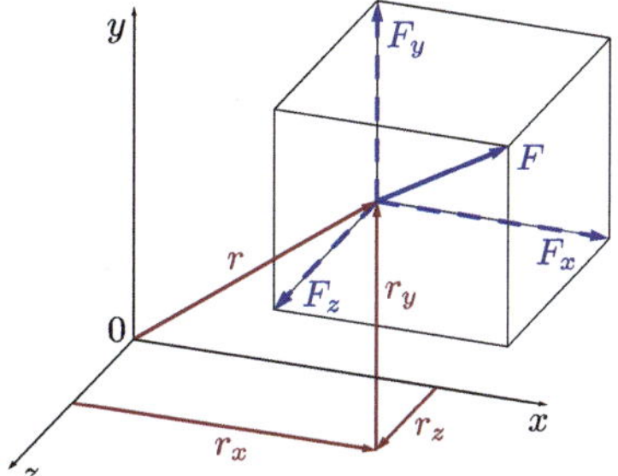


Abb. 7.3: Moment einer Kraft bezüglich des Punktes 0

der Pfeile gibt die Drehrichtung (Drehsinn) an, wie es in Abb. 7.2 gezeigt ist. Im Unterschied zum Kraftvektor, der nur entlang seiner Wirkungslinie verschoben werden kann, ist der Momentenvektor ein freier Vektor und kann zusätzlich auch parallel zur Wirkungslinie verschoben werden. Momente können wie Kräfte aufgeteilt und addiert werden.

### Moment einer Kraft

Die Komponenten des Momentenvektors $\vec{M}$, den eine Kraft $\vec{F}$ bezüglich eines Punktes erzeugt, werden aus dem Kreuzprodukt mit dem Ortsvektor $\vec{r}$ zwischen Bezugspunkt und Kraftvektor berechnet:

$$\vec{M} = \vec{r} \times \vec{F}\,.$$

Mit den kartesischen Komponenten in Abb. 7.3 erhalten wir

$$\vec{M} = \begin{pmatrix} M_x \\ M_y \\ M_z \end{pmatrix} = \begin{pmatrix} F_z \cdot r_y - F_y \cdot r_z \\ F_x \cdot r_z - F_z \cdot r_x \\ F_y \cdot r_x - F_x \cdot r_y \end{pmatrix}.$$

Eine Kraftkomponente bewirkt keinen Beitrag zu den Komponenten des Momentenvektors, wenn ihre Wirkungslinie die Momentenachse schneidet oder ihre Wirkungslinie parallel dazu ist.

### Gleichgewicht

Ein räumlich belasteter Körper ist im Gleichgewicht, wenn die resultierende Kraft aus $n$ Kräften sowie das resultierende Moment aus $m$ Einzelmomenten und den $n$ Kräften gleich null sind:

$$F_{\mathrm{R}} = \sum_{i=1}^{n} \vec{F}_i = \vec{0} \quad \text{und}$$

$$M_{\mathrm{R}} = \sum_{i=1}^{n} \left(\vec{r}_i \times \vec{F}_i\right) + \sum_{j=1}^{m} \vec{M}_j = \vec{0}\,.$$

Diese Gleichgewichtsbedingungen entsprechen 6 unabhängigen Gleichungen. In kartesischen Koordinaten lauten die drei Kräftebilanzen

$$\sum_i F_{ix} = 0, \quad \sum_i F_{iy} = 0, \quad \sum_i F_{iz} = 0$$

und die drei Momentenbilanzen

$$\sum_i (F_{iz} \cdot y_i - F_{iy} \cdot z_i) + \sum_j M_{jx} = 0$$

$$\sum_i (F_{ix} \cdot z_i - F_{iz} \cdot x_i) + \sum_j M_{jy} = 0$$

$$\sum_i (F_{iy} \cdot x_i - F_{ix} \cdot y_i) + \sum_j M_{jz} = 0\,.$$

Wie in der ebenen Statik kann der Bezugspunkt für die Momentenbilanzen frei gewählt werden.

## 7.2 Auflagerreaktionen

Ein Körper hat im Raum mit dem Freiheitsgrad $f = 6$ drei translatorische und drei rotatorische unabhängige Bewegungsmöglichkeiten. Diese müssen durch entsprechende Lagerungen blockiert werden. In Abb. 7.4 sind einige wichtige Beispiele räumlicher Lager gezeigt.

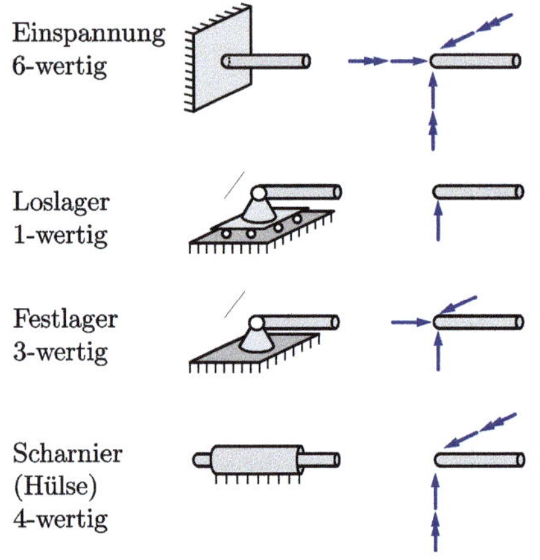


Abb. 7.4: Beispiele räumlicher Lagerarten mit Lagerreaktionen

Vergleichbar zur ebenen Statik verhindert eine Einspannung sämtliche möglichen Bewegungen, wodurch im Raum insgesamt sechs Lagerreaktionen resultieren. Räumliche Loslager können je nach Anzahl der verhinderten Verschiebungen 1- oder 2-wertig sein. Eine Pendelstütze entspricht wie in der ebenen Statik einem 1-wertigen Loslager. Ein räumliches Festlager ist stets 3-wertig. Beim zuunterst abgebildeten Scharnier sind die Verschiebung in Längsrichtung sowie die Verdrehung um die Längsachse frei und alle anderen Bewegungen werden blockiert. Darüber hinaus gibt es noch zahlreiche weitere Lagerarten mit unterschiedlich kombinierten freien Bewegungsmöglichkeiten.

**Beispiel 7.1:** Als Beispiel betrachten wir den räumlich belasteten abgewinkelten Träger in Abb. 7.5. Zur Berechnung der Lagerreaktionen

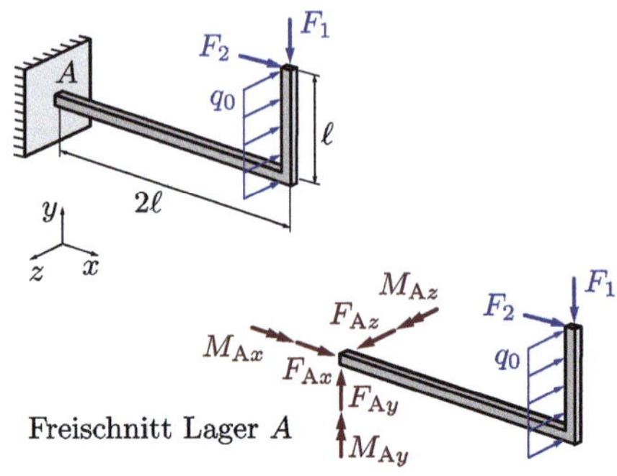


Abb. 7.5: Räumlich belasteter Träger

betrachten wir den Freischnitt am Lager $A$. Die Gleichgewichtsbedingungen lauten

$$\begin{aligned}
\searrow: &\quad 0 = F_{Ax} + F_2 \\
\uparrow: &\quad 0 = F_{Ay} - F_1 \\
\swarrow: &\quad 0 = F_{Az} - q_0\ell \\
\searrow\!\!\searrow: &\quad 0 = M_{Ax} - q_0\ell \cdot \frac{1}{2}\ell \\
\Uparrow: &\quad 0 = M_{Ay} + q_0\ell \cdot 2\ell \\
\swarrow\!\!\swarrow: &\quad 0 = M_{Az} - F_1 2\ell - F_2\ell\,.
\end{aligned}$$

Daraus erhalten wir die Lagerreaktionen in A: $F_{Ax} = -F_2$, $F_{Ay} = F_1$, $F_{Az} = q_0\ell$, $M_{Ax} = \frac{1}{2}q_0\ell^2$, $M_{Ay} = -2q_0\ell^2$ und $M_{Az} = (2F_1 + F_2)\ell$.

## 7.3 Schnittgrößen

Eine Schnittstelle in einem räumlichen Balken kann, wie in der Ebene, als Einspannung interpretiert werden. Dabei treten sechs Schnittgrößen auf, die in Abb. 7.6 an den jeweils gegenüberliegenden Schnittufern angetragen sind. In Längsrichtung wirken die Längskraft $F_{\mathrm{L}}$ sowie ein sog. Torsionsmoment $M_{\mathrm{t}}$, welches eine Verdrehung (Torsion) des Balkens um seine Längsachse bewirkt. Quer zur Längsachse treten in

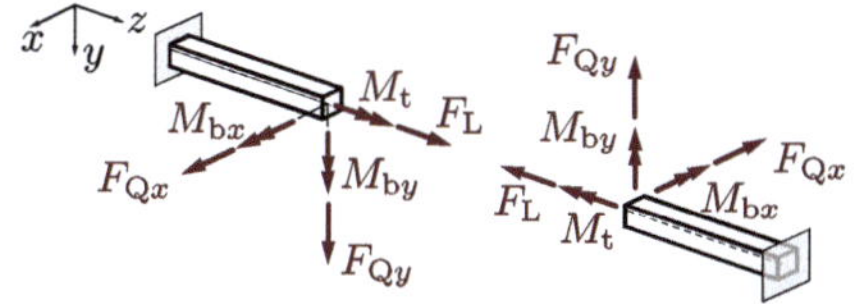


Abb. 7.6: Räumliche Schnittgrößen

$x$- und $y$-Richtung die Querkräfte $F_{\mathrm{Q}x}$ und $F_{\mathrm{Q}y}$ sowie die Biegemomente $M_{\mathrm{b}x}$ und $M_{\mathrm{b}y}$ auf. Statt raumfester Koordinaten wird für die Schnittgrößen zweckmäßig ein mitlaufendes lokales Koordinatensystem verwendet, dessen $z$-Achse stets entlang der Trägerlängsachse verläuft.

**Beispiel 7.2:** Abschließend wollen wir die Verläufe der Schnittgrößen für das Beispiel aus Abb. 7.5 ermitteln. Dafür schneiden wir in die zwei Bereiche des Trägers jeweils vom freien Ende her, wie in Abb. 7.7 dargestellt.

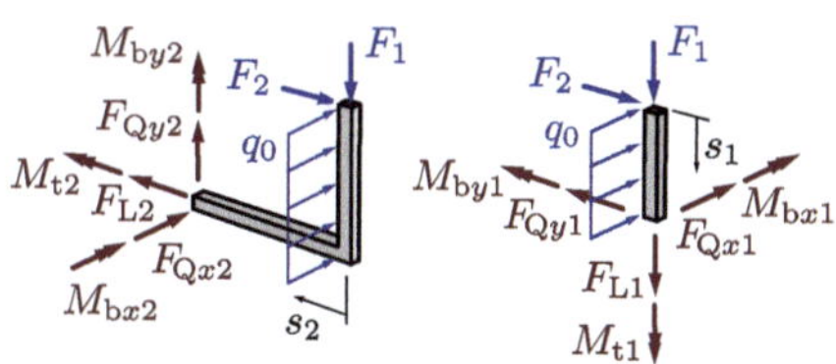


Abb. 7.7: Freischnitt für Beispiel aus Abb. 7.5

Die Gleichgewichtsbilanzen lauten für den Schnittbereich 1

$$
\begin{aligned}
\nearrow:&\quad 0 = F_{\mathrm{Q}x1} + q_0 s_1\\
\nwarrow:&\quad 0 = F_{\mathrm{Q}y1} - F_2\\
\downarrow:&\quad 0 = F_{\mathrm{L}1} + F_1\\
\nearrow\!\!\!\nearrow:&\quad 0 = M_{\mathrm{b}x1} + F_2 s_1\\
\nwarrow\!\!\!\nwarrow:&\quad 0 = M_{\mathrm{b}y1} + q_0 s_1 \cdot \frac{1}{2} s_1\\
\Downarrow:&\quad 0 = M_{\mathrm{t}1}
\end{aligned}
$$

und für den Schnittbereich 2

$$
\begin{aligned}
\nearrow:&\quad 0 = F_{\mathrm{Q}x2} + q_0 \ell\\
\uparrow:&\quad 0 = F_{\mathrm{Q}y2} - F_1\\
\nwarrow:&\quad 0 = F_{\mathrm{L}2} - F_2\\
\nearrow\!\!\!\nearrow:&\quad 0 = M_{\mathrm{b}x2} + F_1 s_2 + F_2 \ell\\
\Uparrow:&\quad 0 = M_{\mathrm{b}y2} + q_0 \ell \cdot s_2\\
\nwarrow\!\!\!\nwarrow:&\quad 0 = M_{\mathrm{t}2} + q_0 \ell \cdot \frac{1}{2} \ell\,.
\end{aligned}
$$

Die grafische Darstellung der Schnittgrößenverläufe für die Biegemomente $M_{\mathrm{b}x}$ und $M_{\mathrm{b}y}$ ist in Abb. 7.8 exemplarisch zu sehen.

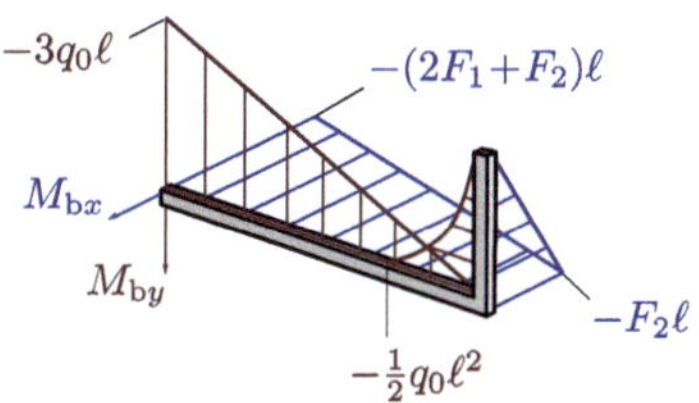


Abb. 7.8: Biegemomentenverläufe für Beispiel aus Abb. 7.5

# 8 Reibung

Aus Erfahrung wissen wir, dass beim Verschieben von Körpern gegeneinander Widerstandskräfte überwunden werden müssen. Dieses Phänomen wird als Reibung bezeichnet. Dabei wird zwischen *Haftung*, dem Widerstand bis zum Einsetzen der Bewegung und *Gleitung*, dem Widerstand während der Bewegung, unterschieden. Beim Freischnitt wirken Widerstandskräfte entgegen der Richtung der Bewegung, die sie ver- oder behindern.

## 8.1 Haftung

Abb. 8.1 zeigt einen Körper auf einer geneigten Ebene, der durch die Kraft $F$ aufwärts gezogen werden soll. Wir wollen annehmen, dass der Körper ohne äußere Krafteinwirkung in Ruhe ist. Gesucht ist die erforderliche Kraft, um die Bewegung zu ermöglichen. Im Freischnitt ersetzen wir die geneigte Ebene durch die Normalkraft $F_N$, die senkrecht zur Ebene an der zunächst unbekannten Position $e$ wirkt, und tragen die Haftkraft $F_R$ entgegen der angenommenen Bewegungsrichtung an. Zur Ermittlung der unbekannten Größen $F_N$, $F_R$ und $e$ stehen wieder drei Gleichgewichtsbedingungen zur Verfügung. Für die Größe der Haftkraft ist der Angriffspunkt $e$ unerheblich. Daher wird der Angriffspunkt nicht näher gekennzeichnet und nur die Kräftebilanzen ohne die Momentenbilanz verwendet.

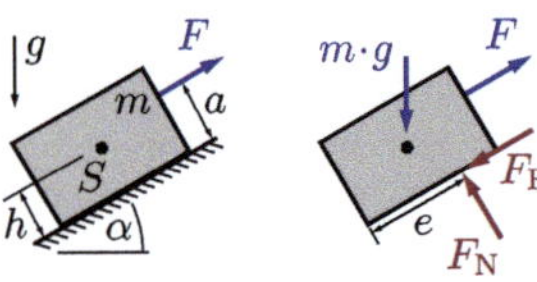


Abb. 8.1: Beispiel für Haften

Solange der Körper in Ruhe bleibt, folgt die Haftkraft aus den Gleichgewichtsbilanzen. Haftkräfte sind wie Lagerreaktionen Reaktionskräfte, die von den eingeprägten äußeren Kräften abhängen. Ihr maximal möglicher Wert folgt nach Coulomb aus der Grenzbedingung

$$|F_R| \leq \mu_0 F_N \,.$$

Sie hängt demnach proportional von der Normalkraft und dem dimensionslosen Haftungsbeiwert[4] $\mu_0$, aber nicht von der Größe der Kontaktfläche ab. Sobald die maximale Haftkraft erreicht ist, führt eine weitere Erhöhung der äußeren Belastung zur Bewegung (Gleiten).

[4]auch als Haftungskoeffizient bezeichnet

## 8.2 Gleitung

Während des Gleitens wirkt der Bewegung eine Gleitreibungskraft entgegen. Auch diese ist bei trockener Reibung proportional zur Normalkraft in der Gleitebene

$$F_R = \mu F_N \qquad \text{mit} \qquad \mu \leq \mu_0 \,,$$

wobei der Gleitreibungsbeiwert $\mu$ typischerweise kleiner als der Haftungsbeiwert $\mu_0$ ist. Das bedeutet, dass zur Überwindung der Haftung eine größere Kraft als zur Erhaltung der Bewegung erforderlich ist. Im Unterschied zur Haftung sind Gleitreibungskräfte keine Reaktionskräfte, sondern wirken wie konstante eingeprägte Kräfte.

Nach diesem einfachen Modell ist auch die Reibkraft beim Gleiten unabhängig von der Kontaktfläche. Außerdem ist sie unabhängig von der Relativgeschwindigkeit zwischen den bewegten Körpern. Das gilt nur für trockene Reibung ohne Schmiermittel. Außerdem sinkt der Gleitreibungsbeiswert bei hohen Temperaturen, was z. B. bei der Auslegung von Bremsen nicht mehr vernachlässigt werden kann. Tab. 8.1 gibt mittlere Reibbeiwerte einiger Materialpaarungen an. Diese werden im Versuch ermittelt und streuen stark.

Tab. 8.1: Richtwerte für Reibbeiwerte

| Materialpaarung | $\mu_0$ | $\mu$ |
|---|---|---|
| Stahl – Stahl | 0,2 | 0,1 |
| Stahl – Stein | 0,8 | 0,7 |
| Stein – Holz | 0,9 | 0,7 |
| Stahl – Eis | 0,03 | 0,01 |
| Stahl – Beton | 0,35 | 0,20 |
| Gummi – Asphalt | 0,9 | 0,3 |

## 8.3 Seile und Riemen

Haftung und Gleitung tritt auch auf, wenn Seile, Riemen oder Bänder zylindrische Körper umschließen. Die Haft- und Gleitreibungskräfte steigen hierbei exponentiell mit dem Umschlingungswinkel $\alpha$ des Seils, was die Erfahrung beim Festmachen von Booten bestätigt. Hier genügen wenige Umschlingungen, um ein ganzes Boot gegen die Strömung zu halten. Zwischen den Seilkräften wirken die EULER-EYTELWEINschen Beziehungen:

$$F_1 > F_2: \qquad F_1 = F_2 e^{\mu\alpha}$$
$$F_1 < F_2: \qquad F_1 = F_2 e^{-\mu\alpha}.$$

Die größere Seilkraft ergibt sich abhängig von der Richtung der ver- oder behinderten Bewegung, wie Abb. 8.2 zeigt. Je nachdem,

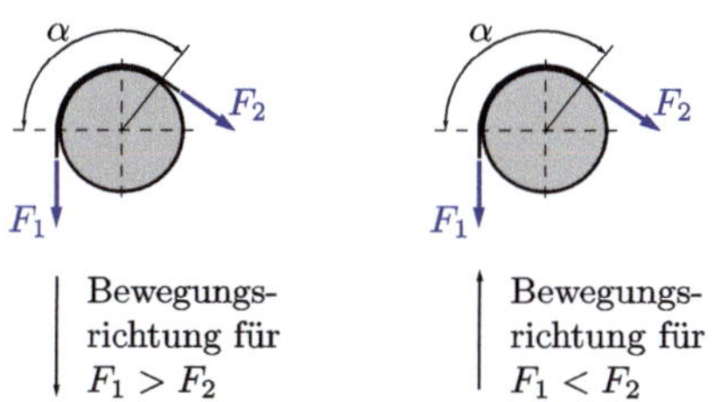


Abb. 8.2: Zur Seilreibung

ob Gleiten oder Haften untersucht wird, sind die entsprechenden Beiwerte $\mu$ bzw. $\mu_0$ zu verwenden.

**Beispiel 8.1:** In Abb. 8.3 wird ein Seil über eine feststehende Rolle geführt und ist mit einem Körper der Masse $m$ verbunden. Gesucht ist die maximale Kraft $F$, bei der das System gerade noch in Ruhe bleibt. Der Haftungsbeiwert $\mu$ zwischen Seil und Rolle sowie zwischen Körper und Ebene sei gleich groß. Im Grenzfall der maximalen Kraft ist die Seilkraft zwischen Rolle und Körper $F_S < F$, so dass gilt:

$$F_S = F e^{-\mu\left(\frac{\pi}{2}+\beta\right)}.$$

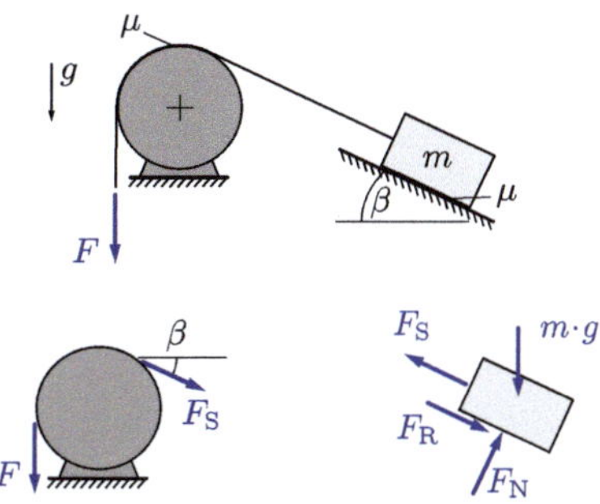


Abb. 8.3: Beispiel zur Haftung

Aus den Gleichgewichtsbedingungen

$$\nearrow: \quad 0 = F_N - mg\cos\alpha$$
$$\nwarrow: \quad 0 = F_S - F_R - mg\sin\alpha$$

und der Grenzbedingung $F_R = \mu F_N$ erhalten wir nach Eliminierung von $F_R$ und $F_N$ die gesuchte maximale Kraft

$$F = mg\left(\mu\cos\alpha + \sin\alpha\right) e^{\mu\left(\frac{\pi}{2}+\beta\right)}.$$

# Teil II Festigkeitslehre

## 9 Einführung

### 9.1 Anliegen der Festigkeitslehre

Im ersten Teil „Statik" haben wir die aus äußeren Lasten resultierenden *Beanspruchungen* in Form von Schnittgrößen wie Längs- und Querkräfte sowie Biege- und Torsionsmomente berechnet. Abb. 9.1 zeigt die Zuordnung der verschiedenen Schnittgrößen zu den jeweiligen Beanspruchungsarten für Linientragwerke. Mit der Festigkeitslehre erweitern wir diese Betrachtungen, indem wir diese Beanspruchungen im Hinblick auf ein mögliches *Versagen* analysieren. Ziel ist es, rechnerische Vorhersagen über die *Tragfähigkeit* von Tragwerken zu treffen.

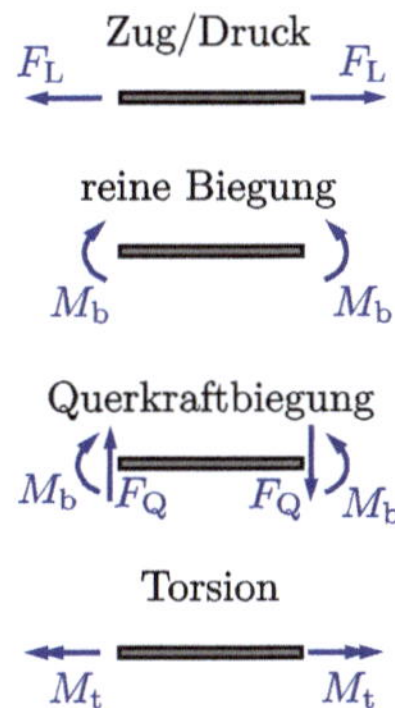


Abb. 9.1: Beanspruchungsarten

Versagen kann durch Bruch des Materials oder das Erreichen unzulässig großer Verformungen (Deformationen) erfolgen. So sind beispielsweise bei bestimmten Bauteilen in Werkzeugmaschinen nur Verformungen im Mikrometerbereich zulässig. Auch im Bauwesen begrenzt der Nachweis der Gebrauchstauglichkeit die zulässigen Verformungen. Große Deformationen können außerdem zum Stabilitätsverlust einer Tragstruktur führen, etwa beim *Knicken* von Stäben unter Druck. Weiterhin führt die Untersuchung der Verformung von Tragwerken auf Methoden zur Berechnung statisch unbestimmter Tragwerke.

Zur Bewertung der Tragfähigkeit muss die *Beanspruchung* im Tragwerk mit der *Beanspruchbarkeit* des Materials verglichen werden. Die lokale Beanspruchung an einem Punkt im Tragwerk wird durch die (mechanische) *Spannung* charakterisiert, die aus den verschiedenen Schnittgrößen berechnet wird. Die Beanspruchbarkeit wird auch als *Festigkeit* des Materials bezeichnet und muss experimentell in Versuchen ermittelt werden.

Hinsichtlich der Deformation beschränken wir uns ausschließlich auf den elastischen Bereich des Materialverhaltens, weshalb die Festigkeitslehre auch als *Elastostatik* bezeichnet wird. In diesem Bereich verschwinden die Deformationen nach Entlastung unmittelbar und vollständig.

### 9.2 Grundlagen

#### Zugversuch

Zur Charakterisierung des elastischen Materialverhaltens und Versagens wird ein Zugversuch (bzw. bei spröden Materialien ein Druckversuch) an einer zylindrischen oder quaderförmigen Probe mit genormten


S. Götz et al., *Technische Mechanik im Überblick*,
https://doi.org/10.1007/978-3-658-49254-0_2

Abmessungen[5] durchgeführt, wie schematisch in Abb. 9.2 dargestellt. Dabei werden die Probenkraft $F$ sowie die ausgehend von der Anfangslänge $\ell_0$ monoton ansteigende Verlängerung $\Delta\ell = \ell - \ell_0$ aufgezeichnet.

Man kann sich leicht vorstellen, dass die maximal ertragbare Kraft mit der Querschnittsfläche $A$ steigt. Weiterhin ist die Verlängerung bei einer vorgegebenen Kraft $F$ umso größer, je größer die Probenlänge $\ell_0$ ist. Um diese Einflüsse der Probengeometrie zu eliminieren und materialspezifische Größen zu erhalten, werden die *Spannung* $\sigma$ als auf die Ausgangsfläche $A_0$ bezogene Kraft und die Dehnung $\varepsilon$ als auf die Ausgangslänge bezogene Längenänderung definiert:

$$\sigma = \frac{F}{A_0}, \qquad \varepsilon = \frac{\Delta\ell}{\ell_0}.$$

Die Spannung wird üblicherweise in den Einheiten 1 N/mm$^2$ = 1 MPa oder 1 kN/cm$^2$ angegeben, während die Dehnung dimensionslos ist.

## Hookesches Gesetz

Das Ergebnis des Zugversuchs ist das *Spannungs-Dehnungs-Diagramm* für das untersuchte Material. In Abb. 9.2 ist rechts der typische Verlauf für einen metallischen Werkstoff dargestellt. Für Spannungen unterhalb der durch die Fließspannung $\sigma_F$ definierten Elastizitätsgrenze treten nach vollständiger Entlastung keine bleibenden Verformungen auf. Das Material verhält sich rein *elastisch*. Viele Werkstoffe zeigen zudem *linear-elastisches* Verhalten, bei dem Spannung und Dehnung proportional zueinander sind. Dies wird durch das *Hookesche Gesetz* beschrieben:

$$\sigma = E \cdot \varepsilon\,.$$

Der *Elastizitätsmodul* $E$ ist der Proportionalitätsfaktor zwischen Spannung und Dehnung und stellt eine materialspezifische Konstante dar. In Tab. 9.1 sind beispielhaft Werte für einige Werkstoffe angegeben. Zugspannungen sind positiv und Druckspannungen sind negativ. Spannungen oberhalb der Elastizitätsgrenze führen zu bleibenden Formänderungen, sodass nach Entlastung eine plastische Dehnung $\varepsilon_{pl}$ verbleibt.

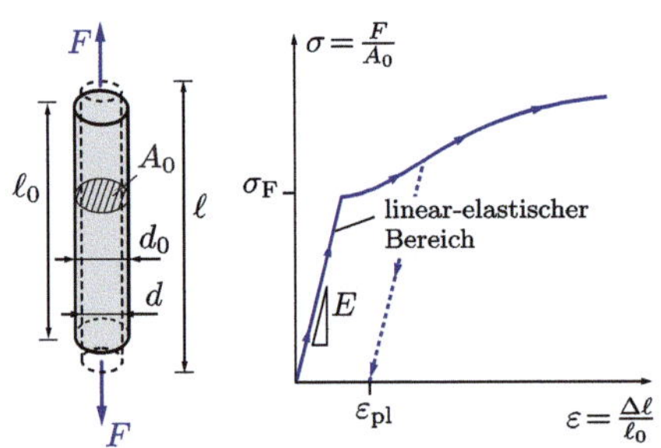


Abb. 9.2: Zugversuch

[5] z. B. Zugversuch nach DIN EN ISO 6892-1

## Querkontraktion

Durch die Verlängerung eines Stabes im Zugversuch nimmt gleichzeitig seine Querschnittsabmessung $d$ ab, siehe Abb. 9.2, links. Dies wird durch die Querdehnung $\varepsilon_q = \Delta d/d_0$ beschrieben. Im linear-elastischen Bereich ist die Querdehnung proportional zur Längsdehnung

$$\varepsilon_q = -\nu\varepsilon = -\frac{\nu\sigma}{E}\,.$$

Das Minuszeichen berücksichtigt die Abnahme des Querschnitts. Der Proportionalitätsfaktor $\nu$ ist ebenfalls eine Materialkonstante und wird als *Querkontraktionszahl* oder, nach dem Entdecker des Effekts, als POISSON-Zahl bezeichnet.

Der Einfluss der Querkontraktion auf die Querschnittsfläche $A$ bei der Berechnung der Spannung $\sigma$ ist im elastischen Bereich jedoch vernachlässigbar. Daher wird der Einfachheit halber die Querschnittsfläche der undeformierten Probe $A_0$ verwendet.

### Schubspannung und Gleitung

Im Zugversuch wirkt die Belastung $F$ normal zur Querschnittfläche, weshalb $\sigma$ als *Normalspannung* bezeichnet wird. In Balken entstehen Normalspannungen durch Längskräfte und Biegemomente. Querkräfte und Torsionsmomente hingegen werden durch *Schubspannungen* übertragen, die tangential zur Schnittebene wirken.

Eine Schubspannung $\tau$ verursacht in den meisten Materialien keine Längenänderung, sondern eine *Gleitung* $\gamma$. Diese beschreibt die Abweichung von einem ursprünglich rechten Winkel, wie in Abb. 9.3 dargestellt. Im elastischen Bereich sind

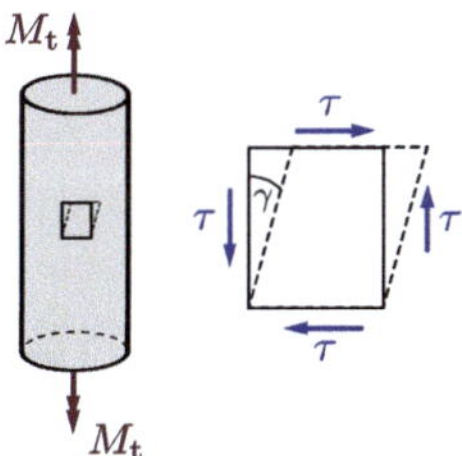


Abb. 9.3: Schubspannung und Gleitung

auch Gleitung und Schubspannung proportional zueinander

$$\tau = G \cdot \gamma \,.$$

Der Proportionalitätsfaktor $G$ wird als *Schubmodul* bezeichnet. Für isotropes, also richtungsunabhängiges Materialverhalten besteht zum Elastizitätsmodul $E$ und der Querkontraktionszahl $\nu$ die Beziehung

$$G = \frac{E}{2(1+\nu)} \,.$$

Die Dehnungen $\varepsilon$, $\varepsilon_q$ und die Gleitung $\gamma$ werden unter dem Oberbegriff *Verzerrungen* zusammengefasst.

### Temperaturdehnung

Eine Temperaturänderung $\Delta T$ führt zu einer *Temperaturdehnung*

$$\varepsilon^{th} = \alpha \Delta T \,,$$

die sich zusätzlich zur elastischen Dehnung addiert. Der Wärmeausdehnungskoeffizient $\alpha$ ist materialspezifisch und kann für moderate Temperaturdifferenzen als konstant angenommen werden. Bauteile aus isotropem Material dehnen sich thermisch in alle Richtungen gleichmäßig aus, sodass keine Gleitungen entstehen. Falls diese Ausdehnung nicht durch Lagerungen verhindert wird, resultieren daraus keine Spannungen.

Tab. 9.1: Beispiele für Materialkonstanten

| | $E$ in MPa | $\nu$ | $\alpha$ in $K^{-1}$ |
|---|---|---|---|
| Stahl | $2{,}1 \cdot 10^5$ | 0,3 | $1{,}2 \cdot 10^{-5}$ |
| Aluminium | $7 \cdot 10^4$ | 0,34 | $2{,}4 \cdot 10^{-5}$ |
| Beton | $(2...4) \cdot 10^4$ | 0,2 | $1{,}0 \cdot 10^{-5}$ |
| Gusseisen | $(0{,}8...1{,}2) \cdot 10^5$ | 0,34 | $0{,}9 \cdot 10^{-5}$ |

### Lineare Theorie

In unseren Betrachtungen beschränken wir uns auf die *lineare Theorie*. Dabei können die Spannungen und Verformungen einzelner Lasten überlagert werden. Voraussetzung dafür ist die Gültigkeit des Hookeschen Gesetzes und, dass die Verformungen klein im Vergleich zu den Tragwerksabmessungen sind. Dadurch können wir die Gleichgewichtsbilanzen am unverformten Tragwerk formulieren (eine sog. Theorie 1. Ordnung). Die einzige Ausnahme davon bildet die Stabilitätsuntersuchung in Kapitel 18.

# 10 Zug- und Druckbeanspruchung

## 10.1 Normalspannung

Zwischen der Schnittgröße Längskraft und der Normalspannung in einem Stab an der Stelle $s$ besteht der Zusammenhang

$$F_\mathrm{L}(s) = \int\limits_{A(s)} \sigma(s)\,\mathrm{d}A\,.$$

Die Längskraft entspricht somit der resultierenden Kraft einer über den Querschnitt verteilten Spannung. In hinreichender Entfernung von Lasteinleitungsstellen ist die Spannungsverteilung *homogen*, also konstant über den Querschnitt, sodass $F_\mathrm{L}(s) = \sigma(s) \cdot A(s)$ gilt. Für Bereiche mit konstantem Querschnitt und konstanter Längskraft (siehe Abb. 10.1) ist

$$\sigma = \frac{F_\mathrm{L}}{A}\,. \tag{10.1}$$

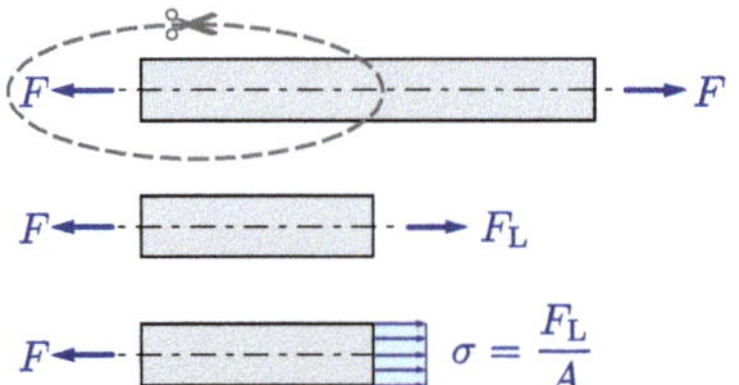


Abb. 10.1: Normalspannung im Stab

Diese Gleichungen gelten exakt für Stäbe mit konstantem Querschnitt und in guter Näherung auch bei leicht veränderlichem Querschnitt.

**Beispiel 10.1:** Abb. 10.2 zeigt einen konischen Stab, dessen Radius über der Länge $\ell$ linear von $R$ auf $2R$ ansteigt. Gesucht ist die Spannungsverteilung $\sigma(s)$. Die ortsabhängige

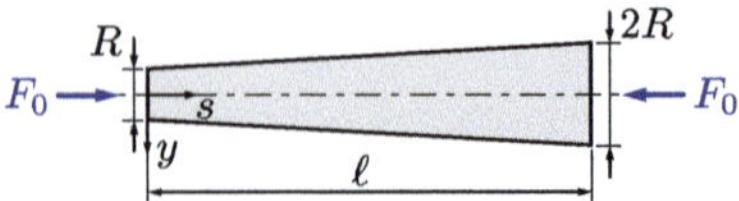


Abb. 10.2: Konischer Stab

Querschnittsfläche ist:

$$\begin{aligned} A(s) &= \pi r(s)^2 \\ &= \pi\left(R + \frac{R}{\ell}s\right)^2 = \pi R^2\left(1 + \frac{s}{\ell}\right)^2. \end{aligned}$$

Mit $F_\mathrm{L} = -F_0$ folgt die Normalspannung:

$$\sigma(s) = \frac{F_\mathrm{L}}{A(s)} = \frac{-F_0}{\pi R^2\left(1 + \frac{s}{\ell}\right)^2}\,.$$

### Spannungskonzentration

An Lasteinleitungsstellen oder Kerben, wie Bohrungen und sprunghaften Querschnittsänderungen, kommt es zur *Spannungskonzentration*, die zu einer inhomogenen Spannungsverteilung führt. Die maximalen Spannungen können dann die mit Gleichung (10.1) berechneten Werte lokal deutlich übersteigen. Solche Störungen des homogenen Spannungszustands klingen innerhalb einer Entfernung ab, die etwa der größten Querschnittsabmessung entspricht (DE SAINT-VENANTsches Prinzip).

Abb. 10.3 zeigt dies anhand der Spannungsverteilung an einer Kerbe (I), im ungestörten Bereich (II) und nahe der Lasteinleitungsstelle (III). Man bezeichnet die

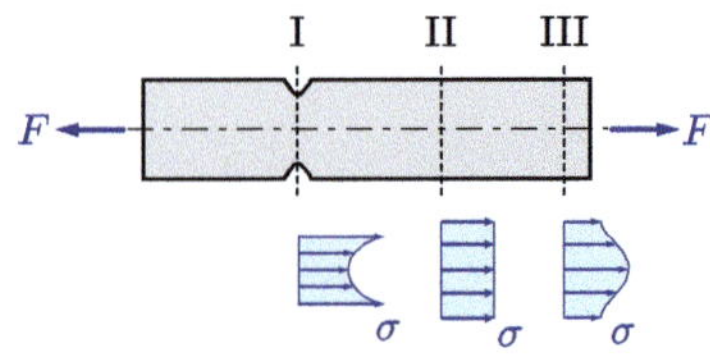


Abb. 10.3: Spannungsüberhöhung an Kerben und Lasteinleitungsstellen

im Kerbbereich mittels $\sigma = F/A$ berechnete Spannung auch als Nennspannung $\sigma_\mathrm{N}$. Die maximale Kerbspannung $\sigma_\mathrm{max}$ kann daraus mit der Formzahl $K_\mathrm{t}$ berechnet werden: $\sigma_\mathrm{max} = K_\mathrm{t} \cdot \sigma_\mathrm{N}$. Für viele praktisch wichtige Fälle liegt die Formzahl tabelliert vor. Zusätzlich zur Überhöhung der Normalspannung treten in Kerben noch andere Spannungskomponenten auf, die von der Formzahl nicht erfasst werden.

## 10.2 Dehnung und Verformung

Mit dem Hookeschen Gesetz kann die Dehnung eines Stabes in Längsrichtung aus der Spannung mittels Gleichung (10.1) berechnet werden:

$$\varepsilon(s) = \frac{\sigma(s)}{E} = \frac{F_\mathrm{L}(s)}{EA(s)}\,.$$

Das Produkt $EA$ wird als *Dehnsteifigkeit* bezeichnet.

### Längskraft und Querschnitt konstant

Sind Längskraft und Querschnittsfläche konstant, bleibt auch die Dehnung über die gesamte Stablänge konstant:

$$\varepsilon = \frac{\Delta\ell}{\ell_0}\,.$$

Für einen Stab der Länge $\ell_0$ ergibt sich damit die Längenänderung

$$\Delta\ell = \frac{F_\mathrm{L}\ell_0}{EA}\,. \qquad (10.2)$$

### Längskraft und Querschnitt veränderlich

Im allgemeinen Fall eines veränderlichen Querschnitts oder einer veränderlichen Längskraft ist auch die Dehnung entlang des Stabes nicht konstant. Die Verschiebung $u(s)$ steht im folgenden Zusammenhang mit der Dehnung:

$$\varepsilon = \frac{\mathrm{d}u}{\mathrm{d}s}\,.$$

Die Längenänderung eines Stabes der Länge $\ell_0$ erhält man durch Integration

$$\Delta\ell = u(\ell_0) = \int\limits_{s=0}^{\ell_0} \varepsilon(s)\,\mathrm{d}s = \int\limits_{s=0}^{\ell_0} \frac{F_\mathrm{L}(s)}{EA(s)}\,\mathrm{d}s\,.$$

### Temperaturveränderung

Zusätzlich zur durch die Längskraft verursachten Dehnung tritt bei einer Temperaturänderung $\Delta T$ eine thermische Dehnung auf. Die Gesamtdehnung setzt sich aus beiden Anteilen zusammen:

$$\varepsilon = \frac{F_\mathrm{L}}{EA} + \alpha\Delta T\,.$$

Somit ist die Längenänderung eines Stabs mit konstantem Querschnitt

$$\Delta\ell = \frac{F_\mathrm{L}\ell_0}{EA} + \alpha\Delta T\ell_0\,.$$

## 10.3 Lösung statisch unbestimmter Probleme

Tragwerke, bei denen die Anzahl der Lagerreaktionen die Anzahl der zur Verfügung stehenden Gleichgewichtsbedingungen übersteigt, sind *statisch unbestimmt.* In solchen Fällen können die Auflagerreaktionen und Schnittgrößen nicht allein aus den Gleichgewichtsbedingungen berechnet werden. Zur Lösung sind zusätzliche Verformungsbedingungen erforderlich, wodurch Auflagerreaktionen und Schnittgrößen – im Gegensatz zu statisch bestimmten Problemen – von Material und Geometrie abhängen.

**Beispiel 10.2:** Der starre Träger in Abb. 10.4 ist durch ein Festlager und zwei elastische Stäbe gelagert. Gesucht sind die Auflagerreaktionen und die Kräfte in den Stäben 1 und 2.

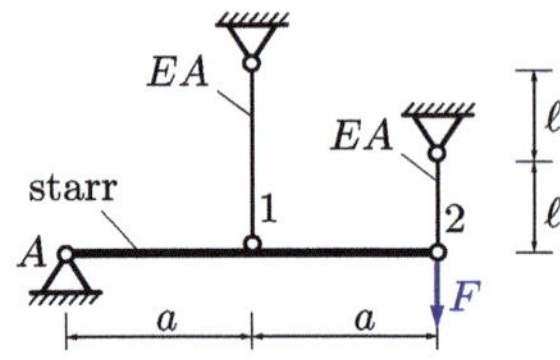


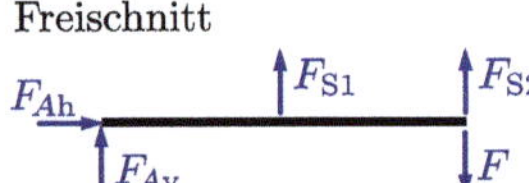


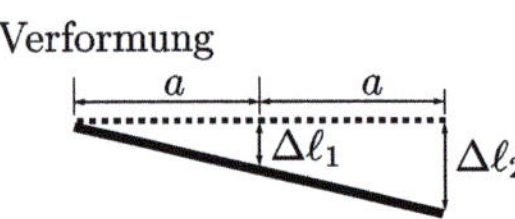


Abb. 10.4: Statisch unbestimmtes Stabsystem

Die Gleichgewichtsbedingungen lauten:

$$\begin{aligned}
\rightarrow:&\quad 0 = F_{\mathrm{Ah}}\\
\uparrow:&\quad 0 = F_{\mathrm{Av}} + F_{\mathrm{S1}} + F_{\mathrm{S2}} - F\\
\overset{\curvearrowleft}{A}:&\quad 0 = F_{\mathrm{S1}} \cdot a + F_{\mathrm{S2}} \cdot 2a - F \cdot 2a\,.
\end{aligned}$$

Das Problem ist 1-fach statisch unbestimmt, da für die vier unbekannten Kräfte nur drei Gleichungen aus den Gleichgewichtsbedingungen zur Verfügung stehen. Eine zusätzliche Gleichung kann über die Verformungsbetrachtung der Stäbe gewonnen werden. Da der Träger als starr angenommen wird, stehen die Längenänderungen der Stäbe in einem festen Verhältnis. Es gilt (z. B. nach dem Strahlensatz) $\Delta\ell_2 = 2\Delta\ell_1$. Ersetzen wir die Längenänderungen durch die Stabkräfte mit der Beziehung (10.2), erhalten wir als zusätzliche Gleichung

$$\frac{F_{\mathrm{S2}} \cdot \ell}{EA} = 2\frac{F_{\mathrm{S1}} \cdot 2\ell}{EA}\,,$$

woraus $F_{\mathrm{S2}} = 4F_{\mathrm{S1}}$ folgt. Damit lassen sich die gesuchten Kräfte berechnen: $F_{\mathrm{Ah}} = 0$, $F_{\mathrm{Av}} = -\frac{1}{9}F$, $F_{\mathrm{S1}} = \frac{2}{9}F$ und $F_{\mathrm{S2}} = \frac{8}{9}F$.

# 11 Biegung

## 11.1 Grundlagen und Annahmen

Biegung ist eine häufig auftretende Beanspruchungsart in Tragwerken und die dabei auftretenden Spannungen und Verformungen sind oft größer als bei anderen Beanspruchungsarten. Tragwerke, die auf Biegung beansprucht werden, nennt man *Balken*. Im Bauwesen, insbesondere dem Stahl- und Holzbau, sind Balken grundlegende Tragstrukturen. Aber auch viele Maschinenbauteile, wie Getriebewellen oder Achsträger, sind auf Biegung beansprucht.

Biegebeanspruchung resultiert aus Kräften und Streckenlasten senkrecht zur Balkenachse sowie aus eingeleiteten Biegemomenten. Dabei kommt es zur *Durchbiegung* der Balkenachse, wie Abb. 11.1 beispielhaft zeigt.

Abb. 11.1: Verformung der Balkenachse bei Biegung

### Bernoulli-Hypothese

Die Berechnung von Spannungen und Verformungen bei Biegung basiert auf der nach BERNOULLI benannten Hypothese, die besagt, dass ebene Querschnitte, die im unverformten Zustand senkrecht zur Balkenachse stehen, auch im verformten Zustand eben bleiben und senkrecht auf der verformten Balkenachse stehen. Dies ist in Abb. 11.2 dargestellt.

## 11.2 Spannungsberechnung

Anhand der BERNOULLI-Hypothese lässt sich zeigen, dass bei Biegung Normalspan-

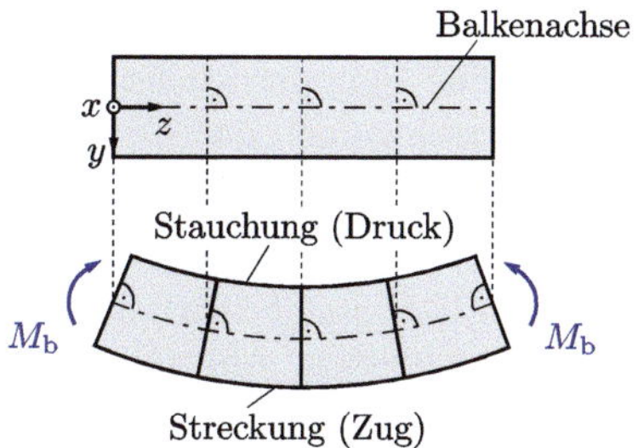


Abb. 11.2: BERNOULLI-Hypothese der Biegeverformung

nungen $\sigma$ entstehen, die linear über der Höhe des Balkenquerschnitts verteilt sind. Dabei treten sowohl Zug- als auch Druckspannungen im Querschnitt auf. In der Schwerpunktachse ist die Spannung null, weshalb diese als *neutrale Faser* bezeichnet wird. Der Spannungsverlauf ist am Beispiel eines T-Trägers in Abb. 11.3 gezeigt. Die

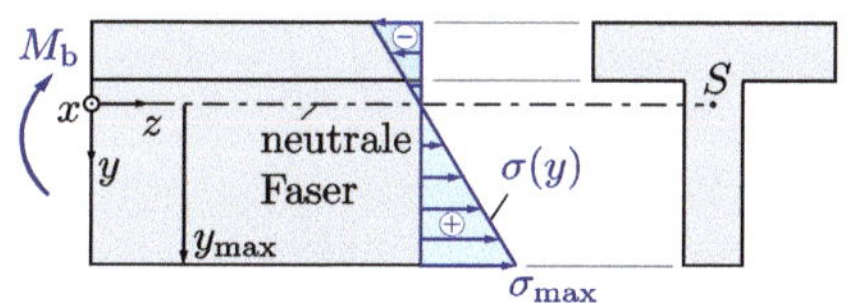


Abb. 11.3: Spannungsverlauf im Balkenquerschnitt unter Biegebeanspruchung

Spannungen werden in einem Koordinatensystem angegeben, dessen Ursprung im Schwerpunkt des Profils liegt. Sie berechnen sich als

$$\sigma = \frac{M_b}{I_{xx}} \cdot y \, .$$

Die Größe $I_{xx}$ ist das *Flächenträgheitsmoment*, eine geometrische Querschnittskenngröße, die den Widerstand eines Profils gegen Biegung um die $x$-Achse beschreibt. Wir behandeln die Berechnung dieser Größe in Abschnitt 11.3. Die maximale Spannung tritt an den Stellen mit dem größten Abstand zur neutralen Faser auf, also an der Ober- oder Unterseite des Querschnitts. Für die Bauteilauslegung ist die maximale Spannung maßgeblich. Diese wird in der Praxis häufig mit dem *Biegewiderstandsmoment* $W_b = I_{xx}/y_{max}$ berechnet:

$$|\sigma_{max}| = \frac{|M_b|}{I_{xx}} \cdot |y_{max}| = \frac{|M_b|}{W_b} \, .$$

Für Werkstoffe mit unterschiedlichen Festigkeiten bei Zug- und Druckbeanspruchung, wie beispielsweise Beton, ist es erforderlich, die maximalen Zug- und Druckspannungen separat zu bewerten.

## Überlagerung von Biegemoment und Längskraft

Normalspannungen in Längsrichtung entstehen nicht nur durch Biegemomente, sondern entsprechend Kapitel 10 auch durch Längskräfte. Bei gleichzeitiger Beanspruchung können beide Spannungen überlagert (superponiert) werden, so dass die Spannungsverteilung im Querschnitt

$$\sigma(y) = \frac{F_L}{A} + \frac{M_b}{I_{xx}} \cdot y$$

entspricht, wie in Abb. 11.4 veranschaulicht. Dies führt dazu, dass die neutrale Fa-

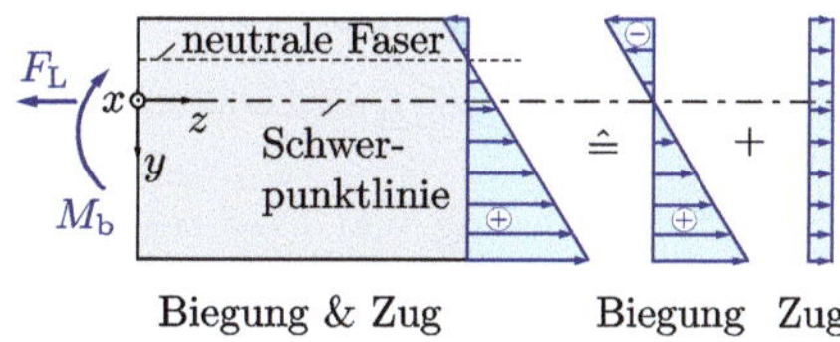


Abb. 11.4: Überlagerung von Spannungen infolge von Biegung und Zug/Druck

ser nicht mehr mit der Schwerpunktachse übereinstimmt. Bei der Berechnung müssen die vorzeichenbehafteten Schnittgrößen entsprechend der Konvention in Abb. 5.1

eingesetzt werden, damit sich Zugspannungen positiv und Druckspannungen negativ ergeben.

## 11.3 Flächenträgheitsmomente

Flächenträgheitsmomente werden zur Berechnung der Spannungen und Verformungen bei Biegebeanspruchung benötigt. Sie werden als Integrale über die Querschnittsfläche berechnet und hängen neben der Form und Größe des Querschnitts auch von der Lage des Bezugs-Koordinatensystems ab. Dieses muss im Flächenschwerpunkt des Querschnitts liegen. Flächenträgheitsmomente werden in den Einheiten $\text{mm}^4$ oder $\text{cm}^4$ angegeben.

Die auf die $x$-Achse bzw. die $y$-Achse bezogenen *axialen Flächenträgheitsmomente* werden mit den folgenden Gleichungen berechnet (siehe Abb. 11.5):

$$I_{xx} = \int_A y^2 \,\mathrm{d}A \qquad I_{yy} = \int_A x^2 \,\mathrm{d}A\,. \quad (11.1)$$

Die Indizes $_{xx}$ und $_{yy}$ beziehen sich auf die Achse, um die die Biegung erfolgt. Weiter-

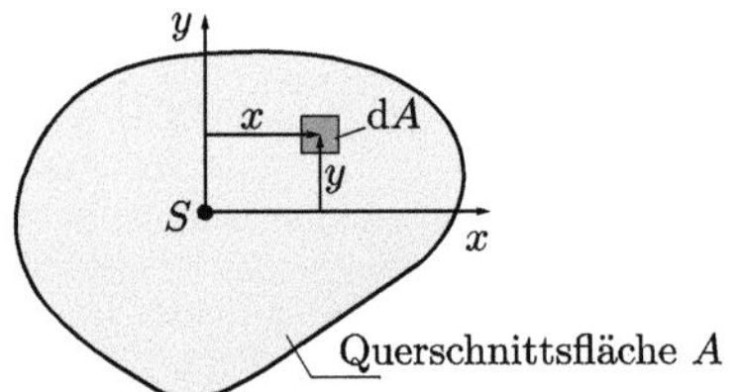


Abb. 11.5: Berechnung von Flächenträgheitsmomenten

hin ist das *Deviationsmoment* $I_{xy}$ folgendermaßen definiert[6]:

$$I_{xy} = -\int_A xy \,\mathrm{d}A\,. \quad (11.2)$$

[6]Bisweilen wird auch die Definition ohne das Minuszeichen verwendet.

Ist mindestens eine der beiden Koordinatenachsen eine Symmetrieachse des Querschnitts, verschwindet das Deviationsmoment ($I_{xy} = 0$).

**Beispiel 11.1:** Als einfaches Beispiel berechnen wir die Flächenträgheitsmomente für den Rechteckquerschnitt in Abb. 11.6. Das Flä-

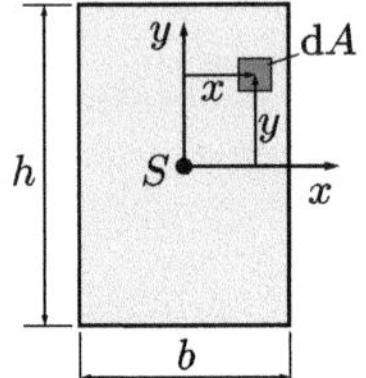


Abb. 11.6: Flächenträgheitsmomente für den Rechteckquerschnitt

chenträgheitsmoment bezüglich der $x$-Achse beträgt

$$I_{xx} = \int_A y^2 \,\mathrm{d}A = \int_{-\frac{h}{2}}^{\frac{h}{2}} \int_{-\frac{b}{2}}^{\frac{b}{2}} y^2 \,\mathrm{d}x\mathrm{d}y$$

$$= \int_{-\frac{h}{2}}^{\frac{h}{2}} y^2 b \,\mathrm{d}y = \frac{bh^3}{12}\,.$$

Auf gleiche Weise folgt für die $y$-Achse

$$I_{yy} = \int_A x^2 \,\mathrm{d}A = \int_{-\frac{h}{2}}^{\frac{h}{2}} \int_{-\frac{b}{2}}^{\frac{b}{2}} x^2 \,\mathrm{d}x\mathrm{d}y = \frac{hb^3}{12}$$

sowie

$$I_{xy} = -\int_A xy \,\mathrm{d}A = -\int_{-\frac{h}{2}}^{\frac{h}{2}} \int_{-\frac{b}{2}}^{\frac{b}{2}} xy \,\mathrm{d}x\mathrm{d}y = 0\,.$$

Diese Berechnungen zeigen, dass das Flächenträgheitsmoment stark von der Höhe des Querschnitts abhängt ($h^3$). Dies erklärt, warum ein hochkant liegender Querschnitt einen deutlich größeren Widerstand gegen Durchbiegung besitzt als ein flach liegender, was sich auch leicht anhand eines Lineals überprüfen lässt. In Tab. 11.1 sind die Flächenträgheitsmomente für einige elementare Querschnittsformen angegeben.

Tab. 11.1: Flächenträgheitsmomente bezogen auf Schwerpunktachsen

| Profil | $I_{xx}$ | $I_{yy}$ | $I_{xy}$ |
|---|---|---|---|
| y, h, S, x, b | $\dfrac{bh^3}{12}$ | $\dfrac{hb^3}{12}$ | 0 |
| y, $D_\mathrm{i}$, S, x, $D_\mathrm{a}$ | $\dfrac{\pi}{64}(D_\mathrm{a}^4 - D_\mathrm{i}^4)$ (*) | | 0 |
| y, b, a/3, x, S, b/3, a | $\dfrac{ab^3}{36}$ | $\dfrac{ba^3}{36}$ | $\dfrac{a^2b^2}{72}$ |

(*) Vollkreis mit $D_\mathrm{i} = 0$

## Zusammengesetzte Querschnitte

Viele Querschnitte sind aus elementaren geometrischen Formen zusammengesetzt, z. B. ein T–Profil aus zwei Rechtecken. Für diese Fälle müssen die Flächenträgheitsmomente nicht mittels der komplizierten Integrale in Gleichungen (11.1) und (11.2) bestimmt werden, sondern lassen sich aus den Werten der einzelnen Teilflächen berechnen. Dazu müssen die Flächenträgheitsmomente der Teilflächen mit dem *Satz von Steiner* auf den Schwerpunkt der Gesamtfläche transformiert und anschließend addiert werden, wie in Abb. 11.8 beispielhaft gezeigt. Der Satz von Steiner gibt die Transformationsbeziehungen bei Parallelverschiebung der Bezugsachsen an. Angewandt auf die Teilflächen lautet er:

$$\begin{aligned} I_{x_ix_i} &= I_{\bar{x}_i\bar{x}_i} + y_{S_i}^2 A_i \\ I_{y_iy_i} &= I_{\bar{y}_i\bar{y}_i} + x_{S_i}^2 A_i \\ I_{x_iy_i} &= I_{\bar{x}_i\bar{y}_i} - x_{S_i} y_{S_i} A_i \,. \end{aligned}$$

Hierbei sind $I_{\bar{x}_i\bar{x}_i}$, $I_{\bar{y}_i\bar{y}_i}$ und $I_{\bar{x}_i\bar{y}_i}$ die Flächenträgheitsmomente der Teilflächen $i$ bezogen auf die jeweiligen Koordinatenachsen $\bar{x}_i$ und $\bar{y}_i$ im Teilflächenschwerpunkt $S_i$ und $A_i$ ist der zugehörige Flächeninhalt. Weiterhin sind $x_{S_i}$ und $y_{S_i}$ die Koordinaten des Teilflächenschwerpunkts $S_i$ im Koordinatensystem des Gesamtschwerpunktes $(x, y)$. Abb. 11.7 verdeutlicht dies anhand der dunkelgrauen Teilfläche eines L–Profils. Das resultierende Flächenträgheitsmoment der Gesamtfläche bezogen auf die Schwerpunktachsen wird aus der Summe der transformierten Werte der Teilflächen berechnet:

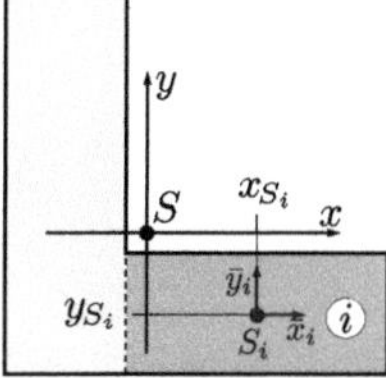


Abb. 11.7: Satz von Steiner

$$I_{xx} = \sum_i I_{x_ix_i} \qquad I_{yy} = \sum_i I_{y_iy_i}$$
$$I_{xy} = \sum_i I_{x_iy_i} \,. \tag{11.3}$$

**Beispiel 11.2:** Dazu betrachten wir das L–Profil in Abb. 11.8 mit den Abmessungen $a = 15$ cm und $t = 5$ cm. Das Profil setzt sich aus zwei Rechtecken zusammen. Um die Flächenträgheitsmomente zu berechnen, bestimmen wir zunächst den Schwerpunkt der Ge-

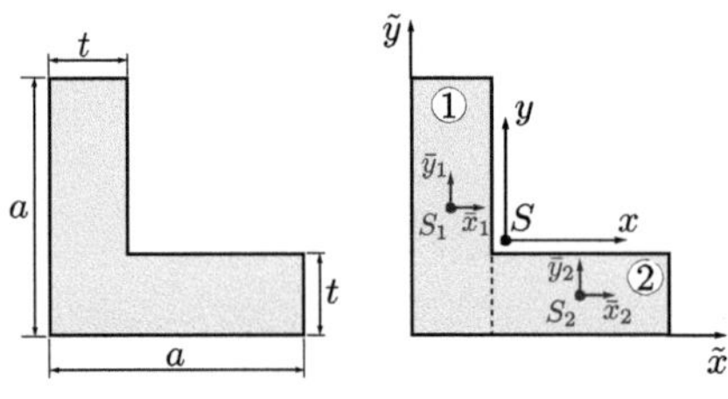


Abb. 11.8: L–Profil

samtfläche. Hierfür verwenden wir das Koordinatensystem $(\tilde{x}, \tilde{y})$, das an den langen Profilkanten ausgerichtet ist. Die Schwerpunktkoordinaten für dieses Profil wurden in Beispiel 3.1 zu

$$\tilde{x}_S = \frac{1}{A}\sum_i (\tilde{x}_{S_i} \cdot A_i) = 5{,}5\,\text{cm}$$

$$\tilde{y}_S = \frac{1}{A}\sum_i (\tilde{y}_{S_i} \cdot A_i) = 5{,}5\,\text{cm}$$

berechnet. Mit diesen Werten wenden wir den Satz von Steiner an, um die Flächenträgheitsmomente der Teilflächen (Werte aus Tab. 11.1) auf die Achsen $x$ und $y$ des Gesamtschwerpunktes zu transformieren:

$$I_{x_1x_1} = \frac{ta^3}{12} + \left(\frac{a}{2} - \tilde{y}_S\right)^2 at = 1706\,\text{cm}^4$$

$$I_{y_1y_1} = \frac{at^3}{12} + \left(\frac{t}{2} - \tilde{x}_S\right)^2 at = 831\,\text{cm}^4$$

$$I_{x_1y_1} = -\left(\frac{t}{2} - \tilde{x}_S\right)\left(\frac{a}{2} - \tilde{y}_S\right) at = 450\,\text{cm}^4$$

$$I_{x_2x_2} = \frac{(a-t)t^3}{12} + \left(\frac{t}{2} - \tilde{y}_S\right)^2 (a-t)t = 554\,\text{cm}^4$$

$$I_{y_2y_2} = \frac{t(a-t)^3}{12} + \left(t + \frac{a-t}{2} - \tilde{x}_S\right)^2 (a-t)t = 1429\,\text{cm}^4$$

$$I_{x_2y_2} = -\left(t + \frac{a-t}{2} - \tilde{x}_S\right)\left(\frac{t}{2} - \tilde{y}_S\right) = 675\,\text{cm}^4\,.$$

Die Flächenträgheitsmomente des Gesamtprofils ergeben sich durch Addition der Teilflächenmomente nach den Gleichungen (11.3). Das Ergebnis lautet

$$I_{xx} = I_{yy} = 2260\,\text{cm}^4 \quad I_{xy} = 1125\,\text{cm}^4\,.$$

Obwohl für die einzelnen Rechtecke das Deviationsmoment $I_{x_iy_i} = 0$ ist, ergibt sich für das Gesamtprofil ein Deviationsmoment ungleich null, da weder $x$ noch $y$ Symmetrieachsen des L–Profils sind.

## Drehung des Bezugssystems, Hauptträgheitsmomente

Stimmen die Achsen des Flächenträgheitsmoments nicht mit den Biegeachsen überein, müssen die Flächenträgheitsmomente in ein entsprechend gedrehtes Koordinatensystem transformiert werden. In Abb. 11.9 (links) sind die ursprünglichen Achsen $x$ und $y$ und die gedrehten Achsen $\bar{x}$ und $\bar{y}$ dargestellt. Die Transformationsbeziehun-

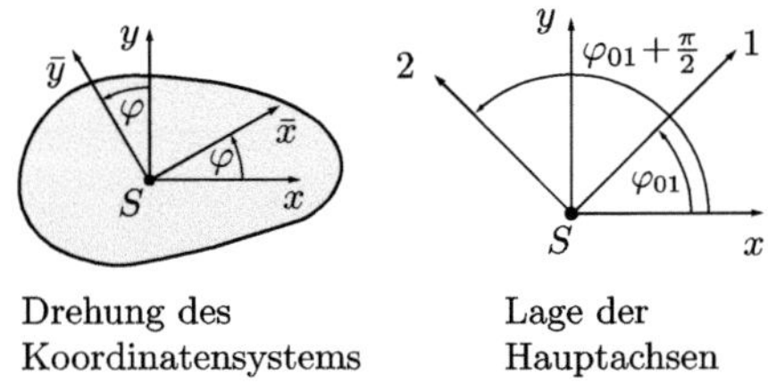


Abb. 11.9: Drehung des Bezugssystems und Hauptachsen

gen für die Flächenträgheitsmomente bei dieser Rotation der Bezugsachsen lauten:

$$I_{\bar{x}\bar{x}} = \frac{I_{xx} + I_{yy}}{2} + \frac{I_{xx} - I_{yy}}{2}\cos(2\varphi) + I_{xy}\sin(2\varphi)$$

$$I_{\bar{y}\bar{y}} = \frac{I_{xx} + I_{yy}}{2} - \frac{I_{xx} - I_{yy}}{2}\cos(2\varphi) - I_{xy}\sin(2\varphi)$$

$$I_{\bar{x}\bar{y}} = - \frac{I_{xx} - I_{yy}}{2}\sin(2\varphi) + I_{xy}\cos(2\varphi).$$

Mit diesen Gleichungen können die Flächenträgheitsmomente für beliebige gedrehte Koordinatenachsen berechnet werden, wenn sie für ein vorhandenes Schwerpunktkoordinatensystem gegeben sind.

Außerdem existiert ein bestimmtes Koordinatensystem, in dem die Deviationsmomente verschwinden und die axialen Flächenträgheitsmomente maximale bzw. minimale Werte annehmen. Die Achsen dieses Systems werden als *Hauptachsen* 1 und 2 der Querschnittsfläche bezeichnet und sind in Abb. 11.9 (rechts) dargestellt. Die zugehörigen Flächenträgheitsmomente heißen *Hauptträgheitsmomente* $I_1$ und $I_2$ und berechnen sich wie folgt:

$$I_{1,2} = \frac{I_{xx} + I_{yy}}{2} \pm \sqrt{\left(\frac{I_{xx} - I_{yy}}{2}\right)^2 + I_{xy}^2}\,.$$

Das Hauptträgheitsmoment $I_1$ hat stets den größten und $I_2$ den kleinsten Wert aller möglichen Flächenträgheitsmomente um Schwerpunktachsen eines Profils. Die Winkel $\varphi_0$ der Hauptachsen gegenüber der $x$-Achse können aus $I_{\bar{x}\bar{y}}(\varphi_0) = 0$ zu

$$\tan(2\varphi_0) = \frac{2I_{xy}}{I_{xx} - I_{yy}}$$

bestimmt werden. Aufgrund der Periode der Tangensfunktion von 180° resultieren daraus zwei um 90° versetzte Winkel $\varphi_{01}$ und $\varphi_{02}$, die durch Einsetzen in die Transformationsbeziehungen den Hauptträgheitsmomenten $I_1$ und $I_2$ zugeordnet werden müssen. Die direkte Zuordnung gelingt mit den Formeln:

$$\tan\varphi_{01} = \frac{I_{xy}}{I_{xx} - I_2}, \quad \tan\varphi_{02} = \frac{I_{xy}}{I_{xx} - I_1}\,.$$

Besitzt eine Fläche mindestens eine Symmetrieachse, so ist diese auch immer eine Hauptachse. Die andere Hauptachse steht dann senkrecht dazu und ist somit ebenfalls bekannt. Bei Kreisen, Quadraten oder anderen regelmäßigen $n$-Ecken sind alle Schwerpunktachsen Hauptachsen, sodass die Flächenträgheitsmomente in allen Richtungen identisch sind. Beispiele solcher Querschnitte zeigt Abb. 11.10.

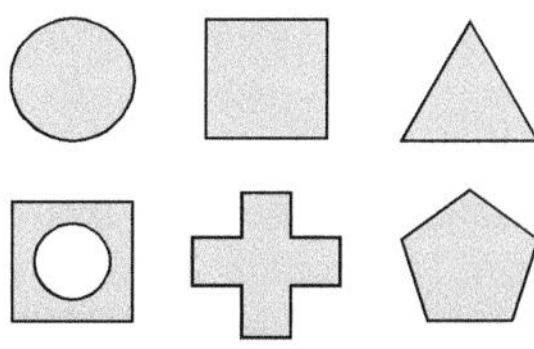

Abb. 11.10: Profile mit gleichen Flächenträgheitsmomenten um alle Achsenrichtungen

## Dünnwandige Querschnitte

Bei dünnwandigen, zusammengesetzten Querschnitten sind die Flächenträgheitsmomente der Einzelflächen im Vergleich zum Steineranteil meist sehr klein, wenn die kleinere Querschnittsabmessung senkrecht zur Biegeachse liegt. Daher können sie bei der Berechnung für den Gesamtquerschnitt vernachlässigt werden, sodass nur der Steineranteil in die Berechnung eingeht.

**Beispiel 11.3:** Für das dünnwandige T-Profil in Abb. 11.11 mit $\delta \ll a$, liegen die Schwerpunkte der Teilflächen für den Flansch bei $y_{S,\mathrm{Fl}} = -\frac{a}{4}$ und für den Steg bei $y_{S,\mathrm{St}} = \frac{a}{4}$. Aufgrund der Dünnwandigkeit ist der Eigenanteil des Flächenträgheitsmoments des Flansches $I_{xx,\mathrm{Fl}} = \frac{a\delta^3}{12}$ im Vergleich zum Steineranteil $\left(a\delta \cdot (-\frac{a}{4})^2\right)$ vernachlässigbar. Für das Gesamtprofil gilt somit

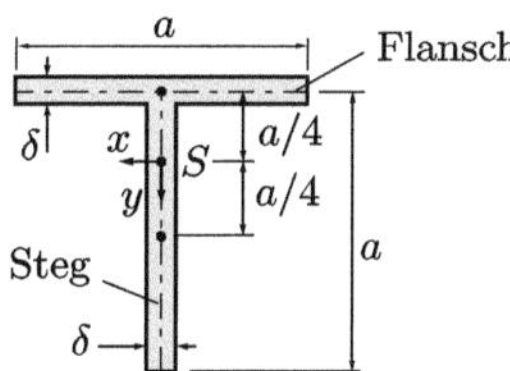


Abb. 11.11: Dünnwandiges T-Profil

$$I_{xx} = a\delta \cdot \left(-\frac{a}{4}\right)^2 + \frac{\delta a^3}{12} + a\delta \cdot \left(\frac{a}{4}\right)^2 = \frac{5}{24}a^3\delta\,.$$

## 11.4 Schiefe Biegung

Wenn der Biegemomentenvektor nicht in Richtung einer der Hauptachsen des Querschnitts zeigt, liegt *schiefe Biegung* vor. Dieser Fall kann als Überlagerung von zwei einachsigen Biegungen um die beiden Hauptachsen behandelt werden, indem der Momentenvektor in Richtung der beiden Hauptachsen $x$ und $y$ zerlegt wird, wie in Abb. 11.12 gezeigt. Die Spannungen wer-

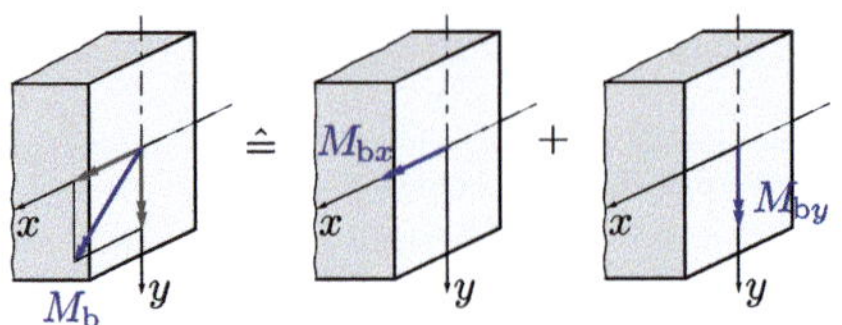


Abb. 11.12: Aufteilung des Biegemoments in Richtung der Hauptachsen

den dann mit

$$\sigma(x,y,z) = \frac{M_{bx}}{I_{xx}} \cdot y - \frac{M_{by}}{I_{yy}} \cdot x$$

berechnet. Auf der *Spannungsnulllinie* liegen Punkte mit $\sigma = 0$, siehe Abb. 11.13. Sie verläuft durch den Schwerpunkt des Profils und man erhält ihre Gleichung durch Nullsetzen der Spannung in obiger Beziehung als

$$y = \frac{M_{by} I_{xx}}{M_{bx} I_{yy}} \cdot x \, .$$

Die betragsmäßig größte Spannung im Querschnitt tritt an der Stelle mit dem

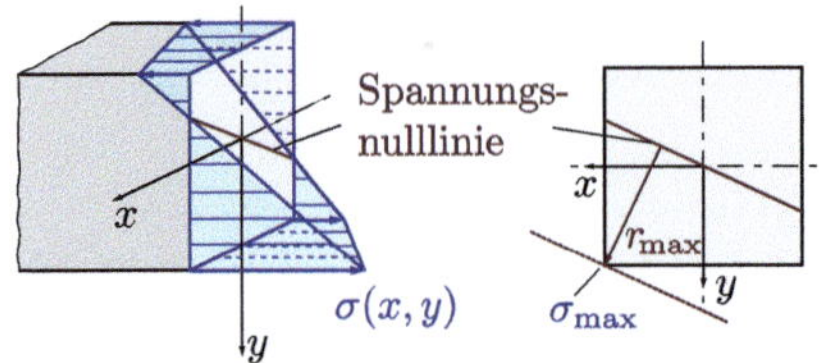


Abb. 11.13: Spannungsverteilung und Spannungsnulllinie

größten Abstand $r_{max}$ zur Spannungsnulllinie auf.

#### Allgemeiner Fall: $x$ und $y$ sind keine Hauptachsen

Im allgemeinen Fall, in dem die Achsen $x$ und $y$ keine Hauptachsen sein müssen, berechnen sich die Spannungen mit

$$\sigma(x,y,z) = \frac{M_{bx}(z) I_{xy} - M_{by}(z) I_{xx}}{I_{xx} I_{yy} - I_{xy}^2} \cdot x + \frac{M_{bx}(z) I_{yy} - M_{by}(z) I_{xy}}{I_{xx} I_{yy} - I_{xy}^2} \cdot y$$

und die Gleichung der Spannungsnulllinie lautet

$$y = \frac{-M_{bx} I_{xy} + M_{by} I_{xx}}{M_{bx} I_{yy} - M_{by} I_{xy}} \cdot x \, .$$

Für ein Hauptachsensystem mit $I_{xy} = 0$ vereinfachen sich diese Gleichungen zum vorherigen Spezialfall. Ist jedoch $I_{xy} \neq 0$ liegt die Spannungsnulllinie selbst für $M_{bx} = 0$ oder $M_{by} = 0$ schräg zum Koordinatensystem und es entsteht eine Krümmung der Balkenlängsachse um beide Querschnittsachsen.

Liegt zusätzlich eine Belastung durch eine Längskraft vor, kommt der Beitrag $F_L/A$ zur Spannung hinzu und die Spannungsnulllinie verläuft nicht mehr durch den Querschnittsschwerpunkt.

## 11.5 Berechnung der Durchbiegung

Die Durchbiegung eines Balkens wird durch die *Biegelinie* $v(s)$ beschrieben, die die senkrechte Verschiebung der Balkenachse in Abhängigkeit der Laufkoordinate $s$ angibt, siehe Abb. 11.14, links. Im Folgenden

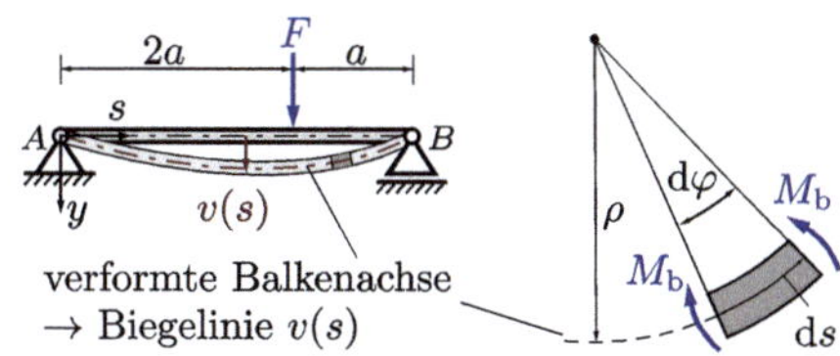


Abb. 11.14: Biegelinie und Krümmung durch Biegemomente

setzen wir voraus, dass die Biegung um eine der Hauptachsen des Querschnitts erfolgt, sodass gerade Biegung vorliegt.

### Differentialgleichung der Biegelinie

Ein Biegemoment führt zur Krümmung des Balkens. Die Krümmung $\kappa$ entspricht dem Kehrwert des Krümmungsradius: $\kappa = 1/\rho$. Für kleine Neigungen $|v'| \ll 1$ besteht zwischen Krümmung und der zweiten Ableitung der Biegelinie näherungsweise der Zusammenhang: $\kappa \approx v''$. Daraus ergibt sich mit der Bernoulli-Hypothese und dem Hookeschen Gesetz die *Differentialgleichung der Biegelinie*:

$$EI_{xx} \cdot v''(s) = -M_\mathrm{b}(s)\,. \tag{11.4}$$

Ein positives Biegemoment führt im $s-v$-Koordinatensystem zu einer negativen Krümmung des Balkens, siehe Abb. 11.15, weshalb es in Gleichung (11.4) mit negativem Vorzeichen eingeht. Dies gilt unabhängig von der Richtung der Koordinate $s$. Die Differentialgleichung der Biegelinie für $v(s)$ kann durch zweimalige unbestimmte Integration vergleichsweise einfach gelöst

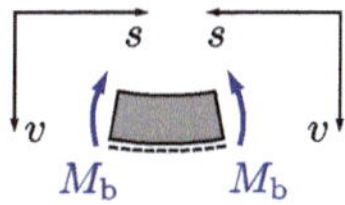


Abb. 11.15: Vorzeichen des Biegemoments in der Biegelinie

werden. Dabei entstehen pro Schnittbereich zwei Integrationskonstanten, die mithilfe von *kinematischen Randbedingungen* (bekannte Verformungen an den Lagern) und Übergangsbedingungen (Stetigkeitsbedingungen an Bereichsgrenzen) bestimmt werden können. In Tab. 11.2 sind Beispiele für typische Rand- und Übergangsbedingungen zusammengefasst. An einem Los-

Tab. 11.2: Kinematische Rand- und Übergangsbedingungen

| Randbedingungen | |
|---|---|
| ① | $v(s{=}0) = 0$ |
| ② | $v(s{=}0) = 0$<br>$v'(s{=}0) = 0$ |
| **Übergangsbedingungen** | |
| ③ | $v_1(s_1{=}a) = v_2(s_2{=}0)$<br>$v_1'(s_1{=}a) = v_2'(s_2{=}0)$ |
| ④ | $v_1(s_1{=}a) = v_2(s_2{=}b)$<br>$v_1'(s_1{=}a) = -v_2'(s_2{=}b)$ |
| ⑤ | $v_2(s_2{=}0) = 0$<br>$v_1'(s_1{=}a) = -v_2'(s_2{=}0)$ |

oder Festlager ① verschwindet die Durchbiegung $v = 0$, während der Anstieg $v'$ i. A. ungleich null ist, da der Balken dort aufgrund des Gelenks eine Verdrehung aufweisen kann. Bei einer festen Einspannung ② hingegen sind sowohl die Durchbiegung als auch die Verdrehung null. Im Übergang zwischen zwei Bereichen ③ sind die Durchbiegung und die Neigung stetig, da keine Sprünge oder Knicke der Biegelinie auftreten dürfen. Dabei sind die Vorzeichen der Anstiege abhängig vom Koordinatensystem $(s, v)$ zu beachten, siehe ④. An einer biegesteifen Ecke ⑤ bleibt der rechte Winkel erhalten, sodass die Neigungen (betragsmäßig) gleich bleiben. Zudem ist die Verschiebung in Längsrichtung im Vergleich zur Durchbiegung i. d. R. vernachlässigbar klein.

**Beispiel 11.4:** Wir wollen die Biegelinie für den Träger in Abb. 11.14 ermitteln. Die Biegesteifigkeit $EI$ ist gegeben. Als Auflagerreaktionen erhält man $F_A = \frac{1}{3}F$ und $F_B = \frac{2}{3}F$. Die Biegemomentenverläufe in den Bereichen 1 und 2 werden anhand der in Abb. 11.16 gezeigten Schnitte ermittelt. Die Verläufe werden in die Differentialgleichung der Biegelinie (11.4) eingesetzt und zweimalige Integration liefert:

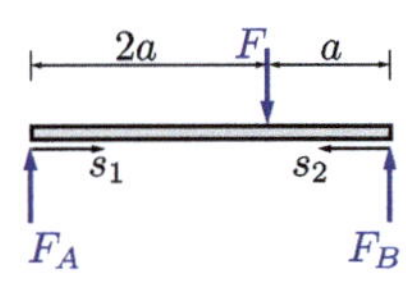

Abb. 11.16: Beispiel zur Berechnung der Durchbiegung

*Bereich 1*

$$
\begin{aligned}
M_{b1}(s_1) &= F_A s_1 \\
EIv_1''(s_1) &= -F_A s_1 \\
EIv_1'(s_1) &= -\frac{1}{2}F_A s_1^2 + C_1 \\
EIv_1(s_1) &= -\frac{1}{6}F_A s_1^3 + C_1 s_1 + C_2
\end{aligned}
$$

*Bereich 2*

$$
\begin{aligned}
M_{b2}(s_2) &= F_B s_2 \\
EIv_2''(s_2) &= -F_B s_2 \\
EIv_2'(s_2) &= -\frac{1}{2}F_B s_2^2 + C_3 \\
EIv_2(s_2) &= -\frac{1}{6}F_B s_2^3 + C_3 s_2 + C_4\,.
\end{aligned}
$$

Die vier Integrationskonstanten folgen aus den zwei Randbedingungen an den Lagern:

$$
v_1(s_1 = 0) = 0 \qquad v_2(s_2 = 0) = 0
$$

und zwei Übergangsbedingungen zwischen den Bereichen 1 und 2:

$$
\begin{aligned}
v_1(s_1 = 2a) &= v_2(s_2 = a) \\
v_1'(s_1 = 2a) &= -v_2'(s_2 = a)\,.
\end{aligned}
$$

Auflösen nach den Konstanten liefert:

$$
C_1 = \frac{4}{9}Fa^2, \quad C_3 = \frac{5}{9}Fa^2, \quad C_2 = C_4 = 0\,.
$$

Damit können wir den Verlauf der Durchbiegung für beide Bereiche angeben:

$$
\begin{aligned}
v_1(s_1) &= \frac{Fa^3}{18EI}\left(8\,\frac{s_1}{a} - \frac{s_1^3}{a^3}\right) \\
v_2(s_2) &= \frac{Fa^3}{9EI}\left(5\,\frac{s_2}{a} - \frac{s_2^3}{a^3}\right).
\end{aligned}
$$

## Differentialgleichung 4. Ordnung

Eine alternative Möglichkeit zur Berechnung der Durchbiegung bietet die Differentialgleichung 4. Ordnung. Die Bestimmung des Momentenverlaufs ist hierbei nicht notwendig. Die Differentialgleichung erhält man durch Einsetzen von Gleichung (11.4) in die aus der Statik (Abschnitt 5.3) bekannten differentiellen Zusammenhänge $F_Q' = -q$ und $M_b' = F_Q$ als:

$$
\left[EI_{xx} \cdot v''(s)\right]'' = q(s)\,. \tag{11.5}
$$

Bei der Lösung ergeben sich pro Bereich jetzt vier Integrationskonstanten. Für deren Bestimmung müssen neben den kinematischen Rand- und Übergangsbedingungen aus Tab. 11.2 zusätzlich auch *statische Rand- und Übergangsbedingungen* formuliert werden. Letztere wurden bereits in der Statik zur Ermittlung der Schnittgrößen durch Integration des Streckenlastverlaufs verwendet, siehe Abschnitt 5.3. Anhand der Beispiele in Tab. 11.3 soll die Bedeutung der statischen Randbedingungen verdeutlicht werden. An einem gelenkigen Lager ① ist das Biegemoment null, da das Lager eine Verdrehung zulässt. An einem belasteten Ende ohne Lager ② entsprechen Querkraft und Biegemoment den dort eingebrachten äußeren Belastungen. Dabei sind die Vorzeichen gemäß Tab. 5.2 zu beachten. An einem unbelasteten freien Ende ③ sind die Schnittgrößen null.

Tab. 11.3: Beispiele für statische Randbedingungen, ausgedrückt durch die Verschiebungsfunktion

| | |
|---|---|
| ① $s$ gelenkiges Lager | $M_\mathrm{b}(s=0) = -EIv''(s=0) = 0$ |
| ② $s$, $M$, $F$ belastetes Ende | $M_\mathrm{b}(s=0) = -EIv''(s=0) = -M$<br>$F_\mathrm{Q}(s=0) = -\left(EIv''(s=0)\right)' = F$ |
| ③ $s$ freies Ende | $M_\mathrm{b}(s=0) = -EIv''(s=0) = 0$<br>$F_\mathrm{Q}(s=0) = -\left(EIv''(s=0)\right)' = 0$ |

## 11.6 Statisch unbestimmte Biegeprobleme

Bei statisch unbestimmten Systemen, bei denen die Anzahl der Lagerreaktionen die der Gleichgewichtsbilanzen übersteigt, sind Verformungsbetrachtungen erforderlich, um die Lager- und Schnittgrößen zu bestimmen. Mit zunehmendem Grad der statischen Unbestimmtheit ergeben sich an jedem zusätzlichen Lager weitere Randbedingungen, die zur Lösung verwendet werden können. Dadurch hängen bei statisch unbestimmten Konstruktionen die Lagerreaktionen und Schnittgrößen von der Verteilung der Steifigkeiten und somit vom Material des Tragwerks ab.

**Beispiel 11.5:** Dies wollen wir anhand des Tragwerks in Abb. 11.17 zeigen und dabei sowohl die Differentialgleichungen 2. als auch 4. Ordnung anwenden.

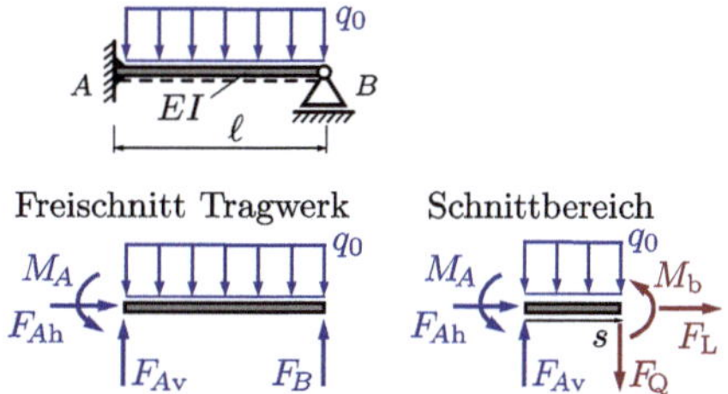


Abb. 11.17: Beispiel statisch unbestimmtes Biegeproblem

Der Träger mit konstanter Biegesteifigkeit $EI$ ist 1-fach statisch unbestimmt gelagert, da für die vier Auflagerreaktionen nur drei Gleichgewichtsbedingungen zur Verfügung stehen.

### Lösung mittels DGL 2. Ordnung

Zunächst formulieren wir die Gleichgewichtsbedingungen für das an den Lagern freigeschnittene Tragwerk und stellen diese nach den Lagerreaktionen in Abhängigkeit einer noch unbekannten Lagerreaktion um. Dabei ist es prinzipiell egal, welche der vier Lagerreaktionen gewählt wird. Wir entscheiden uns für $F_B$.

$$\begin{aligned} F_{\text{Ah}} &= 0 \\ F_{\text{Av}} &= q_0\ell - F_{\text{B}} \\ M_A &= \frac{1}{2}q_0\ell^2 - F_B\ell \end{aligned}$$

Nun ermitteln wir den Biegemomentenverlauf in Abhängigkeit von $F_B$, setzen diesen in die Differentialgleichung der Biegelinie ein:

$$\begin{aligned} M_{\text{b}} &= -\frac{1}{2}q_0 s^2 + F_{\text{Av}}s - M_A \\ &= q_0\left(-\frac{s^2}{2} + \ell s - \frac{\ell^2}{2}\right) + F_B(\ell - s) \\ EIv'' = -M_{\text{b}} &= q_0\left(\frac{s^2}{2} - ls + \frac{\ell^2}{2}\right) + F_B(s - \ell)\,. \end{aligned}$$

Durch zweifache Integration

$$\begin{aligned} EIv' &= q_0\left(\frac{s^3}{6} - \frac{\ell s^2}{2} + \frac{\ell^2 s}{2}\right) \\ &\quad + F_B\left(\frac{s^2}{2} - \ell s\right) + C_1 \\ EIv &= q_0\left(\frac{s^4}{24} - \frac{\ell s^3}{6} + \frac{\ell^2 s^2}{4}\right) \\ &\quad + F_B\left(\frac{s^3}{6} - \frac{\ell s^2}{2}\right) + C_1 s + C_2\,. \end{aligned}$$

ergeben sich zwei Integrationskonstanten als weitere Unbekannte, die zusammen mit der unbekannten Lagerkraft $F_B$ mithilfe der drei kinematischen Randbedingungen

$$v(s{=}0) = 0, \quad v'(s{=}0) = 0, \quad v(s{=}\ell) = 0$$

bestimmt werden können. Als Ergebnis erhalten wir $C_1 = 0$ und $C_2 = 0$ sowie unter Verwendung der Gleichgewichtsbedingungen die Lagerreaktionen

$$F_B = \frac{3}{8}q_0\ell, \quad F_{\text{Av}} = \frac{5}{8}q_0\ell, \quad M_A = \frac{1}{8}q_0\ell^2\,.$$

Damit können wir den Verlauf der Biegelinie angeben:

$$v(s) = \frac{q_0}{48EI}\left(2s^4 - 5\ell s^3 + 3\ell^2 s^2\right).$$

Wir erhalten weiterhin den für die Spannungsberechnung erforderlichen Biegemomentenverlauf:

$$M_{\text{b}}(s) = -\frac{1}{2}q_0 s^2 + \frac{5}{8}q_0\ell s - \frac{1}{8}q_0\ell^2\,.$$

Der Durchbiegungsverlauf ist in Abb. 11.18 dargestellt. Im Vergleich zur statisch bestimmten Lagerung, also ohne das Loslager $B$ oder mit einem Festlager anstelle der Einspannung bei $A$, sind die Durchbiegungen in diesem Beispiel geringer. Allerdings ist bei statisch unbestimmter Lagerung zu beachten, dass bereits geringe Abweichungen durch nicht exakt fluchtende Lager oder thermische Dehnungen zu zusätzlichen Spannungen führen können. Derartige Zwangsspannungen treten bei statisch bestimmter Lagerung nicht auf, da hier die Struktur eine freie Verformung zulässt.

Abb. 11.18: Biegelinie des statisch unbestimmten Problems

#### Lösung mittels DGL 4. Ordnung

Für unser Beispiel mit konstanter Streckenlast $q(s) = q_0$ ergibt sich aus Gleichung (11.5) nach viermaliger unbestimmter Integration:

$$\begin{aligned} EIv'''' &= q_0 \\ EIv''' &= q_0 s + C_1 \\ EIv'' &= \frac{1}{2}q_0 s^2 + C_1 s + C_2 \\ EIv' &= \frac{1}{6}q_0 s^3 + \frac{1}{2}C_1 s^2 + C_2 s + C_3 \\ EIv &= \frac{1}{24}q_0 s^4 + \frac{1}{6}C_1 s^3 + \frac{1}{2}C_2 s^2 + C_3 s + C_4\,. \end{aligned}$$

Die vier Integrationskonstanten bestimmen wir aus den drei bereits für die Differentialgleichung 2. Ordnung verwendeten Verformungsrandbedingungen

$$v(s{=}0) = 0, \quad v'(s{=}0) = 0, \quad v(s{=}\ell) = 0$$

sowie der zusätzlichen statischen Randbedingung

$$M_{\mathrm{b}}(s\!=\!\ell) = -EIv''(s\!=\!\ell) = 0\,.$$

Daraus folgt:

$$C_1 = -\frac{5}{8}q_0\ell \quad C_2 = \frac{1}{8}q_0\ell^2 \quad C_3 = C_4 = 0$$

und es ergibt sich derselbe Verlauf der Biegelinie wie bei der Lösung mittels DGL 2. Ordnung. Die Lagerreaktionen entsprechen den Schnittgrößen an den Stellen der Lager:

$$F_{A\mathrm{v}} = F_{\mathrm{Q}}(s\!=\!0) = -EIv'''(s\!=\!0) = \frac{5}{8}q\ell$$
$$M_A = -M_{\mathrm{b}}(s\!=\!0) = EIv''(s\!=\!0) = \frac{1}{8}q_0\ell^2$$
$$F_B = -F_{\mathrm{Q}}(s\!=\!\ell) = EIv'''(s\!=\!\ell) = \frac{3}{8}q_0\ell\,.$$

Dabei müssen die Vorzeichen gemäß Tab. 5.2 beachtet werden.

### Vergleich beider Methoden

Den Vorteil der Anwendung der Differentialgleichung 4. Ordnung besteht darin, dass der Momentenverlauf nicht explizit ermittelt werden muss. Dies ist besonders bei statisch unbestimmten Problemen vorteilhaft, da die Lagerreaktionen ohnehin nicht für die Differentialgleichung benötigt werden. Die Berechnung unterscheidet sich somit nicht von derjenigen bei statisch bestimmten Problemen. Der Nachteil der Methode liegt im höheren rechnerischen Aufwand, da pro Bereich vier Integrationskonstanten bestimmt werden müssen.

Da der Momentenverlauf zur Berechnung der Spannungen häufig ohnehin benötigt wird, ist es insbesondere bei statisch bestimmten Problemen vorteilhafter, die Verformungen mit der Differentialgleichung 2. Ordnung zu berechnen, da hierbei weniger Integrationskonstanten bestimmt werden müssen.

Generell kann die Berechnung statisch unbestimmter Systeme sehr aufwändig sein. In Abschnitt 14.3 wird gezeigt, wie dies mittels energetischer Methoden effizienter gelingt.

# 12 Schubspannungen infolge Querkraft

Wir haben bisher ausschließlich die Spannungen und Verformungen durch Biegemomente betrachtet. Außer im Sonderfall der *reinen Biegung* mit konstantem Biegemoment treten in auf Biegung beanspruchten Tragwerken stets auch Querkräfte als Schnittgrößen auf. Diese werden als Schubspannungen übertragen, die zusätzlich zu den Normalspannungen (Biegespannungen) wirken, wie in Abb. 12.1 dargestellt. Sie wirken sowohl in vertikaler Ebene in Richtung der Querkraft, als auch in horizontaler Ebene in Längsrichtung des Balkens. Damit verhindern sie das gegenseitige horizontale Verschieben der Trägerschichten gegeneinander. Die Schubspannungen in beiden Ebenen sind betragsmäßig gleich groß. Man spricht daher von *zugeordneten* oder *assoziierten* Schubspannungen. Sie verschwinden an der Ober- und Unterseite des Balkens, wo die Biegespannungen maximal sind.

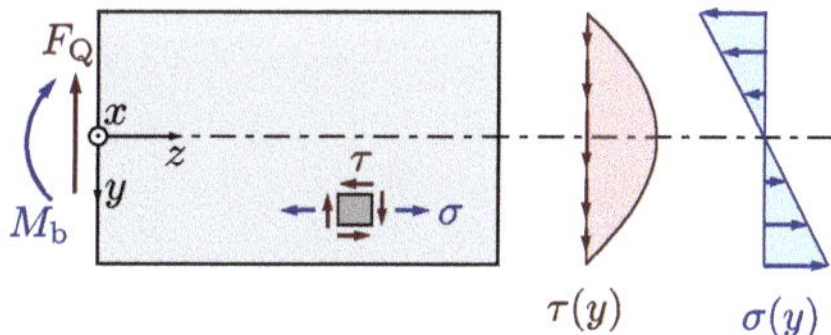


Abb. 12.1: Spannungen bei Biegung mit Querkraft

## 12.1 Kompakte Querschnitte

Die Verteilung der Schubspannung ergibt sich aus Gleichgewichtsüberlegungen an einem infinitesimal kleinen Element unter Nutzung der bekannten linearen Verteilung der Biegespannungen und der genannten Randbedingungen an Ober- und Unterseite. Für kompakte Querschnitte, bei denen die Querkraft in Richtung einer Hauptachse des Querschnitts wirkt, ergibt sich die Schubspannung in einer Schicht mit dem Abstand $y$ vom Schwerpunkt demnach zu:

$$\tau(y) = \frac{F_Q \cdot S_x(y)}{I_{xx} \cdot b(y)} . \tag{12.1}$$

Hierbei ist $b(y)$ die Querschnittsbreite, die über der Höhe variabel sein kann, und $S_x(y)$ das statische Moment der durch $y$ und $y_{\text{Rand}}$ begrenzten Restfläche, bezogen auf den Flächenschwerpunkt:

$$S_x(y) = \int_{A_{\text{Rest}}} \bar{y} \, \mathrm{d}A = \int_{y}^{y_{\text{Rand}}} \bar{y} \cdot b(\bar{y}) \, \mathrm{d}\bar{y} . \tag{12.2}$$

Zur Unterscheidung von den Integrationsgrenzen wird im Integranden $\bar{y}$ geschrieben. Die Integrationsgrenzen sind in Abb. 12.2 verdeutlicht.

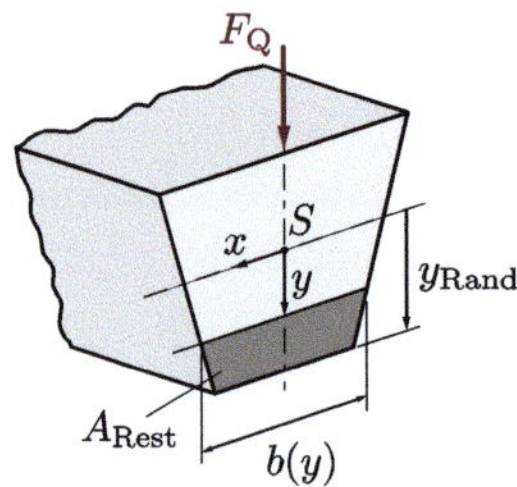


Abb. 12.2: Integrationsgrenzen zur Berechnung des statischen Moments $S_x$

**Beispiel 12.1:** Wir wollen die maximale Schubspannung für den in Abb. 12.3 gezeigten Balken berechnen. Die Querkraft ist

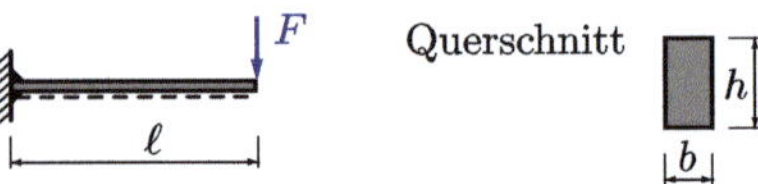


Abb. 12.3: Schubspannungen durch Querkraft am Kragträger

über die Balkenlänge konstant: $F_Q(s) = F$. Das Flächenträgheitsmoment des Rechteckquerschnitts ist $I_{xx} = \frac{bh^3}{12}$. Für das statische Moment nach Gleichung (12.2) erhalten wir mit $y_{\text{Rand}} = h/2$

$$S_x(y) = \int_{y}^{h/2} b\bar{y} \, \mathrm{d}\bar{y} = \frac{b}{2}\left(\frac{h^2}{4} - y^2\right) .$$

Die Schubspannung erhalten wir mit Gleichung (12.1):

$$\tau(y) = \frac{3F_Q}{2bh}\left(1 - \frac{4y^2}{h^2}\right) .$$

Die maximale Schubspannung tritt im Schwerpunkt bei $y = 0$ auf und beträgt:

$$\tau_{\max} = \frac{3F_Q}{2bh} = \frac{3}{2}\frac{F_Q}{A} .$$

Der Maximalwert ist damit um den Faktor 1,5 größer als die mittlere Schubspannung $\tau_{\text{m}} = F_Q/A$, die man für eine angenommene gleichmäßige Spannungsverteilung über den Querschnitt erhalten würde.

Die Schubspannungen erreichen bei Querkraftbiegung betragsmäßig erst dann die Größenordnung der Normalspannungen, wenn Balkenlänge und Querschnittsabmessungen vergleichbar sind. Bei schlanken Trägern können daher bei der Auslegung die Schubspannungen meist vernachlässigt werden. Ausnahmen bilden horizontal geteilte Träger, die durch Kleb- oder Schweißverbindungen, Bolzen oder Nieten verbunden sind. An diesen Verbindungsstellen muss die Scherfestigkeit separat nachgewiesen werden. Auch bei sprödbruchgefährdeten Materialien wie Beton müssen die Schubspannungen berücksichtigt werden. Darüber hinaus müssen dünnwandige Profile gesondert betrachtet werden.

## 12.2 Dünnwandige offene Querschnitte

Bei dünnwandigen Profilen wird angenommen, dass die Schubspannungen $\tau$ über die Wandstärke $\delta$ konstant sind, tangential zur Profilmittellinie laufen und nur von der Position $u$ entlang dieser Linie abhängen, siehe Abb. 12.4. Aus diesen Annahmen ergibt

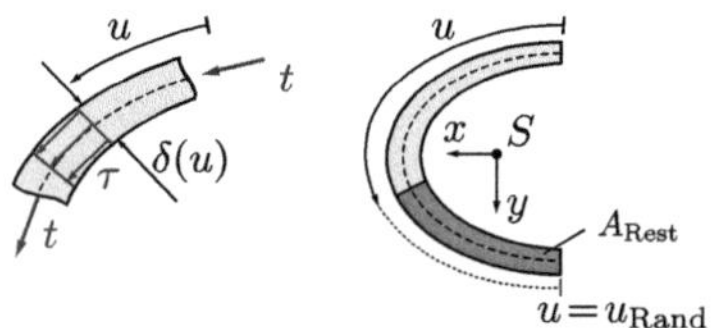


Abb. 12.4: Schubfluss und Schubspannungen in dünnwandigen Profilen

sich der *Schubfluss* $t(u) = \tau \cdot \delta$ als Produkt von Wandstärke und Schubspannung, der die Querkraft überträgt und stetig entlang des Profils ist. Gleichgewichtsbetrachtungen führen analog zum Fall kompakter Querschnitte auf den Zusammenhang

$$t(u) = \frac{F_\mathrm{Q} \cdot S_x(u)}{I_{xx}}.$$

Auch hier bezeichnet $S_x(u)$ das *statische Moment der Restfläche*, für dessen Berechnung die Integration über der Restfläche von $u$ bis $u_\mathrm{Rand}$ oder vorteilhaft über der überstrichenen Fläche von 0 bis $u$ erfolgen kann:

$$S_x(u) = \int_u^{u_\mathrm{Rand}} \delta(\bar{u}) \cdot y(\bar{u})\,\mathrm{d}\bar{u} = -\int_0^u \delta(\bar{u}) \cdot y(\bar{u})\,\mathrm{d}\bar{u}.$$

Aus dem Schubfluss berechnet sich die Schubspannung mit

$$\tau(u) = \frac{t(u)}{\delta(u)} = \frac{F_\mathrm{Q} \cdot S_x(u)}{I_{xx} \cdot \delta(u)}.$$

**Beispiel 12.2:** Als Beispiel betrachten wir das in Abb. 12.5 dargestellte C-Profil. Zu-

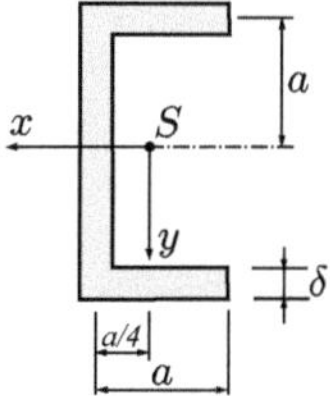


Abb. 12.5: C-Profil

nächst müssen die Lage des Schwerpunkts und das darauf bezogene Flächenträgheitsmoment $I_{xx}$ berechnet werden, konsistenterweise ebenfalls unter der Annahme dünnwandiger Querschnitte. So wird der Schwerpunkt als Linienschwerpunkt der Profillinie ermittelt und liegt $a/4$ vom Steg entfernt auf der Symmetrielinie. Beim Flächenträgheitsmoment werden die Eigenanteile der Flansche, die von der Ordnung $\delta^3$ sind, vernachlässigt und nur deren Steineranteile sowie der Eigenanteil des Steges berücksichtigt. Es ergibt sich $I_{xx} = \delta \cdot (2a)^3/12 + 2\delta \cdot a \cdot a^2 = \frac{8}{3}\delta a^3$. Anschließend ist das statische Moment $S_x(u)$ der Restfläche zu berechnen, was analytisch oder grafo-analytisch durchgeführt werden kann.

Für dieses Beispiel soll die Lösung auf grafoanalytischem Weg erfolgen. Dafür stellen wir zunächst den Verlauf des Produkts $\delta \cdot y$ grafisch über der Profilmittellinie dar, siehe Abb. 12.6 links. Das statische Moment $S_x(u)$ ergibt sich nun als Integral über die negative $\delta \cdot y$-Linie

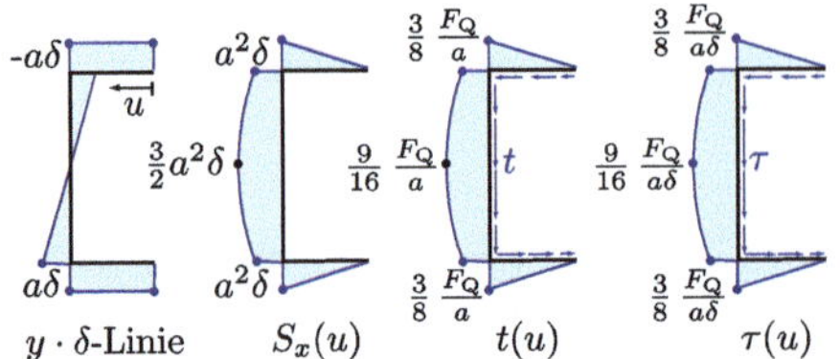


Abb. 12.6: Schubfluss im C-Profil

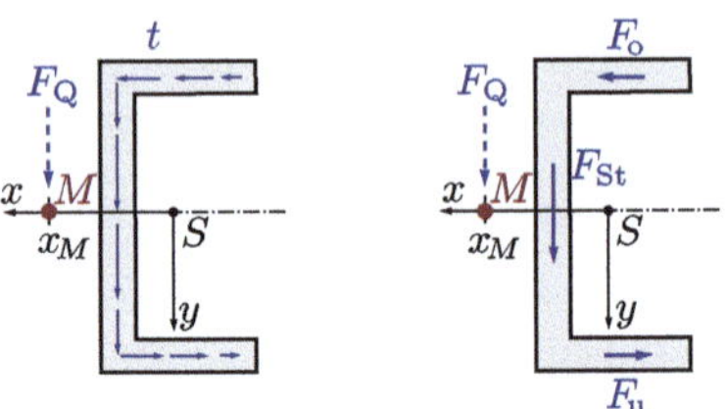


Abb. 12.7: Schubmittelpunkt im C-Profil

wie im zweiten Bild von links dargestellt. Beginnend am oberen Ende ergibt sich für das konstante $\delta \cdot y = -a\delta$ im oberen Flansch ein linearer Verlauf von $S_x(u)$ mit Maximum $a^2\delta$ als Fläche unter diesem Bereich der $\delta \cdot y$-Linie. Im Steg hat die $\delta \cdot y$-Linie einen linearen Verlauf, sodass $S_x(u)$ parabolisch verlaufen muss, mit Scheitel beim Nulldurchgang der $\delta{\cdot}y$-Linie, also auf der $x$-Achse. Der Wert des Scheitels berechnet sich als Summe des Rechtecks am Flansch und des Dreiecks im Steg der $\delta \cdot y$-Linie zu $S_{x,\max} = a^2\delta + \frac{1}{2}a \cdot \delta a = \frac{3}{2}a^2\delta$. Im weitergehenden Verlauf ergibt sich ein symmetrischer Verlauf von $S_x(u)$. Anschließend wird der Schubfluss $t(u)$ aus $S_x(u)$ durch Multiplikation mit der Querkraft und Division durch $I_{xx} = \frac{8}{3}\delta a^3$ entsprechend dem dritten Bild von Abb. 12.6 berechnet. Abschließende Division durch die (in diesem Beispiel konstante) Wandstärke $\delta$ liefert den Verlauf der Schubspannung ganz rechts. Positive Werte von $t$ und $\tau$ bedeuten dabei, dass Schubfluss bzw. Spannung in Richtung der positiven $u$-Richtung laufen, wie durch die Pfeile rechts in Abb. 12.6 visualisiert. Es sei angemerkt, dass die maximale Schubspannung $\tau_{\max} = \frac{9}{16}F_Q/(\delta a) = \frac{9}{4}F_Q/A$ im Vergleich zum Mittelwert $F_Q/A$ noch einmal 50% höher ist als beim kompakten Querschnitt.

## Schubmittelpunkt

In Abb. 12.7 links sind die berechneten Schubflüsse für das C-Profil dargestellt. Daraus ist zu erkennen, dass sich die Schubflüsse im oberen und unteren Flansch zwar hinsichtlich ihrer Kraftwirkung aufheben, aber bezüglich des Schwerpunktes $S$ ein resultierendes Torsionsmoment erzeugen. Die Resultierende der durch eine Querkraft $F_Q$ erzeugten Schubspannungen bzw. -flüsse geht also nicht durch den Schwerpunkt, sondern durch den sogenannten *Schubmittelpunkt* $M$. Um dessen Lage zu bestimmen, wird eine Momentenbilanz um einen beliebigen Punkt aufgestellt, wobei *Teilschubkräfte* für die einzelnen Abschnitte des Profils auftreten.

**Beispiel 12.3:** Im Beispiel des C-Profils sind dies die Teilschubkräfte $F_o$ und $F_u$ des oberen bzw. unteren Flansches sowie $F_{St}$ des Steges. Deren Beträge ergeben sich aus den Integralen der entsprechenden $t(u)$-Kurven, also den Flächen unter den $t(u)$-Kurven in Abb. 12.6 dritte von links. Für die Flansche ergibt sich aus der jeweiligen Dreiecksfläche $F_o = F_u = \frac{1}{2}\frac{3}{8}\frac{F_Q}{a} \cdot a$. Aus dem vertikalen Gleichgewicht folgt, dass die resultierende Stegkraft gleich der Querkraft ist $F_{St} = F_Q$. Mit einer Momentenbilanz um den Schwerpunkt (vgl. Abb. 12.7)

$$\overset{\curvearrowleft}{S}\colon F_o \cdot a + F_{St} \cdot \frac{a}{4} + F_u \cdot a = F_Q \cdot x_M$$

erhalten wir die Lage des Schubmittelpunktes $x_M = \frac{5}{8}a$. Aus Symmetriegründen gilt zudem $y_M = 0$. Der Schubmittelpunkt liegt also der Öffnung des Profils entgegengesetzt, eine Aussage, die allgemein für einseitig offene Profile gilt.

Greift eine äußere Kraft außerhalb des Schubmittelpunktes an, kommt es zur Verdrehung (Torsion) des Querschnitts.

# 13 Torsion

Torsion beschreibt die Beanspruchung eines Stabes durch ein Torsionsmoment um seine Längsachse. Dabei kommt es zur Verdrehung der Querschnitte um die Stabachse und es entstehen Schubspannungen. Wir betrachten hier die für die Praxis wichtigsten Fälle, wie Stäbe mit Kreisringquerschnitt und dünnwandige Profile.

## 13.1 Kreis- und Kreisringquerschnitte

### Voraussetzungen

Die Theorie der Torsion von Stäben mit Kreis- und Kreisringquerschnitten setzt eine gerade Stabachse mit konstantem Querschnitt und ein konstantes Torsionsmoment im betrachteten Abschnitt voraus. Daraus folgt, dass die Querschnitte eben bleiben und ihre Form unter Belastung nicht verändern. Eine Verwölbung (axiale Verschiebungen der Querschnittsteile) tritt somit nicht auf. Die Verformung des Stabes wird daher ausschließlich durch den *Verdrehwinkel* zwischen den Querschnitten an den Stabenden $\Delta\varphi$ beschrieben, der linear mit der Stablänge zunimmt. Abb. 13.1 zeigt den Zusammenhang zwischen dem Verdrehwinkel und der *Gleitung* $\gamma$ auf der Mantelfläche. Zwischen beiden Größen besteht bei kleinen Verzerrungen der Zusammenhang $r \cdot \Delta\varphi = \ell \cdot \gamma$. Die *Verdrillung* $\vartheta$ beschreibt die Änderung des Verdrehwinkels pro Längeneinheit: $\vartheta = \Delta\varphi/\ell$.

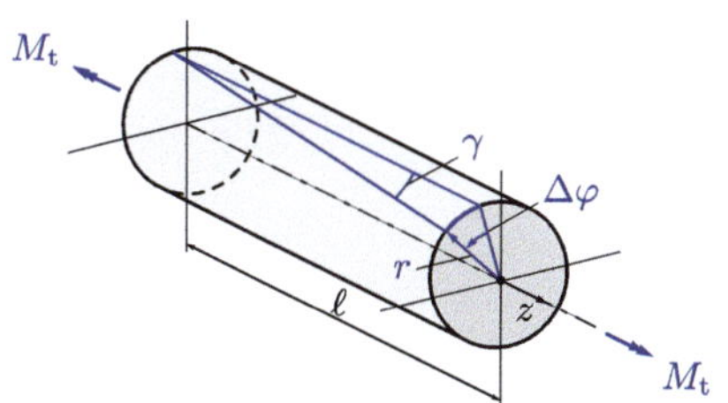


Abb. 13.1: Verformung durch Torsionsmomente

### Verformung

Der Verdrehwinkel eines Torsionsstabs der Länge $\ell$ beträgt

$$\Delta\varphi = \frac{M_t \ell}{G I_t}.$$

Hierbei ist $GI_t$ die Torsionssteifigkeit des Stabes. Sie besteht aus dem Materialparameter Schubmodul $G$ und dem *Torsionsträgheitsmoment* $I_t$, einer Querschnittskenngröße für Torsionsbeanspruchung, die dem axialen Flächenträgheitsmoment bei Biegung vergleichbar ist. Für Kreis- und Kreisringquerschnitte mit dem Innenradius $R_i$ und dem Außenradius $R_a$ gilt:

$$I_t = \frac{\pi}{2}\left(R_a^4 - R_i^4\right) = \frac{\pi}{32}\left(D_a^4 - D_i^4\right).$$

Für Vollkreisquerschnitte wird $R_i = 0$ bzw. $D_i = 0$ eingesetzt.

Für einen Stab mit unterschiedlichen Bereichen und jeweils konstanter Torsionssteifigkeit, der durch ein konstantes Torsionsmoment belastet wird, setzt sich der Gesamtverdrehwinkel aus der Summe der Einzelteile zusammen:

$$\Delta\varphi_{ges} = \sum_{i=1}^{n} \Delta\varphi_i = M_t \sum_{i=1}^{n} \frac{\ell_i}{(GI_t)_i}.$$

Die für Stäbe mit konstantem Querschnitt exakte Berechnung des Verdrehwinkels kann in guter Näherung auch auf Stäbe angewandt werden, deren Querschnitt sich nur langsam über der Länge ändert oder wenn ein veränderliches Torsionsmoment $M_t(s)$ wirkt. In diesen Fällen gilt

$$\Delta\varphi = \int\limits_{s=0}^{\ell} \frac{M_t(s)}{GI_t(s)}\,\mathrm{d}s.$$

## Spannungen

In Abb. 13.1 sehen wir, dass die Gleitung $\gamma$ linear vom Radius $r$ abhängt. Sie ist am Außenrand eines Kreisquerschnitts maximal und in der Mittelachse null. Die Schubspannung hängt über das Hookesche Gesetz linear mit der Gleitung zusammen: $\tau = G \cdot \gamma$. Entsprechend wächst auch die Schubspannung linear mit dem Radius und berechnet sich zu:

$$\tau(r) = \frac{M_\mathrm{t}}{I_\mathrm{t}} \cdot r \,.$$

Die maximale Schubspannung tritt am Außenrand $r = R_\mathrm{a}$ auf und wird in Analogie zur Biegung mit dem Widerstandsmoment gegen Torsion $W_\mathrm{t}$ berechnet:

$$\tau_\mathrm{max} = \frac{M_\mathrm{t}}{W_\mathrm{t}}, \quad W_\mathrm{t} = \frac{I_\mathrm{t}}{R_\mathrm{a}} = \frac{\pi}{2}\frac{R_\mathrm{a}^4 - R_\mathrm{i}^4}{R_\mathrm{a}} \,.$$

Auch bei Torsion treten neben den Schubspannungen im Querschnitt *zugeordnete Schubspannungen* auf, die in Längsschnitten in axialer Richtung wirken, wie in Abb. 13.2 dargestellt. Das Phänomen der

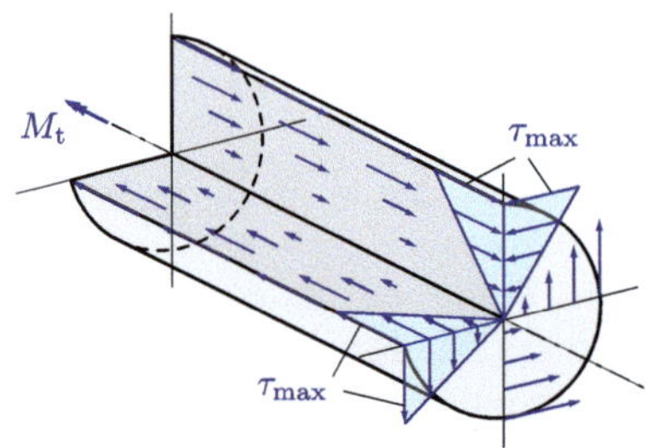


Abb. 13.2: Schubspannungen bei Torsion von Stäben mit Kreisquerschnitt

axial wirkenden Schubspannungen lässt sich anschaulich verdeutlichen, wenn ein zu einem Zylinder gerolltes Blatt Papier verdreht wird. Entlang der offenen Kante verschieben sich die Enden gegeneinander. Bei einem geschlossenen Querschnitt (z. B. verleimtes Blatt) verhindern die wirkenden Schubspannungen diese Verschiebung.

Analog zur Verdrehung können die Gleichungen zur Berechnung der Schubspannung in guter Näherung auch bei schwach veränderlichen Querschnitten oder verteilten Torsionsmomenten angewandt werden:

$$\tau(r,s) = \frac{M_\mathrm{t}(s)}{I_\mathrm{t}(s)} \cdot r \,.$$

**Beispiel 13.1:** Für die abgesetzte Welle aus Stahl in Abb. 13.7 sollen der Verdrehwinkel und die maximale Schubspannung berechnet werden. Der Schubmodul für Stahl beträgt

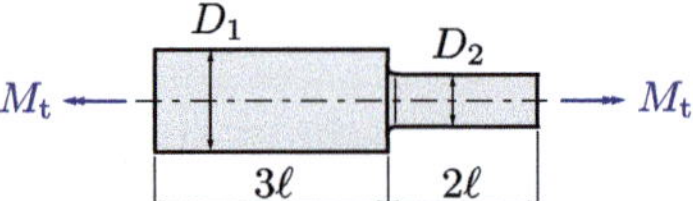


$D_1 = 42$ mm $\quad \ell = 60$ mm
$D_2 = 24$ mm $\quad M_\mathrm{t} = 200$ Nm

Abb. 13.3: Abgesetzte Welle unter Torsionsbelastung

$G = 80.000\,\mathrm{MPa}$. Mit den Torsionsträgheitsmomenten

$$I_\mathrm{t1} = \frac{\pi}{32} D_1^4 = 305.490\,\mathrm{mm}^4$$
$$I_\mathrm{t2} = \frac{\pi}{32} D_2^4 = 32.572\,\mathrm{mm}^4$$

erhalten wir den Verdrehwinkel als Summe der Verdrehwinkel beider Wellenabschnitte:

$$\Delta\varphi = \frac{M_\mathrm{t}\,3\ell}{GI_\mathrm{t1}} + \frac{M_\mathrm{t}\,2\ell}{GI_\mathrm{t2}} = 0{,}01 \quad (\widehat{=}\, 0{,}61^\circ).$$

Da in beiden Abschnitten dasselbe Torsionsmoment wirkt, tritt die maximale Schubspannung im schwächeren Querschnitt mit dem Durchmesser $D_2$ auf. Mit dem Widerstandsmoment

$$W_\mathrm{t2} = \frac{I_\mathrm{t2}}{D_2/2} = 2714\,\mathrm{mm}^3$$

ergibt sich

$$\tau_{\max} = 73{,}7\,\text{MPa}.$$

Dieser Wert gilt im Abschnitt 2 allerdings mit etwas Abstand vom Querschnittsübergang. Aufgrund der Spannungskonzentration treten dort in Abhängigkeit vom Kerbradius lokal deutlich höhere Spannungen auf.

## 13.2 Nichtkreisförmige Querschnitte

Für Stäbe mit nichtkreisförmigen Querschnitten kann es unter Torsionsbelastung zusätzlich zur Verformung in Längsrichtung, der sogenannten Verwölbung des Querschnitts, kommen. Man spricht von *St.-Venantscher Torsion*, wenn sich diese Verwölbungen ungehindert ausbilden können und von *Wölbkrafttorsion*, wenn diese Verformungen verhindert sind. Wir wollen uns im Folgenden auf einige wichtige Fälle der St.-Venantschen Torsion beschränken. Die für Kreis- und Kreisringquerschnitte gültigen Formeln für den Verdrehwinkel und die maximale Schubspannung lassen sich auch für beliebige Querschnittsformen anwenden:

$$\tau_{\max} = \frac{M_\mathrm{t}}{W_\mathrm{t}} \quad \text{und} \quad \Delta\varphi = \frac{M_\mathrm{t}\ell}{GI_\mathrm{t}}\,.$$

### Vollquerschnitte

Tab. 13.1 gibt die Querschnittskennwerte für einige kompakte Vollquerschnitte an. Die maximale Schubspannung tritt dabei stets am Außenrand mit dem geringsten Abstand zum Querschnittsmittelpunkt auf. Bei Rechteckquerschnitten ist das in der Mitte der längeren Seite. An den Ecken eines Rechteckquerschnitts sind die Schubspannungen null. Abb. 13.4 zeigt hierfür den Verlauf der Schubspannungen.

Tab. 13.1: Querschnittskennwerte für Torsion von Vollquerschnitten

| Querschnitt | $I_\mathrm{t}$ | $W_\mathrm{t}$ |
|---|---|---|
| Quadrat (Seitenlänge $a$) | $0{,}141\,a^4$ | $0{,}208\,a^3$ |
| Rechteck ($h \geq b$) | $c_1 h b^3$ (*) | $c_2 h b^2$ (**) |
| gleichseit. Dreieck (Seitenlänge $a$) | $\frac{\sqrt{3}}{80}a^4$ | $\frac{a^3}{20}$ |
| Ellipse ($a \geq b$) (Achsen $2a$, $2b$) | $\frac{\pi a^3 b^3}{a^2+b^2}$ | $\frac{\pi a b^2}{2}$ |

(*) $c_1 = \frac{1}{3}\left(1 - \frac{0{,}63}{h/b} + \frac{0{,}052}{(h/b)^5}\right)$

(**) $c_2 = \frac{c_1}{1 - \frac{0{,}65}{1+(h/b)^3}}$

### Dünnwandig offene Profile

Dünnwandig offene Profile weisen unter Torsion eine deutlich geringere Tragfähigkeit auf als geschlossene Profile. Dennoch treten sie in der Praxis häufig auf, beispielsweise wenn ein für Biegung geeigneter Träger mit Doppel-T-Querschnitt infolge der Lasteinleitung zusätzlich zur Biegung auch Torsion erfährt. Abb. 13.5 zeigt ein dünnwandig offenes Profil mit abschnittsweise konstanter Wanddicke. Für die Querschnittskennwerte solcher Profile mit $n$ Abschnitten gilt näherungsweise:

$$I_\mathrm{t} = \frac{1}{3}\sum_{i=1}^{n} \ell_i \delta_i^3, \quad \text{und} \quad W_\mathrm{t} = \frac{I_\mathrm{t}}{\delta_{\max}}.$$

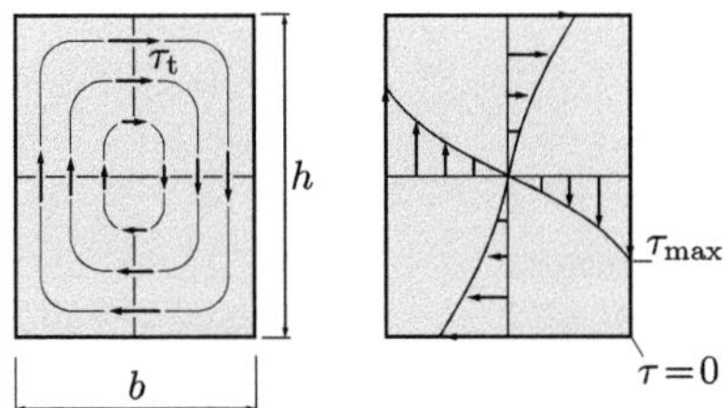


Abb. 13.4: Schubspannungsverteilung bei Torsion eines Rechteckquerschnitts

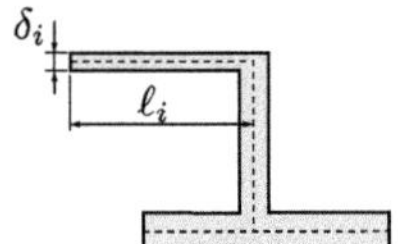


Abb. 13.5: Dünnwandige offene Profile

Bei einem eingliedrigen Profil mit konstanter Wanddicke entspricht $I_t$ dem Wert eines Rechtecks mit $h/b \to \infty$ aus Tab. 13.1: $I_t = \frac{1}{3}\ell\delta^3 = c_1 hb^3$.

Im Gegensatz zu geschlossenen Querschnitten tritt bei offenen Profilen die maximale Schubspannung $\tau_{max}$ an der Stelle der größten Wanddicke $\delta_{max}$ auf.

## Dünnwandig geschlossene Profile

Dünnwandig geschlossene Profile werden durch die Querschnittskoordinate $u$, die der Profilmittellinie folgt und der Wanddicke $\delta(u)$ beschrieben, wie in Abb. 13.6 dargestellt. Es wird vorausgesetzt, dass die Wanddicke $\delta$ im Vergleich zu den übrigen Querschnittsabmessungen klein ist und sich nur geringfügig ändert. Zudem wird angenommen, dass die Schubspannung über die Profildicke konstant bleibt. Das Torsionsmoment wird also über einen konstanten *Schubfluss* $t = \tau \cdot \delta$ übertragen. Die maximale Schubspannung tritt daher an der Stelle mit der kleinsten Wanddicke $\delta_{min}$ auf. Das Torsionswiderstandsmoment ergibt sich zu

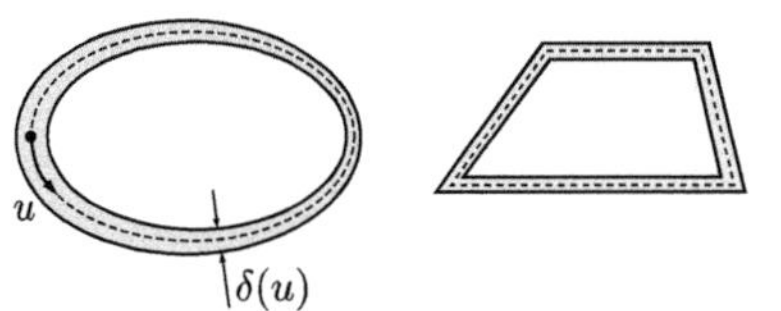


Abb. 13.6: Dünnwandige geschlossene Profile

$$W_t = 2A_m\delta_{min}\,,$$

wobei $A_m$ die von der Profilmittellinie eingeschlossene Fläche ist. Das Torsionsträgheitsmoment zur Berechnung des Verdrehwinkels ist

$$I_t = \frac{4A_m^2}{\oint \frac{du}{\delta(u)}}\,.$$

Das Integralsymbol im Nenner stellt ein Umlaufintegral dar, bei dem die untere und obere Grenze durch den vollständigen Umlauf entlang der Mittellinie zusammenfallen. Wenn die Wandstärke konstant ist, entspricht der Wert des Integrals dem Verhältnis von Umfang zu Wanddicke.

Besteht ein dünnwandig geschlossenes Profil aus $n$ Wandstücken mit jeweils konstanter Wanddicke $\delta_i$ und Länge $\ell_i$, entspricht der Wert des Umlaufintegrals der Summe

$$\oint \frac{du}{\delta(u)} = \sum_{i=1}^{n} \frac{\ell_i}{\delta_i}\,.$$

Anders als bei den zuvor behandelten Kreisringquerschnitten sind die Formeln für $W_t$ und $I_t$ nicht exakt, sondern Näherungen infolge der getroffenen Annahmen. Für sehr dünne Wanddicken nähern sich die Werte für einen dünnen Kreisringquerschnitt an die exakten Werte aus Abschnitt 13.1 an.

### Vergleich zwischen geschlossenen und offenen dünnwandigen Profilen

**Beispiel 13.2:** Abschließend wollen wir die maximale Schubspannung und die Verdrillung von geschlossenen und offenen dünnwandigen Profilen am Beispiel eines dünnen Kreisringquerschnitts vergleichen, siehe Abb. 13.7. Das

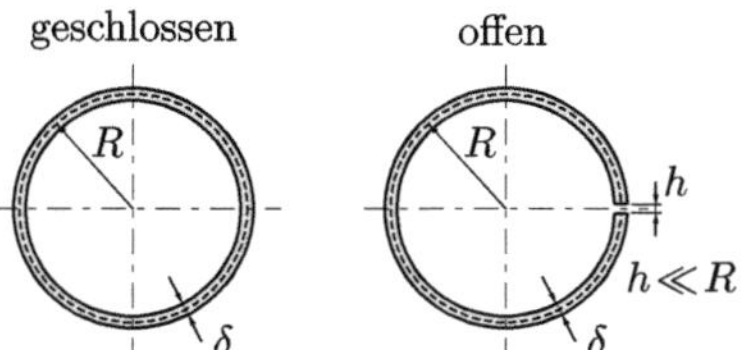


Abb. 13.7: Geschlossenes und offenes (geschlitztes) dünnes Kreisringprofil

offene Profil ist entlang der Mittelachse des Stabs geschlitzt, wobei die Schlitzbreite im Verhältnis zum Radius sehr klein ist. Die Querschnittskennwerte sind für das geschlossene Profil

$$W_{t,g} = 2A_m\delta_{min} = 2\pi R^2\delta$$
$$I_{t,g} = \frac{4A_m^2}{\oint \frac{du}{\delta(u)}} = \frac{4\pi^2 R^4}{\left(\frac{2\pi R}{\delta}\right)} = 2\pi R^3\delta$$

und für das offene Profil

$$W_{t,o} = \frac{1}{3}\ell\delta^2 = \frac{2}{3}\pi R\delta^2$$
$$I_{t,o} = \frac{1}{3}\ell\delta^3 = \frac{2}{3}\pi R\delta^3 .$$

Setzen wir nun die maximale Schubspannung $\tau_{max} = M_t/W_t$ und die Verdrillung $\vartheta = M_t/(GI_t)$ ins Verhältnis, so erhalten wir

$$\frac{\tau_{max,g}}{\tau_{max,o}} = \frac{1}{3}\frac{\delta}{R} \quad \text{und} \quad \frac{\vartheta_g}{\vartheta_o} = \frac{1}{3}\frac{\delta^2}{R^2}.$$

Für ein Verhältnis von beispielsweise $\delta/R = 5$ bedeutet dies, dass die Schubspannung im offenen Profil um den Faktor 15 und die Verdrillung um den Faktor 75 höher sind als im geschlossenen Profil.

Dieses Beispiel verdeutlicht eindrücklich, dass geschlossene Profile für die Übertragung von Torsionsmomenten deutlich besser geeignet sind und offene Profile vermieden werden sollten, sofern dies konstruktiv möglich ist.

# 14 Energiemethoden

## 14.1 Arbeit und Energie an Tragwerken

Die Energie ist ein fundamentaler Begriff in der Physik und dient als universelles Maß für die Fähigkeit eines Systems, Arbeit zu verrichten oder Wärme auszutauschen. Sie verbindet verschiedene Disziplinen der Physik. In der Technischen Mechanik bilden energetische Methoden effiziente Berechnungswerkzeuge für bestimmte Problemstellungen. Grundgedanke ist, dass beim hier vorausgesetzten elastischen Materialverhalten die durch die Lasten verrichtete *Arbeit* $W$ als sog. *innere Formänderungsenergie* $U_i$ als eine spezielle Form der potentiellen Energie gespeichert wird. Ausgehend vom unbelasteten Zustand ergibt diese Überlegung den *Energiesatz der Statik*

$$W = U_i \,.$$

Die Formänderungsenergie ist als Integral $U_i = \int_V U_{spezif}(\varepsilon, \gamma)\, dV$ der *spezifischen Formänderungsenergie* $U_{spezif}$ über das gesamte Volumen $V$ des Tragwerks definiert und hängt von der lokalen Dehnung $\varepsilon$ und Gleitung $\gamma$ ab. Für die hier untersuchten Linientragwerke Stab und Balken kann das Integral über $dV = dA\, ds$ in Anteile über den Querschnitt $A$ und die Längskoordinate $s$ aufgeteilt werden. Für linear-elastisches Materialverhalten nach dem Hookeschen Gesetz kann das Integral über den Querschnitt $A$ ausgeführt werden und es ergibt sich

$$U_\mathrm{i} = U_\mathrm{L} + U_\mathrm{b} + U_\mathrm{Q} + U_\mathrm{t}$$

mit den in Tab. 14.1 gelisteten Beiträgen der einzelnen Schnittgrößen[7]. Ist zur Berechnung der Schnittgrößen eine Bereichseinteilung nötig, so werden die Integrale der einzelnen Bereiche aufsummiert. Bei einem Stab ist die Längskraft konstant und das Integral kann sofort gelöst werden, wie in der ersten Zeile von Tab. 14.1 angegeben. Beim Querkraftbeitrag $U_\mathrm{Q}$ wird die Schubfläche $A_\mathrm{s} = \kappa A$ über den *Schubkorrekturfaktor* $\kappa$ mit der tatsächlichen Querschnittsfläche $A$ verknüpft. Für einen Rechteckquerschnitt gilt z. B. $\kappa = \frac{5}{6}$.

Tab. 14.1: Formänderungsenergiebeiträge in Linientragwerken

| Belastung | Formänderungsenergie |
|---|---|
| Fachwerkstab | $U_\mathrm{L} = \frac{1}{2}\frac{F_\mathrm{S}^2 \ell_i}{EA}$ |
| Längskraft | $U_\mathrm{L} = \int_0^{\ell_i} \frac{1}{2}\frac{F_\mathrm{L}^2}{EA}\,\mathrm{d}s$ |
| Biegung | $U_\mathrm{b} = \int_0^{\ell_i} \frac{1}{2}\frac{M_\mathrm{b}^2}{EI}\,\mathrm{d}s$ |
| Querkraft | $U_\mathrm{Q} = \int_0^{\ell_i} \frac{1}{2}\frac{F_\mathrm{Q}^2}{GA_\mathrm{s}}\,\mathrm{d}s$ |
| Torsion | $U_\mathrm{t} = \int_0^{\ell_i} \frac{1}{2}\frac{M_\mathrm{t}^2}{GI_\mathrm{t}}\,\mathrm{d}s$ |

**Beispiel 14.1:** Als einfachstes Beispiel betrachten wir den in Abb. 14.1 dargestellten Fachwerkausleger mit gleicher Dehnsteifigkeit $EA$ beider Stäbe. Zur Anwendung von Energiemethoden werden zunächst die Schnittgrößenverläufe benötigt. Das Knotenpunktverfahren führt auf die Stabkräfte $F_\mathrm{S1} = F/\sin(\alpha)$ und $F_\mathrm{S2} = -F/\tan(\alpha)$, vgl. Abschnitte 2.1 und 6.1. Mit den Stablängen $\ell_1 = a/\sin\alpha$ und $\ell_2 = a/\tan\alpha$ ergibt sich die Formänderungsenergie zu

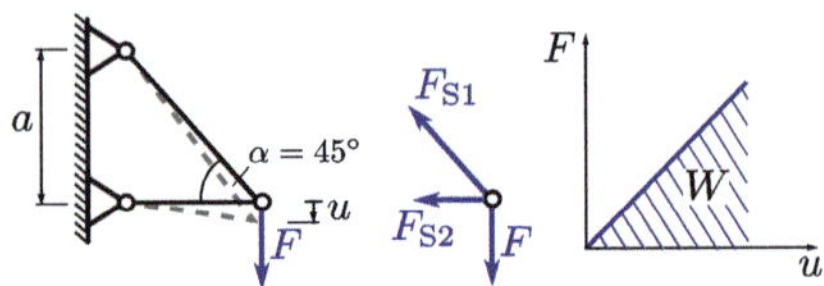


Abb. 14.1: Deformation eines Auslegers

$$U_\mathrm{i} = \frac{F_\mathrm{S1}^2 \ell_1}{2EA} + \frac{F_\mathrm{S2}^2 \ell_2}{2EA} = \frac{F^2 a}{2EA}\frac{1+\cos^3(\alpha)}{\sin^3(\alpha)} .$$

Die äußere Arbeit beträgt

$$W = \frac{1}{2} F\,u ,$$

wobei der Vorfaktor 1/2 der Tatsache Rechnung trägt, dass die Kraft linear mit der Verformung $u$ ansteigt und die Arbeit $W$ der Fläche unter dieser Kurve entspricht, wie in Abb. 14.1 rechts dargestellt. Aus $W = U_\mathrm{i}$ erhalten wir schließlich die Verschiebung des Lastangriffspunkts:

$$u = \frac{Fa}{EA}\frac{1+\cos^3(\alpha)}{\sin^3(\alpha)} .$$

Es ist offenkundig, dass sich die Verschiebung $u$ auf diese Weise wesentlich effizienter berechnen lässt, anstatt sie aus den Verlängerungen $\Delta\ell$ mithilfe trigonometrischer Beziehungen zu bestimmen oder im Fall von biegebeanspruchten Trägern durch Konstruktion der Biegelinie zu ermitteln. Über den Energiesatz lässt sich allerdings nur die Verschiebung des Lastangriffspunktes berechnen, wenn genau eine Last am System angreift.

[7] Ausgedrückt durch die Schnittgrößen spricht man auch von der *komplementären Formänderungsenergie*.

## 14.2 Satz von Castigliano

Greifen mehrere Lasten oder Streckenlasten an, kann stattdessen der *Satz von Castigliano* (nach Carlo Alberto Castigliano) verwendet werden. Dieser besagt, dass die Verschiebung $u_k$ eines Kraftangriffspunktes in Richtung der Kraft $F_k$ der Ableitung der (komplementären) Formänderungsenergie nach eben dieser Kraft entspricht und dass gleichfalls die Verdrehung die Ableitung nach dem Moment ist.

$$u_k = \frac{\partial U_\mathrm{i}}{\partial F_k}\,, \qquad \varphi_k = \frac{\partial U_\mathrm{i}}{\partial M_k}\,.$$

**Beispiel 14.2:** Betrachten wir als Beispiel für eine Biegebeanspruchung den in Abb. 14.2 dargestellten Kragträger, welcher durch eine Streckenlast $q_0$ und eine Einzelkraft $F$ belastet ist. Gesucht ist die Durchbiegung des Lastangriffspunkts $u_F$. Zunächst müssen

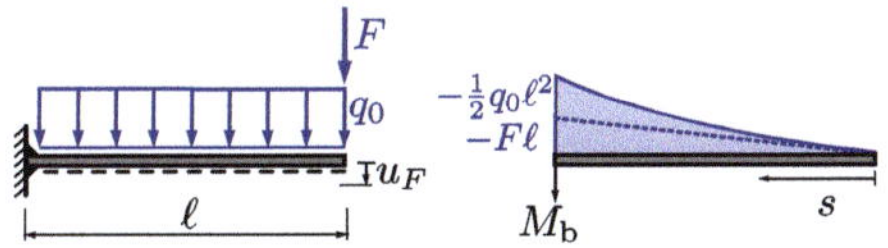


Abb. 14.2: Deformation eines Kragträgers

die Schnittgrößenverläufe zur Berechnung der Formänderungsenergie $U_\mathrm{i}$ bereitgestellt werden. Bei schlanken, biegebeanspruchten Tragwerken sind die Energiebeiträge und damit Deformationen durch Querkräfte üblicherweise vernachlässigbar klein, sodass einzig der Verlauf des Biegemoments $M_\mathrm{b}(s)$ zur Berechnung der zugehörigen Energie $U_\mathrm{b}$ benötigt wird. Im konkreten Fall kann dieser mit einer der in Kapitel 5 dargelegten Methoden zu

$$M_\mathrm{b}(s) = F\,s + \frac{q_0}{2}s^2$$

bestimmt werden, wie rechts in Abb. 14.2 aufgetragen. Anstatt nun $U_\mathrm{b}$ per Integration zu berechnen, ist es effizienter, die im Satz von Castigliano auftretende Ableitung mit der Integration zu vertauschen, sodass sich

$$u_F = \frac{\partial U_\mathrm{b}}{\partial F} = \int_0^\ell \frac{M_\mathrm{b}(s)}{EI}\frac{\partial M_\mathrm{b}(s)}{\partial F}\,\mathrm{d}s$$

per Kettenregel ergibt. Dies hat den Vorteil, dass der zweite Faktor des Integranden i. d. R. deutlich einfacher ist, wie $\partial M_\mathrm{b}/\partial F = s$ im Beispiel. Weiterhin ist $EI$ oft (zumindest bereichsweise) konstant und kann aus dem Integral gezogen werden. Damit erhalten wir

$$\begin{aligned} u_F &= \frac{1}{EI}\int_0^\ell \left[F\,s + \frac{q_0}{2}s^2\right]\cdot s\,\mathrm{d}s \\ &= \frac{1}{EI}\left[\frac{1}{3}F\,\ell^3 + \frac{q_0}{8}\ell^4\right]. \end{aligned}$$

An dieser Stelle lässt sich auch die Frage beantworten, wie wir die Verschiebung $u$ oder Verdrehung $\varphi$ an einer Stelle berechnen können, an welcher keine äußere Last angreift. In diesem Fall müssen wir an der betreffenden Stelle eine Kraft $F$ bzw. ein Moment $M$ als Hilfslast annehmen und nach Abschluss der Berechnung zu null setzen. Derart erhalten wir für einen nur durch die Streckenlast $q_0$ belasteten Kragträger durch Einsetzen von $F = 0$ in obige Lösung eine Verschiebung $u_F = q_0\ell^4/(8EI)$ des freien Endes.

## 14.3 Statisch unbestimmte Systeme

Das vorangegangene Beispiel war statisch bestimmt, sodass wir die zur Berechnung der Formänderungsenergie nötigen Schnittgrößen vorab bestimmen konnten. Aber auch zur Berechnung statisch unbestimmter Systeme ist der Satz von Castigliano bestens geeignet. Dafür muss die überzählige Lagerreaktion bzw. im Allgemeinen die $g$ überzähligen Lagerreaktionen zunächst als eingeprägte Kräfte bzw. Momente unbekannter Größe zur Berechnung der Schnittgrößen und der Formänderungsenergie behandelt werden. Die zusätzlich nötigen Bestimmungsgleichung(en) erhält man aus der Forderung, dass die zugehörigen Deformationen, als Ableitung der Formänderungsenergie $U_\mathrm{i}$ nach den Lagerreaktionen, verschwinden.

**Beispiel 14.3:** Der in Abb. 14.3 dargestellte Träger ist mit drei vertikalen Lagerreaktionen einfach statisch unbestimmt gelagert ($g = 1$). Einer dieser drei vertikalen Lagerreaktionen,

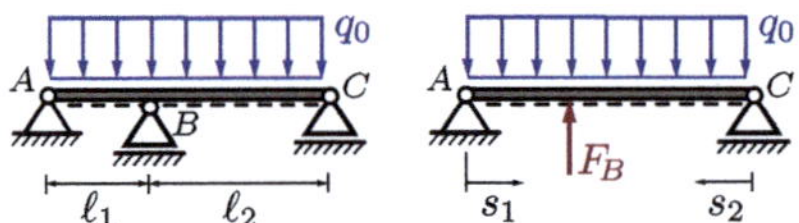

Abb. 14.3: Träger mit Zwischenlager

z. B. $F_B$, muss nun als statisch unbestimmte Größe ausgewählt werden. Man erhält ein statisch bestimmtes Grundsystem, wie rechts in Abb. 14.3 dargestellt. In diesem ergeben sich die Lagerreaktionen

$$F_{Av} = q_0\,\frac{\ell_1+\ell_2}{2} - F_B\,\frac{\ell_2}{\ell_1+\ell_2}$$
$$F_C = q_0\,\frac{\ell_1+\ell_2}{2} - F_B\,\frac{\ell_1}{\ell_1+\ell_2}$$

sowie die Biegemomente

$$M_\mathrm{b}(s_1) = F_{Av}s_1 - \frac{q_0}{2}s_1^2$$
$$M_\mathrm{b}(s_2) = F_C s_2 - \frac{q_0}{2}s_2^2\,.$$

Die Verschiebungsbedingung am Lager $B$ lautet damit

$$u_B = \int_0^{\ell_1} \frac{M_\mathrm{b}(s_1)}{EI}\frac{\partial M_\mathrm{b}(s_1)}{\partial F_B}\,\mathrm{d}s_1 + \int_0^{\ell_2} \frac{M_\mathrm{b}(s_2)}{EI}\frac{\partial M_\mathrm{b}(s_2)}{\partial F_B}\,\mathrm{d}s_2 \stackrel{!}{=} 0\,.$$

Durch Integration und Umstellung erhalten wir die gesuchte Beziehung für die Reaktion des mittleren Lagers:

$$F_B = q_0\frac{\ell_1^3 + 4\ell_1^2\ell_2 + 4\ell_1\ell_2^2 + \ell_2^3}{8\ell_1\ell_2}\,.$$

Rückeinsetzen in die verwendeten Beziehungen liefert, sofern gesucht, die tatsächlichen Biegemomentenverläufe $M_\mathrm{b}(s_1)$ und $M_\mathrm{b}(s_2)$.

Für eine symmetrische Anordnung $\ell_1 = \ell_2$ trägt das Zwischenlager mit $F_B = 5q_0(\ell_1 + \ell_2)/8$ also mehr als die Hälfte der resultierenden Last ab und verbessert das Tragverhalten damit deutlich.

## 14.4 Integraltabellen

Zur Verschiebungsberechnung mittels des Satzes von Castigliano sind bei biegebeanspruchten Tragwerken Integrale der Form $\int \frac{M_\mathrm{b}}{EI}\frac{\partial M_\mathrm{b}}{\partial F_k}\,\mathrm{d}s$ zu berechnen. Bei genauerer Betrachtung stellt man fest, dass $M_\mathrm{b}(s)$ immer dem Biegemomentenverlauf des statisch bestimmten Grundsystems unter den äußeren Lasten entspricht, dem sog. *Lastzustand*. Im Gegensatz dazu geht in den zweiten Term $\partial M_\mathrm{b}/\partial F_k$ nur der Beitrag der Kraft $F_k$ zum Biegemomentenverlauf ein. In diesem Sinne kann der Term auch als Biegemomentenverlauf $\overline{M}_\mathrm{b}$ durch eine Einzellast des Betrags $F_k = 1$ interpretiert werden, der sog. *Einheitszustand*, und es ergibt sich unter Vernachlässigung von Quer- und Längskraftbeiträgen[8] die Verschiebung des Kraftangriffspunktes in Richtung der Kraft $F$ als

$$u_F = \int_0^{\ell} \frac{M_\mathrm{b}(s)}{EI}\,\overline{M}_\mathrm{b}\,\mathrm{d}s\,.$$

[8] Diese Darstellung wird auch als *Prinzip der virtuellen Kräfte* bezeichnet.

Tab. 14.2: Integraltabelle für $\int_0^{\ell} M_\mathrm{b}\overline{M}_\mathrm{b}\,\mathrm{d}s$

| | $\ell$ | $\overline{M}_A$ (Dreieck) | $\overline{M}_A$ (Rechteck) |
|---|---|---|---|
| linear+konstant | $M_A$ (Rechteck) | $\frac{1}{2}M_A\overline{M}_A\ell$ | $M_A\overline{M}_A\ell$ |
| | $M_A$ (Dreieck) | $\frac{1}{3}M_A\overline{M}_A\ell$ | $\frac{1}{2}M_A\overline{M}_A\ell$ |
| | $M_B$ (Dreieck) | $\frac{1}{6}M_B\overline{M}_A\ell$ | $\frac{1}{2}M_B\overline{M}_A\ell$ |
| | $M_A$ (Trapez) $M_B$ | $\frac{2M_A+M_B}{6}\overline{M}_A\ell$ | $\frac{M_A+M_B}{2}\overline{M}_A\ell$ |
| quadratisch | $M_A$ S | $\frac{5}{12}M_A\overline{M}_A\ell$ | $\frac{2}{3}M_A\overline{M}_A\ell$ |
| | S $M_B$ | $\frac{1}{4}M_B\overline{M}_A\ell$ | $\frac{2}{3}M_B\overline{M}_A\ell$ |
| | $M_A$ S | $\frac{1}{4}M_A\overline{M}_A\ell$ | $\frac{1}{3}M_A\overline{M}_A\ell$ |
| | S $M_B$ | $\frac{1}{12}M_B\overline{M}_A\ell$ | $\frac{1}{3}M_B\overline{M}_A\ell$ |
| | S $M_S$ (S=Scheitel) | $\frac{1}{3}M_S\overline{M}_A\ell$ | $\frac{2}{3}M_S\overline{M}_A\ell$ |
| kubisch | $M_A$ W | $\frac{1}{5}M_A\overline{M}_A\ell$ | $\frac{1}{4}M_A\overline{M}_A\ell$ |
| | W $M_B$ (W=Wendepunkt) | $\frac{1}{20}M_B\overline{M}_A\ell$ | $\frac{1}{4}M_B\overline{M}_A\ell$ |

Praktisch relevant ist insbesondere der Fall konstanter Biegesteifigkeit, für den $EI$ aus dem Integral gezogen werden kann und der Ausdruck $\int M_\mathrm{b}\overline{M}_\mathrm{b}\,\mathrm{d}s$ zu berechnen ist. Für verschiedene gängige Integranden wurden die Lösungen dieses Integrals in Integraltabellen (Koppeltabellen) wie in Tab. 14.2 zusammengestellt. Unter Angabe der jeweiligen Maximalwerte können sie daraus direkt abgelesen werden. Da der Einheitszustand keine Streckenlasten enthält, sind die virtuellen Biegemomentenverläufe $\overline{M}_\mathrm{b}(s)$ nur abschnittsweise linear oder konstant.

Die Nutzung von Integraltabellen ist insbesondere dann effizient, wenn der tatsächliche und virtuelle Biegemomentenverlauf durch grafo-analytische Integration der Streckenlastfunktion konstruiert werden, vgl. Abschnitt 5.3.

**Beispiel 14.4:** Für den in Abb. 14.4 dargestellten Träger ist die Verschiebung $u_K$ am freien Ende des Kragarms gesucht. Um diese zu berechnen, wird neben dem Biegemomentenverlauf $M_\mathrm{b}(s)$ des Lastzustands auch der Biegemomentenverlauf $\overline{M}_\mathrm{b}(s)$ einer (virtuellen) Einheitslast $F = 1$ am Kragarm bereitgestellt. Durch zweifache grafo-analytische Integration unter Beachtung der Randbedingungen ergibt sich für den Lastzustand ein parabelförmiger Biegemomentenverlauf $M_\mathrm{b}(s)$ mit dem Scheitel $M_S = q_0\ell_1^2/8$ zwischen den Lagern und $M_\mathrm{b} = 0$ im unbelasteten Kragarm mit Zug auf der Unterseite. Für den Einheitszustand ergibt sich ein dreiecksförmiger Verlauf mit Maximum über dem Lager $B$. Aus der neunten Zeile, erste Spalte von Tab. 14.2 lesen wir

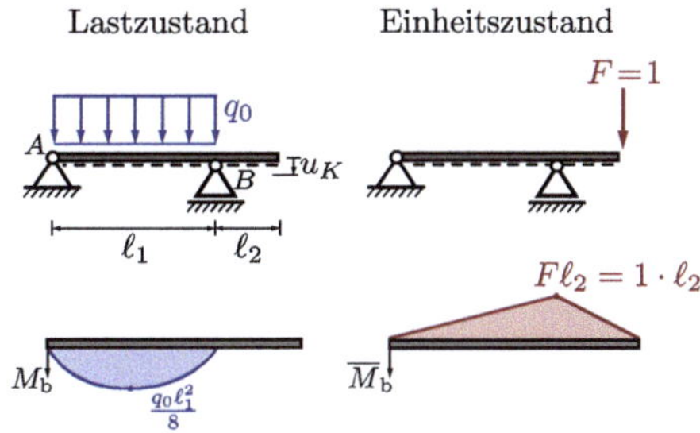


Abb. 14.4: Träger mit Kragarm

$$u_K = \frac{1}{EI}\left[\frac{1}{3}M_S\overline{M}_A\ell_1 + 0\right]$$

ab. Mit $\overline{M}_A = -1\cdot\ell_2$ des Einheitszustandes erhalten wir als Ergebnis die gesuchte Verschiebung

$$u_K = -q_0\ell_1^3\ell_2/(24EI).$$

Das negative Vorzeichen ist plausibel, da sich der unbelastete Kragarm durch die durchbiegungsbedingte Verdrehung am Lager $B$ nach oben verschiebt.

# 15 Allgemeine Spannungs- und Verzerrungszustände

Während in den bisher betrachteten Linientragwerken durch Biege- und Längskraftbeanspruchungen lediglich Normalspannungen $\sigma$ in Richtung der Balkenachse sowie durch Querkraft und Torsion Schubspannungen $\tau$ berücksichtigt werden mussten, treten in komplexer geformten Bauteilen weitere Spannungskomponenten auf.

## 15.1 Ebener Spannungszustand

Bei einem ebenen Spannungszustand können zusätzlich zur Schubspannung Normalspannungen in zwei Richtungen auftreten, wie in Abb. 15.1 an einem freigeschnittenen Flächenelement dargestellt. Dabei werden

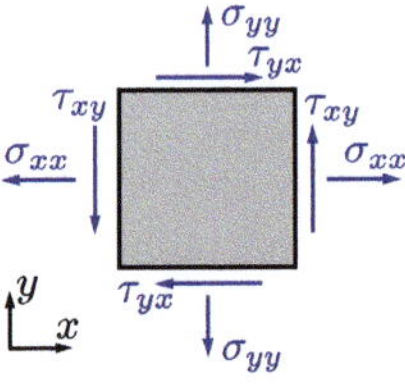


Abb. 15.1: Ebener Spannungszustand (ESZ)

an jedem Schnittufer tangential und senkrecht (normal) zum Schnitt eine Schub- bzw. Normalspannung angetragen, an entgegengesetzten Schnittufern in entgegengesetzten Richtungen wie die Schnittgrößen des Balkens. Entsprechend der Wirkrichtung werden die Normalspannungen mit $\sigma_{xx}$ und $\sigma_{yy}$ bezeichnet und die Schubspannungen als $\tau_{xy}$ und $\tau_{yx}$. Dabei bezieht sich jeweils der erste Index auf die Normalenrichtung des Schnittufers und der zweite auf die Wirkrichtung. Aus dem Momentengleichgewicht folgt, dass die sog. *zugeordneten Schubspannungen* gleich sind, d. h. $\tau_{xy} = \tau_{yx}$. Die Spannungen können auch in Matrizenform durch die Koeffizienten des symmetrischen *Spannungstensors* dargestellt werden:

$$\underline{\underline{\sigma}} = \begin{pmatrix} \sigma_{xx} & \tau_{xy} \\ \tau_{yx} & \sigma_{yy} \end{pmatrix} .$$

### Spannungen am gedrehten Schnitt

Der Spannungszustand in einem Bauteil kann grundsätzlich physikalisch äquivalent in einem beliebigen Koordinatensystem dargestellt werden, bspw. in dem in Abb. 15.2 mittig dargestellten Koordinatensystem $\bar{x}$-$\bar{y}$, das um den Winkel $\varphi$ gegenüber dem $x$-$y$-System gedreht ist. Die Gleichgewichtsbeziehungen für das in

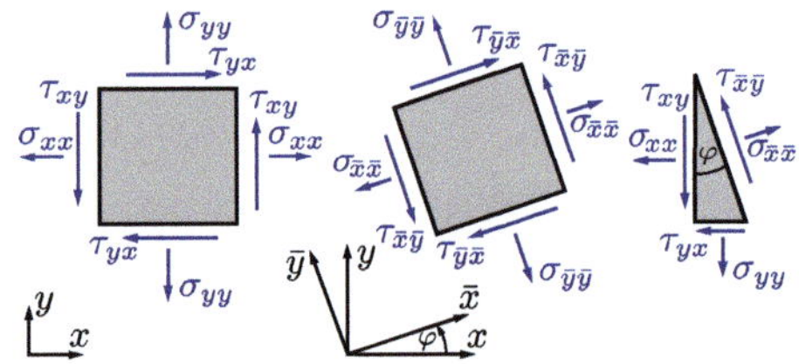


Abb. 15.2: Gedrehtes Koordinatensystem

Abb. 15.2 rechts dargestellte Dreieck führen auf die *Transformationsbeziehungen*:

$$\begin{aligned}
\sigma_{\bar{x}\bar{x}} &= \frac{\sigma_{xx}+\sigma_{yy}}{2} + \frac{\sigma_{xx}-\sigma_{yy}}{2}\cos 2\varphi + \tau_{xy}\sin 2\varphi \\
\sigma_{\bar{y}\bar{y}} &= \frac{\sigma_{xx}+\sigma_{yy}}{2} - \frac{\sigma_{xx}-\sigma_{yy}}{2}\cos 2\varphi - \tau_{xy}\sin 2\varphi \\
\tau_{\bar{x}\bar{y}} &= \qquad\qquad\;\; - \frac{\sigma_{xx}-\sigma_{yy}}{2}\sin 2\varphi + \tau_{xy}\cos 2\varphi .
\end{aligned}$$

### Hauptspannungen und -richtungen

Anhand der Transformationsbeziehungen ist offensichtlich, dass einzelne Spannungskomponenten nicht für eine Festigkeitsbewertung geeignet sind, da sie von der willkürlichen Wahl des Koordinatensystems abhängen. Es stellt sich die Frage, ob es ausgezeichnete Koordinatensysteme mit unmittelbarer physikalischer Relevanz gibt. In der Tat zeichnet sich ein *Hauptachsensystem* dadurch aus, dass in ihm die Schubspannungen verschwinden, wie in Abb. 15.3 dargestellt, und die Normalspannungen extremale Werte annehmen. Die in diesem Koordinatensystem wirkenden Normalspannungen $\sigma_1$ und $\sigma_2$ werden als *Hauptspannungen* bezeichnet, entsprechend gibt es zwei mögliche Winkel $\varphi_1$ und $\varphi_2$. Mit der Bedingung $\tau_{\bar{x}\bar{y}}(\varphi_{1,2}) = 0$ lässt sich aus den Transformationsbeziehungen der Drehwinkel $\varphi_{1,2}$ eliminieren und wir erhalten eine quadratische Gleichung zur Bestimmung der Hauptspannungen mit den beiden Lösungen

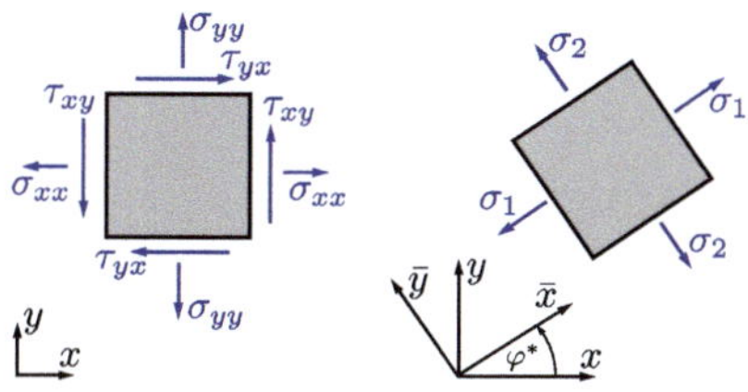


Abb. 15.3: Hauptspannungen

$$\sigma_{1,2} = \underbrace{\frac{\sigma_{xx}+\sigma_{yy}}{2}}_{=:\sigma_M} \pm \underbrace{\sqrt{\left(\frac{\sigma_{xx}-\sigma_{yy}}{2}\right)^2 + \tau_{xy}^2}}_{=:R},$$

welche die mittlere Normalspannung $\sigma_M$ und die im folgenden noch zu besprechenden Größe $R$ beinhalten. Rückeinsetzen in die Transformationsbeziehungen führt auf die Winkel der Hauptrichtungen im $x$-$y$-Koordinatensystem:

$$\tan\varphi_1 = \frac{\tau_{xy}}{\sigma_{xx} - \sigma_2}, \quad \tan\varphi_2 = \frac{\tau_{xy}}{\sigma_{xx} - \sigma_1}.$$

Alternativ kann die Beziehung

$$\tan(2\varphi_{1,2}) = \frac{2\tau_{xy}}{\sigma_{xx} - \sigma_{yy}}$$

verwendet werden, vgl. Abschnitt 11.3 zur Transformation der Flächenträgheitsmomente. Wie in Abb. 15.3 ersichtlich, stehen die Hauptachsen senkrecht zueinander, d. h. es gilt $\varphi_2 = \varphi_1 \pm \frac{\pi}{2}$.

In einem demgegenüber um 45° gedrehten Koordinatensystem $\varphi^* = \varphi_{1,2} \pm \frac{\pi}{4}$ tritt die maximale Schubspannung $\tau_{\max} = \frac{1}{2}(\sigma_1 - \sigma_2) = R$ in der Ebene auf.

### Mohrscher Spannungskreis

Otto Mohr erkannte, dass die Transformationsbeziehungen für die Spannungen in einem $\sigma$-$\tau$-Koordinatensystem entsprechend Abb. 15.4 als parametrische Darstellung eines Kreises mit dem Mittelpunkt $(\sigma_M, 0)$ und dem Radius $R$ interpretiert und zur grafischen Bestimmung und Veranschaulichung genutzt werden können.

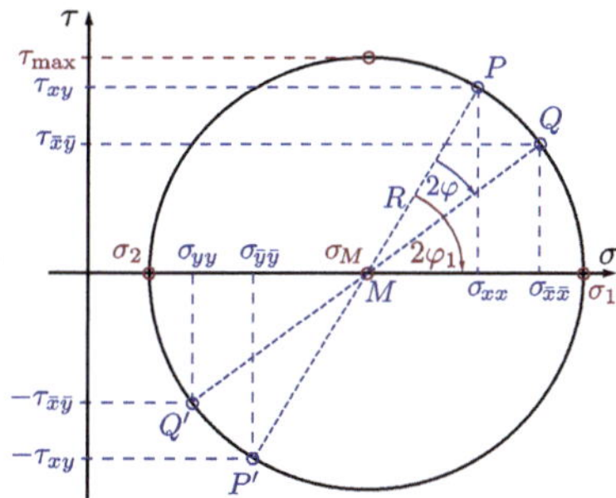


Abb. 15.4: Mohrscher Spannungskreis

Das Vorgehen ist wie folgt:

1. Zeichnen der Punkte $P(\sigma_{xx}, \tau_{xy})$ und $P'(\sigma_{yy}, -\tau_{xy})$.
2. Verbindung von $P$ und $P'$: Schnittpunkt mit $\sigma$-Achse ist Mittelpunkt $M$.
3. Zeichnen des Kreises um $M$ mit Radius $R = \overline{MP}$.

Aus dieser Darstellung können folgende Größen abgelesen werden:

- die um einen beliebigen Winkel $\varphi$ gedrehten Spannungskomponenten anhand der Punkte $Q(\sigma_{\bar{x}\bar{x}}, \tau_{\bar{x}\bar{y}})$ und $Q'(\sigma_{\bar{y}\bar{y}}, -\tau_{\bar{x}\bar{y}})$
- die Hauptspannungen $\sigma_1$ und $\sigma_2$ als Schnittpunkte des Kreises mit der $\sigma$-Achse
- der Hauptachsenwinkel $\varphi_1$ als (halber) Winkel zwischen dem Strahl $\overrightarrow{MP}$ und der $\sigma$-Achse
- die maximale Schubspannung $\tau_{\max} = R$ und der zugehörige Drehwinkel $\varphi^*$

**Beispiel 15.1:** In Abb. 15.5 ist das Vorgehen für einen Spannungszustand mit $\sigma_{xx} = 100$ MPa, $\sigma_{yy} = 20$ MPa und $\tau_{xy} = 30$ MPa dargestellt.

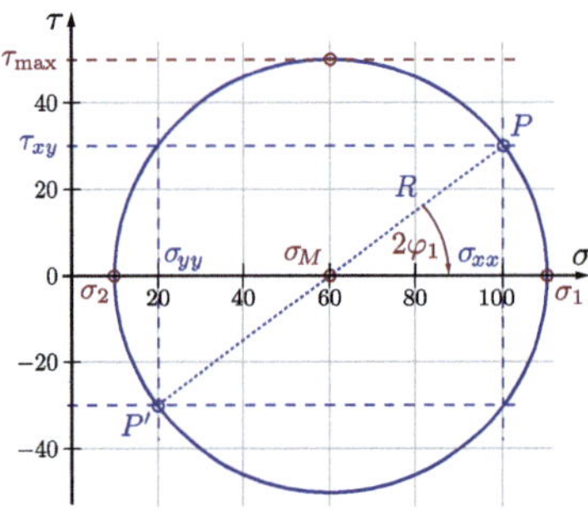


Abb. 15.5: Mohrscher Spannungskreis am Beispiel

Rechnerisch ergeben sich $\sigma_M = 60$ MPa und $\tau_{\max} = R = 50$ MPa. Daraus folgen Hauptspannungen von $\sigma_1 = 110$ MPa und $\sigma_2 = 10$ MPa sowie ein Hauptachsenwinkel $\varphi_1 = \arctan \frac{1}{3} \approx 18{,}4°$, die mit der grafischen Lösung in Abb. 15.5 übereinstimmen. Obgleich die Berechnung mit heutigen Mitteln meist schneller geht, stellt der Mohrsche Spannungskreis ein übersichtliches Mittel zur Überprüfung und Illustration grundlegender Zusammenhänge dar.

## Charakteristische Spannungszustände

Abb. 15.6 zeigt den Mohrschen Spannungskreis für einachsigen Zug $\sigma_{xx}$, d.h. $\sigma_{yy} = \tau_{xy} = 0$ bezüglich des an den Probenkanten ausgerichteten $x$-$y$-Koordinatensystems. In

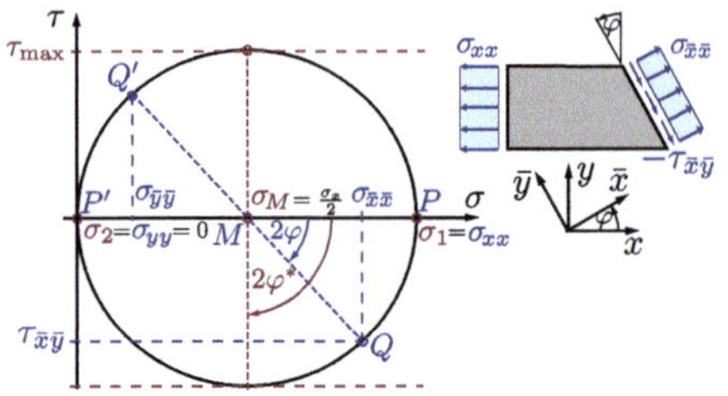


Abb. 15.6: Mohrscher Spannungskreis für einachsigen Zug

einem um den Winkel $\varphi$ gedrehten Schnitt treten aber dennoch Schubspannungen $\tau_{\bar{x}\bar{y}}$ auf, die beispielsweise bei der Auslegung einer schrägen Schweißnaht berücksichtigt werden müssen. Bei $\varphi^{**} = \pm 45°$ nehmen die Schubspannungen ihr betragsmäßiges Maximum $\tau_{\max} = \mp\sigma_{xx}/2$ an.

Für reinen Schub $\tau_{xy}$ bei $\sigma_{xx} = \sigma_{yy} = 0$ lässt sich am in Abb. 15.7 dargestellten Mohrschen Spannungskreis sofort erkennen, dass dieser Zustand in einem um 45° gedrehten System Hauptspannungen von $\sigma_{1,2} = \pm\tau_{xy}$ mit entgegengesetztem Vorzeichen entspricht. Reiner Schub ist also ein zweiachsiger Spannungszustand. Insbe-

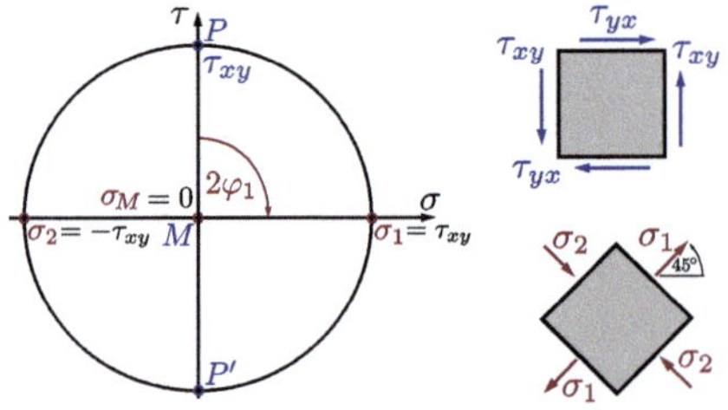


Abb. 15.7: Mohrscher Spannungskreis für reinen Schub

sondere ist die aus Schub resultierende Zughauptspannung $\sigma_1$ bei querkraft- oder torsionsbeanspruchten Bauteilen aus sprödbruchgefährdeten Materialien wie Beton zu berücksichtigen.

## 15.2 Verschiebungen und Verzerrungen

Bei Belastung deformiert sich ein Körper, wobei ein materieller Punkt $P$ des Körpers verschoben wird und im deformierten Zustand eine andere Position $P'$ einnimmt. Bezüglich eines $x$-$y$-Koordinatensystems kann der Verschiebungsvektor $\overrightarrow{PP'}$ in die Komponenten $u$ und $v$ zerlegt werden, wie in Abb. 15.8 dargestellt, wobei diese im Allgemeinen vom Ort $(x, y)$ des betrachteten Punktes $P$ abhängen. Die Verschiebung selbst ist aber kein geeignetes Maß für die Materialbeanspruchung, da sie auch durch eine reine Starrkörperverschiebung zustande gekommen sein könnte. Objektive Verzerrungsmaße erhält man, wenn man die Längen- und Winkeländerungen zu den infinitesimal um $\mathrm{d}x$ bzw. $\mathrm{d}y$ benachbarten Punkten $R$ und $Q$ untersucht. So ist die Dehnung in $x$-Richtung definiert als relative Längenänderung $\varepsilon_{xx} = \frac{\overline{P'Q'}-\overline{PQ}}{\overline{PQ}}$ der Strecke $\overline{PQ}$. Unter der Annahme kleiner Deformation ergibt sich mit $u(x+\mathrm{d}x, y) = u(x, y) + \frac{\partial u}{\partial x}\,\mathrm{d}x$ eine Dehnung $\varepsilon_{xx} = \partial u/\partial x$. Analog ergibt sich die Dehnung $\varepsilon_{yy}$ in $y$-Richtung. Zudem erfasst die Gleitung $\gamma_{xy} = \alpha + \beta$ die Abweichung von einem ursprünglich rechten Winkel. Zusammenfassend lauten die *Verschiebungs-Verzerrungs-Beziehungen*

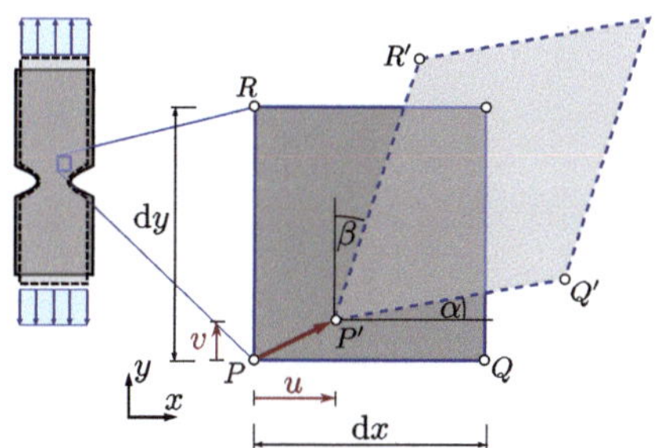


Abb. 15.8: Deformation eines infinitesimalen Elements

$$\varepsilon_{xx} = \frac{\partial u}{\partial x}, \quad \varepsilon_{yy} = \frac{\partial v}{\partial y}, \quad \gamma_{xy} = \frac{\partial v}{\partial x} + \frac{\partial u}{\partial y}\,.$$

Mit der Definition $\varepsilon_{xy} = \frac{1}{2}\gamma_{xy}$ lassen sich die Dehnungen und Schubverzerrungen im symmetrischen *Verzerrungstensor*

$$\underline{\underline{\varepsilon}} = \begin{pmatrix} \varepsilon_{xx} & \varepsilon_{xy} \\ \varepsilon_{xy} & \varepsilon_{yy} \end{pmatrix}$$

zusammenfassen, der den gleichen o. g. Transformationsregeln wie der Spannungstensor folgt, einschließlich der Hauptachsentransformation.

## 15.3 Elastizitätsgesetz

Bei linear-elastischem Materialverhalten sind Spannungen und Verzerrungen über ein Elastizitätsgesetz gekoppelt, welches das Hookesche Gesetz verallgemeinert. Im ebenen Spannungszustand sind die Normalspannungen $\sigma_{xx}$ und $\sigma_{yy}$ über den Elastizitätsmodul $E$ als Proportionalitätsfaktor mit den entsprechenden Dehnungen $\varepsilon_{xx}$ bzw. $\varepsilon_{yy}$ verknüpft, wobei zusätzlich noch eine gegenseitige Beeinflussung über die Querkontraktionszahl $\nu$ zu berücksichtigen ist:

$$\begin{aligned} \varepsilon_{xx} &= \frac{1}{E}\left(\sigma_{xx} - \nu\sigma_{yy}\right) \\ \varepsilon_{yy} &= \frac{1}{E}\left(\sigma_{yy} - \nu\sigma_{xx}\right). \end{aligned} \tag{15.1}$$

Diese beiden Gleichungen können auch nach den Spannungen aufgelöst werden:

$$\sigma_{xx} = \frac{E}{1-\nu^2}\left(\varepsilon_{xx} + \nu\varepsilon_{yy}\right)$$
$$\sigma_{yy} = \frac{E}{1-\nu^2}\left(\varepsilon_{yy} + \nu\varepsilon_{xx}\right)\,.$$

Wie bereits in Abschnitt 9.2 dargelegt, besteht im linear-elastischen Fall zudem folgender Zusammenhang zwischen Schubspannung und Gleitung:

$$\tau_{xy} = G\gamma_{xy}\,.$$

Bei isotropem, also richtungsunabhängigem Materialverhalten, gelten diese Beziehungen in jedem beliebig rotierten Koordinatensystem, weshalb zwischen den drei Elastizitätskonstanten $E$, $G$ und $\nu$ die Beziehung $G = E/[2(1+\nu)]$ besteht.

Die Querkontraktion des Materials tritt nicht nur in der Ebene auf, sondern auch senkrecht dazu, sodass auch im ebenen Spannungszustand eine Dehnung in Dickenrichtung auftritt: $\varepsilon_{zz} = -\nu\frac{\sigma_{xx}+\sigma_{yy}}{E}$.

Bei Temperaturänderung kommt zu den elastischen Dehnungskomponenten in den Gleichungen (15.1) jeweils noch der thermische Anteil $\alpha\Delta T$ hinzu, vgl. Abschnitt 10.2.

## 15.4 Ebener Verzerrungszustand

Falls sich, wie z. B. in dickwandigen Konstruktionen, die Dehnung in Dickenrichtung nicht ausbilden kann, siehe Abb. 15.9, liegt ein ebener Verzerrungszustand vor: $\varepsilon_{zz} = 0$. Dabei tritt eine zusätzliche Spannung $\sigma_{zz} = \nu\cdot(\sigma_{xx}+\sigma_{yy})$ auf, welche ihrerseits über die Querkontraktion auch Dehnungen $\varepsilon_{xx}$ und $\varepsilon_{yy}$ hervorruft. Die Elimination von $\sigma_{zz}$ führt auf die Beziehungen

$$\varepsilon_{xx} = \frac{1-\nu^2}{E}\left(\sigma_{xx} - \frac{\nu}{1-\nu}\sigma_{yy}\right)$$
$$\varepsilon_{yy} = \frac{1-\nu^2}{E}\left(\sigma_{yy} - \frac{\nu}{1-\nu}\sigma_{xx}\right)$$

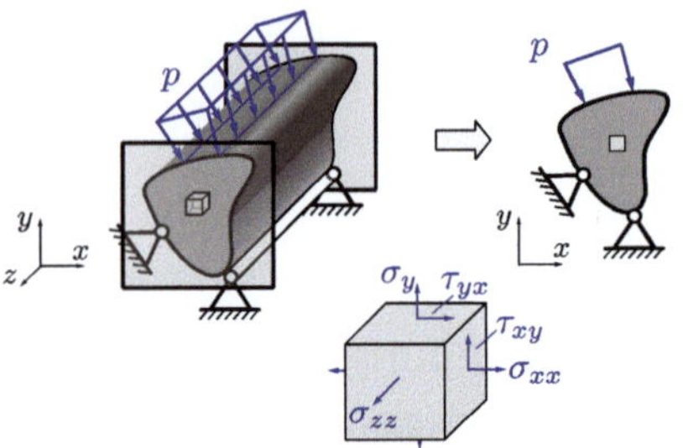


Abb. 15.9: Ebener Verzerrungszustand

zwischen Spannungen und Dehnungen in der Ebene. Diese haben die gleiche Struktur wie die für den ebenen Spannungszustand, wenn $E$ durch $E' = \frac{E}{1-\nu^2}$ sowie $\nu$ durch $\nu' = \frac{\nu}{1-\nu}$ ersetzt werden. Die Beziehung $\tau_{xy} = G\cdot\gamma_{xy}$ zwischen Schubspannung und Scherung gilt auch für den ebenen Verzerrungszustand. Aufgelöst nach den Spannungen ergibt sich:

$$\sigma_{xx} = \frac{E}{(1+\nu)(1-2\nu)}\left[(1-\nu)\varepsilon_{xx} + \nu\varepsilon_{yy}\right]$$
$$\sigma_{yy} = \frac{E}{(1+\nu)(1-2\nu)}\left[(1-\nu)\varepsilon_{yy} + \nu\varepsilon_{xx}\right]\,.$$

## 15.5 Räumlicher Spannungs- und Verzerrungszustand

Im räumlichen Fall treten zusätzlich zu den ebenen Spannungskomponenten $\sigma_{xx}$, $\sigma_{yy}$ und $\tau_{xy} = \tau_{yx}$ eine weitere Normalspannung $\sigma_{zz}$ sowie zwei Schubspannungskomponenten $\tau_{xz} = \tau_{zx}$ und $\tau_{yz} = \tau_{zy}$ auf, wie in Abb. 15.10 dargestellt. Der erste Index bezeichnet erneut die Normalenrichtung der Schnittebene und der zweite die Wirkrichtung. Aufgrund der genannten Gleichheit zugeordneter Schubspannungen ergibt sich der symmetrische Spannungstensor:

$$\underline{\underline{\sigma}} = \begin{pmatrix} \sigma_{xx} & \tau_{xy} & \tau_{xz} \\ \tau_{yx} & \sigma_{yy} & \tau_{yz} \\ \tau_{zx} & \tau_{zy} & \sigma_{zz} \end{pmatrix}.$$

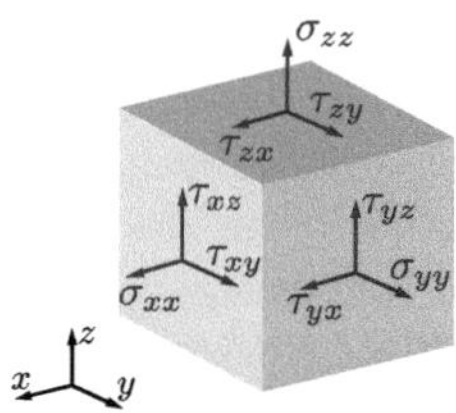


Abb. 15.10: Räumlicher Spannungszustand

Im räumlichen Fall ergeben sich drei Hauptspannungen $\sigma_1$, $\sigma_2$ und $\sigma_3$, die als Eigenwerte des Spannungstensors berechnet werden. Konventionsgemäß werden diese der Größe nach sortiert: $\sigma_1 \geq \sigma_2 \geq \sigma_3$.

Der Zusammenhang zwischen Spannungen und Verzerrungen im räumlichen Fall wird wiederum durch das Hookesche Gesetz beschrieben:

$$\varepsilon_{xx} = \frac{1}{E}\left[\sigma_{xx} - \nu\left(\sigma_{yy} + \sigma_{zz}\right)\right]$$

$$\varepsilon_{yy} = \frac{1}{E}\left[\sigma_{yy} - \nu\left(\sigma_{zz} + \sigma_{xx}\right)\right]$$

$$\varepsilon_{zz} = \frac{1}{E}\left[\sigma_{zz} - \nu\left(\sigma_{xx} + \sigma_{yy}\right)\right]$$

$$\gamma_{xy} = \frac{1}{G}\tau_{xy}\,, \quad \gamma_{yz} = \frac{1}{G}\tau_{yz}\,, \quad \gamma_{xz} = \frac{1}{G}\tau_{xz}\,.$$

# 16 Rotationssymmetrische Spannungszustände

Bauteile wie Druckbehälter, Kessel, Pipelines oder Hydraulikzylinder werden durch Innen- oder Außendruck belastet. Je nach Wandstärke unterscheidet man zwischen *dünnwandigen Behältern*, bei denen die Spannungen über die Wanddicke näherungsweise konstant sind (Membranspannungen) und keine Biegemomente auftreten, sowie *dickwandigen Behältern* mit ungleichmäßiger Spannungsverteilung. Auch rotationssymmetrisch belastete Scheiben treten in technischen Anwendungen auf.

## 16.1 Dünnwandige Behälter

Die Annahme konstanter Spannungen über der Wandstärke gilt in guter Näherung, wenn das Verhältnis von Innenradius zu Wandstärke $R_i/t \geq 10$ beträgt[9].

### Zylindrische Behälter

Bei Innendruck entstehen in einem zylindrischen Behälter *Umfangsspannungen* $\sigma_\varphi$ (auch Tangentialspannungen genannt), die durch die radiale Aufweitung entstehen. Bei geschlossenen Enden oder abgewinkelten Rohren treten zusätzlich *Axialspannungen* $\sigma_a$ (auch Längsspannungen genannt) auf, da der Innendruck auf die Endflächen in Längsrichtung wirkt. Abb. 16.1 zeigt die Spannungen an einem freigeschnittenen Druckzylinder. Beide Spannungen lassen sich aus Gleichgewichtsbetrachtungen ermitteln und lauten:

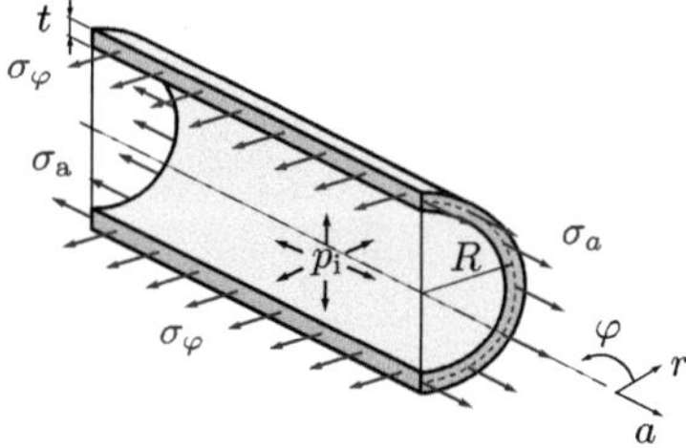


Abb. 16.1: Umfangs- und Axialspannungen

$$\sigma_\varphi = \frac{p_i \cdot R}{t} \quad \text{und} \quad \sigma_a = \frac{p_i \cdot R}{2t}. \qquad (16.1)$$

Dabei ist $R$ der mittlere Radius. Die Gleichungen (16.1) werden auch als *Kesselformeln* bezeichnet. Umfangs- und Axialspannungen sind gleichzeitig Hauptspannungen. Die Umfangsspannung ist doppelt so groß

[9] In DIN 2413 als Bedingung für die Berechnung als dünnwandige Behälter angegeben.

wie die Axialspannung, weshalb bei einem Versagen des Behälters Risse typischerweise in Längsrichtung, senkrecht zur größten Normalspannung, entstehen.

Unter Außendruck $p_\mathrm{a}$ werden die Spannungen analog berechnet und es entstehen Druckspannungen mit negativem Vorzeichen:

$$\sigma_\varphi = -\frac{p_\mathrm{a} \cdot R}{t} \quad \text{und} \quad \sigma_a = -\frac{p_\mathrm{a} \cdot R}{2t}.$$

### Kugelförmige Behälter

Bei kugelförmigen Behältern wirken aufgrund der Kugelsymmetrie Umfangsspannungen gleicher Größe in jeder Richtung

$$\sigma_\varphi = \frac{p_\mathrm{i} \cdot R}{2t},$$

wie Abb. 16.2 zeigt. Sie haben überall den

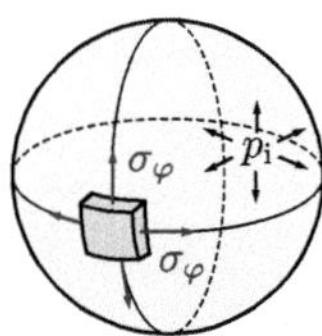


Abb. 16.2: Hohlkugel unter Innendruck

gleichen Wert. Im Vergleich zu zylindrischen Behältern ist die maximale Spannung in einem kugelförmigen Behälter nur halb so groß. Bei Außendruck gilt entsprechend:

$$\sigma_\varphi = -\frac{p_\mathrm{a} \cdot R}{2t}.$$

### Gültigkeitsbereich

Die berechneten Spannungen gelten nur für den mittleren ungestörten Bereich zylindrischer oder kugelförmiger Behälter. An Lagerungen oder Übergangsbereichen, z. B. von einem Zylinders auf einen halbkugelförmigen Deckel, treten erhöhte Spannungen auf. Dort versagt die Membrantheorie und die Biegesteifigkeit muss berücksichtigt werden. Diese Berechnung ist analytisch deutlich aufwändiger.

Außerdem wirkt an der Innenwand zusätzlich eine radiale Spannungskomponente, die im Gleichgewicht mit dem Innendruck steht: $\sigma_r(R_\mathrm{i}) = -p_\mathrm{i}$. Diese Spannung klingt zur druckfreien Außenwand hin auf null ab: $\sigma_r(R_\mathrm{a}) = 0$. Bei dünnwandigen Behältern ist die Radialspannung jedoch deutlich kleiner als die Umfangs- und Axialspannungen, weshalb sie in der Berechnung meist vernachlässigt wird. Dies führt zu einem näherungsweise ebenen Spannungszustand.

## 16.2 Scheiben und dickwandige Behälter

Für Behälter und Scheiben, welche die Bedingung der Dünnwandigkeit ($R_\mathrm{i}/t \geq 10$) nicht erfüllen, muss die über die Wandstärke veränderliche Spannungsverteilung berücksichtigt werden. Außerdem kann die Spannung $\sigma_r$ in radialer Richtung dann nicht mehr vernachlässigt werden. Die Spannungsverteilungen unter Innen- und Außendruck $p_\mathrm{i}$ bzw. $p_\mathrm{a}$ lauten in diesem Fall:

$$\sigma_r(r) = -\frac{p_\mathrm{i} \cdot R_\mathrm{i}^2}{R_\mathrm{a}^2 - R_\mathrm{i}^2}\left(\frac{R_\mathrm{a}^2}{r^2} - 1\right) - \frac{p_\mathrm{a} \cdot R_\mathrm{a}^2}{R_\mathrm{a}^2 - R_\mathrm{i}^2}\left(1 - \frac{R_\mathrm{i}^2}{r^2}\right)$$

$$\sigma_\varphi(r) = \frac{p_\mathrm{i} \cdot R_\mathrm{i}^2}{R_\mathrm{a}^2 - R_\mathrm{i}^2}\left(\frac{R_\mathrm{a}^2}{r^2} + 1\right) - \frac{p_\mathrm{a} \cdot R_\mathrm{a}^2}{R_\mathrm{a}^2 - R_\mathrm{i}^2}\left(1 + \frac{R_\mathrm{i}^2}{r^2}\right).$$

Erwartungsgemäß erfüllt die Radialspannung die Randbedingungen $\sigma_r(R_\mathrm{i}) = -p_\mathrm{i}$ und $\sigma_r(R_\mathrm{a}) = -p_\mathrm{a}$. Bei Behältern tritt zusätzlich die vom dünnwandigen Fall bekannte konstante, axiale Spannung

$$\sigma_a = \frac{p_\mathrm{i} \cdot R_\mathrm{i}^2 - p_\mathrm{a} \cdot R_\mathrm{a}^2}{R_\mathrm{a}^2 - R_\mathrm{i}^2}$$

auf, während bei Scheiben und dickwandigen Rohren ohne Endkappen $\sigma_a = 0$ gilt. In beiden Fällen berechnet sich die ortsveränderliche, radiale Aufweitung zu

$$u_r(r) = \frac{(1-\nu)\,(p_\mathrm{i} R_\mathrm{i}^2 - p_\mathrm{a} R_\mathrm{a}^2)}{E\,(R_\mathrm{a}^2 - R_\mathrm{i}^2)} r + \frac{(1+\nu)\,R_\mathrm{a}^2 R_\mathrm{i}^2\,(p_\mathrm{i} - p_\mathrm{a})}{E\,(R_\mathrm{a}^2 - R_\mathrm{i}^2)} \frac{1}{r} - \nu \frac{\sigma_\mathrm{a}}{E} r\,.$$

**Beispiel 16.1:** Ein Zahnrad soll per Presspassung auf einer als starr anzunehmenden Vollwelle befestigt werden. Dazu wird die Welle mit einem Übermaß $\Delta r$ des Radius ausgeführt, wie in Abb. 16.3 dargestellt. Gesucht ist der

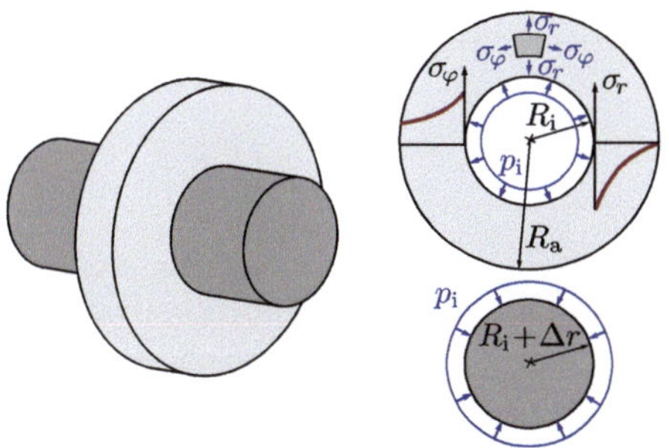


Abb. 16.3: Welle-Nabe-Verbindung als Presspassung

durch diese Verbindung erzeugte Spannungszustand im Zahnrad, welches als rotationssymmetrische Scheibe mit Innen- und Außenradius $R_\mathrm{i}$ bzw. $R_\mathrm{a}$ modelliert wird. Zur Berechnung werden die obigen Formeln mit $p_\mathrm{a} = 0$ und $\sigma_a = 0$ verwendet. Die Pressung $p_\mathrm{i}$ zwischen Welle und Zahnrad ergibt sich aus der Übermaßbedingung $u_r(r = R_\mathrm{i}) = \Delta r$ zu

$$p_\mathrm{i} = E \frac{\Delta r}{R_\mathrm{i}} \frac{R_\mathrm{a}^2 - R_\mathrm{i}^2}{(1+\nu)R_\mathrm{a}^2 + (1-\nu)R_\mathrm{i}^2}\,.$$

Mit der bekannten Pressung $p_\mathrm{i}$ und den obigen Formeln können die Verteilungen der Spannungskomponenten $\sigma_r$ und $\sigma_\varphi$ berechnet werden. Deren graphische Darstellung für $R_\mathrm{a} = 2R_\mathrm{i}$ in Abb. 16.3 zeigt, dass beide an der Innenseite $r = R_\mathrm{i}$ maximal werden und dieser Bereich für die Festigkeitsbewertung damit maßgebend ist. Die Bewertung dieses mehrachsigen Spannungszustands mit den Komponenten $\sigma_r$ und $\sigma_\varphi$ muss mit einer geeigneten Festigkeitshypothese erfolgen.

# 17 Festigkeitshypothesen

## 17.1 Festigkeitsbedingung

Ein Probenstab versagt unter statischer Beanspruchung, wenn die Spannung einen bestimmten Wert erreicht. Bei *duktilen Werkstoffen* wird das Versagen üblicherweise durch plastisches Fließen, bei *spröden Werkstoffen* durch den Bruch des Materials definiert. Die bei Versagen auftretenden Spannungen sind die *Festigkeitskennwerte* eines Materials und werden i. d. R. im einachsigen Zug- oder Druckversuch ermittelt. Technische Bauteile sind jedoch meist mehrachsig beansprucht, z. B. Getriebewellen durch Biegung und Torsion oder die im vorangegangenen Kapitel betrachteten Druckbehälter durch Umfangs-, Längs- und Radialspannungen.

Festigkeitshypothesen ermöglichen die Überführung eines mehrachsigen Spannungszustands in eine schadensäquivalente einachsige Vergleichsspannung $\sigma_\mathrm{V}$, die mit der Festigkeit aus dem einachsigen Versuch verglichen wird. Abb. 17.1 verdeutlicht die Überführung in einen einachsigen Spannungszustand. Die Festigkeitsbedingung lautet:

$$\sigma_\mathrm{V} \leq \sigma_\mathrm{zul}\,.$$

Aufgrund der Streuung der experimentell ermittelten Festigkeitskennwerte ist die zulässige Spannung durch einen entsprechenden Sicherheitsfaktor $S > 1$ herabgesetzt, d. h. $\sigma_\mathrm{zul} = \sigma_\mathrm{krit}/S$.

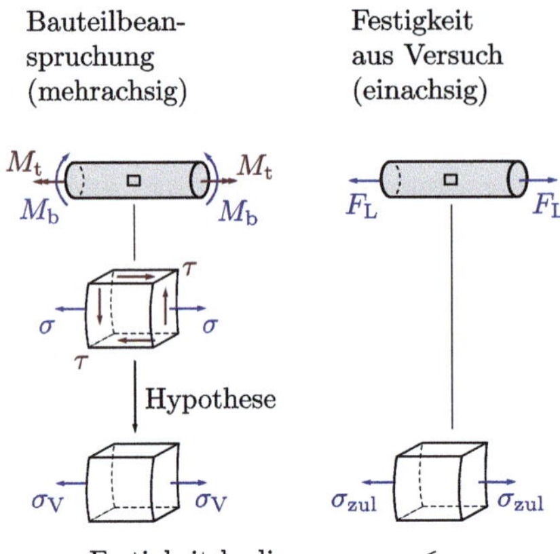


Abb. 17.1: Festigkeitsnachweis bei mehrachsiger Beanspruchung

Die Bezeichnung als Hypothese weist darauf hin, dass es sich nicht um eine exakte Methode, sondern um eine Annahme handelt, deren Gültigkeit für einen Werkstoff experimentell überprüft werden muss. Die nachfolgend vorgestellten Festigkeitshypothesen gelten für isotrope Materialien und unter statischer Beanspruchung. Unter dieser Annahme können sie in den *Hauptspannungen* formuliert werden, wobei im folgenden davon ausgegangen wird, dass diese der Größe nach sortiert sind, $\sigma_1$ also die größte und $\sigma_3$ die kleinste Hauptspannung ist.

## 17.2 Sprödes Materialverhalten

Werkstoffe wie Grauguss, gehärteter Stahl, Beton, Keramiken oder Gestein zeigen bis zum Versagen sprödes Verhalten, ohne nennenswerte plastische Verformungen. Materialbruch tritt ein, wenn die maximale Zug-Normalspannung die Bruchfestigkeit des Werkstoffs erreicht, die bei spröden Werkstoffen der Zugfestigkeit $R_m$ entspricht.

### Normalspannungshypothese

Die Normalspannungshypothese (NH) nach Rankine verwendet daher die maximale Hauptspannung $\sigma_1$ als Vergleichsspannung. Die Festigkeitsbedingung ist das Bruchkriterium für Zugbeanspruchung und lautet:

$$\sigma_{V,NH} \leq \sigma_{zul} \quad \text{mit} \quad \sigma_{V,NH} = \sigma_1, \quad \sigma_1 > 0\,.$$

Die zulässige Spannung entspricht der Bruchspannung unter Berücksichtigung eines Sicherheitsfaktors $S$ gegen Sprödbruch, z. B. $\sigma_{zul} = R_m/S$.

Für Balkentragwerke, in denen durch Längskraft, Querkraft sowie Biege- und Torsionsmomente Normal- und Schubspannungen auftreten, ergibt sich die Vergleichsspannung zu:

$$\sigma_{V,NH} = \frac{\sigma}{2} + \sqrt{\left(\frac{\sigma}{2}\right)^2 + \tau^2}\,.$$

Für allgemeine mehrachsige Spannungszustände wird die maximale Hauptspannung entsprechend Abschnitt 15 berechnet.

Unter reiner Druckbeanspruchung, bei der alle Hauptspannungen negativ sind, ändert sich der Versagensmechanismus: Es kommt nicht zu einem Trennbruch, sondern zum Abscheren, sobald die maximale Schubspannung die Bruchschubspannung $\tau_B$ erreicht. Für diesen Fall kann z. B. die Versagenshypothese nach Mohr-Coulomb angewendet werden.

## 17.3 Duktiles Materialverhalten

Bauteile aus duktilem Material werden häufig so dimensioniert, dass plastisches Fließen ausgeschlossen ist. Das Festigkeitskriterium ist dann ein Fließkriterium. In Metallen entsteht plastisches Fließen durch Gleiten entlang kristalliner Ebenen in Richtung der darauf wirkenden Schubspannungen. Dieser Mechanismus läuft auch im Falle einfacher Beanspruchungszustände räumlich ab und muss daher durch die drei Hauptspannungen $\sigma_1$, $\sigma_2$ und $\sigma_3$ eines räumlichen Spannungszustandes bewertet werden.

### Schubspannungshypothese

Die Schubspannungshypothese (SH) nach TRESCA verwendet die maximale Schubspannung, die sich aus der Differenz zwischen der größten und der kleinsten Hauptspannung ergibt:

$$\sigma_{\mathrm{V,SH}} = 2\tau_{\max} = \sigma_1 - \sigma_3 \,.$$

Hinsichtlich des in Abschnitt 15.1 vorgestellten Ebenen Spannungszustandes und der zugehörigen Formeln für die Hauptspannungen ist diesbezüglich zu bemerken, dass eine dritte Hauptspannung normal zur Ebene identisch null ist und entsprechend der genannten Konvention in den drei Hauptspannungen „einsortiert“ werden muss. Für Balkentragwerke gilt:

$$\sigma_{\mathrm{V,SH}} = \sqrt{\sigma^2 + 4\tau^2} \,.$$

### Gestaltänderungsenergiehypothese

Der theoretische Hintergrund der Gestaltänderungsenergiehypothese (GEH) nach HUBER, VON MISES und HENCKY beruht auf der Betrachtung der im Material bei äußerer Belastung gespeicherten Formänderungsenergie. Diese setzt sich aus zwei Anteilen zusammen: der *Volumenänderungsenergie* und der *Gestaltänderungsenergie*, die mit einer reinen Formänderung ohne Volumenänderung in Verbindung steht. Die GEH besagt, dass plastisches Fließen eintritt, wenn die Gestaltänderungsenergie im Material bei mehrachsiger Beanspruchung denselben Wert hat wie in einem einachsigen Zugversuch, bei dem die Spannung die Streckgrenze (Fließspannung) $\sigma_{\mathrm{F}}$ erreicht. Daraus leitet sich die äquivalente einachsige Vergleichsspannung ab:

$$\sigma_{\mathrm{V,GEH}} = \sqrt{\frac{1}{2}\left[(\sigma_1-\sigma_2)^2 + (\sigma_2-\sigma_3)^2 + (\sigma_3-\sigma_1)^2\right]}.$$

Für Balkentragwerke vereinfacht sich diese Beziehung zu:

$$\sigma_{\mathrm{V,GEH}} = \sqrt{\sigma^2 + 3\tau^2} \,.$$

### Vergleich von SH und GEH

Die gebräuchlichsten Festigkeitshypothesen für duktiles Werkstoffverhalten lauten somit

$$\sigma_{\mathrm{V,GEH}} \leq \sigma_{\mathrm{zul}} \quad \text{bzw.} \quad \sigma_{\mathrm{V,SH}} \leq \sigma_{\mathrm{zul}} \,,$$

wobei $\sigma_{\mathrm{zul}}$ der Fließspannung $\sigma_{\mathrm{F}}$ unter Einhaltung eines Sicherheitsfaktors entspricht.

Für metallische Werkstoffe wird heute fast ausschließlich die GEH verwendet, da sie besser mit Experimenten übereinstimmt. Die SH dient aber als Grundlage für erweiterte Hypothesen, z. B. für Beton oder für spröde Werkstoffe unter reiner Druckbeanspruchung (Mohr-Coulomb-Kriterium). Abb. 17.2 zeigt die Grenzkurven für SH und GEH, innerhalb derer ein Spannungszustand rein elastische Verformungen hervorruft, im ebenen Spannungszustand. Beide Hypothesen stimmen im einachsigen Fall und bei identischen Hauptspannungen überein. Die größte Abweichung (ca. 15 %) tritt bei den Hauptspannungsverhältnissen $\sigma_2/\sigma_1 = 0{,}5$ (z. B. dünnwandige, zylindrische Druckbehälter) und $\sigma_2/\sigma_1 = -1$ (reine Schubbeanspruchung) auf. Die SH ist konservativer, da sie plastisches Fließen bei niedrigeren Spannungen vorhersagt.

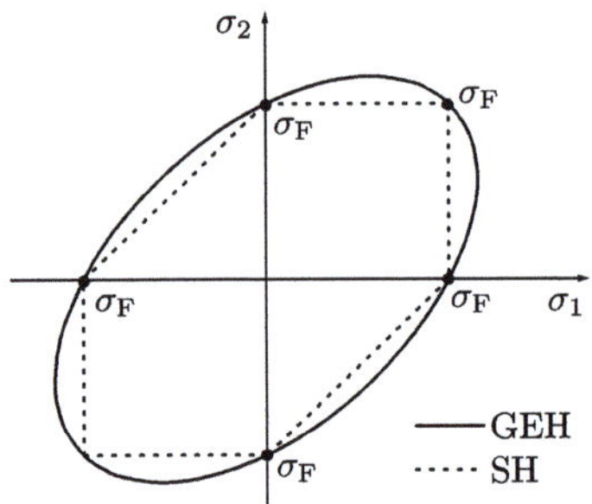


Abb. 17.2: Vergleich von SH und GEH im ebenen Spannungszustand

# 18 Stabilität

Bauteile können neben dem Überschreiten zulässiger Spannungen auch durch Stabilitätsverlust versagen. Wird eine *kritische Last* überschritten, wird die Gleichgewichtslage instabil und das Bauteil nimmt unter großen Verformungen eine neue stabile Gleichgewichtslage ein. Bei Stäben spricht man von *Knicken*, bei Flächentragwerken von *Beulen*. Diese Instabilitäten sind besonders gefährlich, da das Versagen plötzlich und ohne größere vorherige Verformungen auftritt. Daher ist der Stabilitätsnachweis in vielen technischen Bereichen durch Normen und Vorschriften verbindlich geregelt.

## 18.1 Stabilität von Gleichgewichtslagen

Ein System befindet sich im Gleichgewicht, wenn die Gleichgewichtsbedingungen erfüllt sind. Es ist dann im Zustand der Ruhe bzw. der gleichförmigen Bewegung. Die *Stabilität* eines Gleichgewichtszustands gibt an, ob das System nach einer kleinen Störung in die Ausgangslage zurückkehrt (*stabil*) oder eine andere Gleichgewichtslage einnimmt (*instabil*). Die Stabilität hängt von der Änderung der potentiellen Gesamtenergie, des *Potentials* $U$, eines Systems ab, wie in Abb. 18.1 beispielhaft anhand von Kugeln in verschiedenen Gleichgewichtslagen gezeigt ist. Bei *konservativen*[10] Systemen hat das Potential in Gleichgewichtslagen einen Extremwert. Bei stabilen Gleichgewichtslagen nimmt das Potential infolge einer Störung zu ($\Delta U > 0$) und bei instabilen Gleichgewichtslagen nimmt es ab ($\Delta U < 0$). Somit lautet das Kriterium für eine stabile Gleichgewichtslage, dass die potentielle Energie ein Minimum hat:

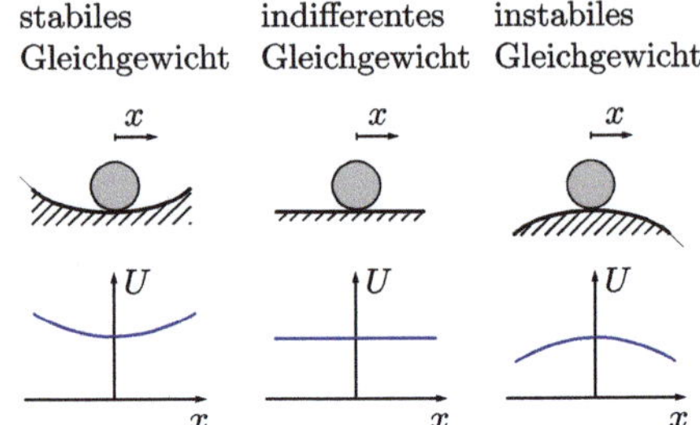


Abb. 18.1: Stabilität von Gleichgewichtslagen

$$\frac{\mathrm{d}U}{\mathrm{d}x} = 0 \quad \text{und} \quad \frac{\mathrm{d}^2U}{\mathrm{d}x^2} > 0\,.$$

Wir verdeutlichen uns diesen Zusammenhang anhand eines Beispiels. Abb. 18.2 zeigt einen drehbar gelagerten Stab, der durch eine Torsionsfeder mit der Konstante $c_\mathrm{T}$ aufrecht gehalten wird. Lineare Torsionsfedern erzeugen bei Verdrehung ein winkelabhängiges Rückstellmoment: $M_\mathrm{T} = c_\mathrm{T} \cdot \varphi$. Für kleine Kräfte ist die vertikale Gleichgewichtslage stabil und die Feder ist lastfrei. Bei kleinen Auslenkungen bewirkt die Feder eine Rückkehr in die Ausgangsposition. Wir untersuchen nun, ab welcher

[10]siehe hierzu Abschnitt 22.2

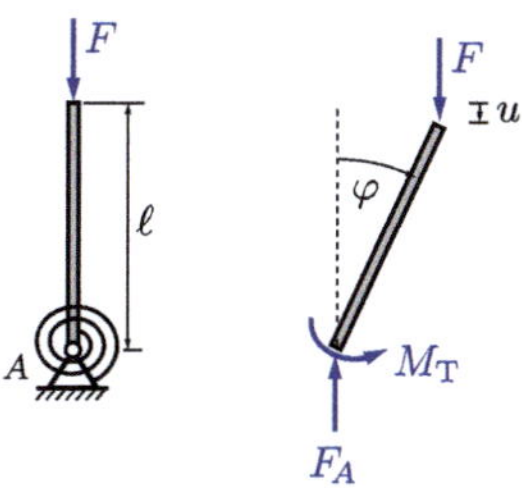


Abb. 18.2: Drehbar gelagerter Stab

kritischen Kraft $F = F_k$ das Rückstellmoment der Feder dafür nicht mehr ausreicht und der Stab nach einer Störung in eine neue Gleichgewichtslage übergeht. Mit der Momentenbilanz am *verformten System*[11] erhalten wir die Bedingung für eine Gleichgewichtslage mit $\varphi \neq 0$:

$$\overset{\frown}{A}: \quad 0 = M_T - F \cdot \ell \sin\varphi$$
$$= c_T \cdot \varphi - F \cdot \ell \sin\varphi \,. \qquad (18.1)$$

Neben der Lösung $\varphi = 0$, die unabhängig von $F$ existiert, folgen weitere Gleichgewichtslagen mit $\varphi \neq 0$ aus der Bedingung

$$\frac{F\ell}{c_T} = \frac{\varphi}{\sin\varphi} \,.$$

In Abb. 18.3 sind sämtliche Gleichgewichtslagen abhängig von $F$ gezeigt. Der Verzweigungspunkt, ab dem erstmals auch Gleichgewichtslagen mit $\varphi \neq 0$ existieren, wird durch die kritische Kraft bestimmt

$$\frac{F_k \ell}{c_T} = 1 \quad \text{bzw.} \quad F_k = \frac{c_T}{\ell} \,. \qquad (18.2)$$

Auf dasselbe Ergebnis gelangt man auch durch die Linearisierung[12] der Momentenbilanz (18.1) für kleine Winkel ($\sin\varphi \approx \varphi$):

$$0 = c_T \cdot \varphi - F \cdot \ell\varphi = (F\ell - c_T)\,\varphi \,.$$

[11] Das wird als *geometrisch nichtlinear* bezeichnet und entspricht nicht mehr der linearen Theorie 1. Ordnung, bei der die Gleichgewichtsbilanzen am unverformten System formuliert werden.

[12] als Theorie 2. Ordnung bezeichnet

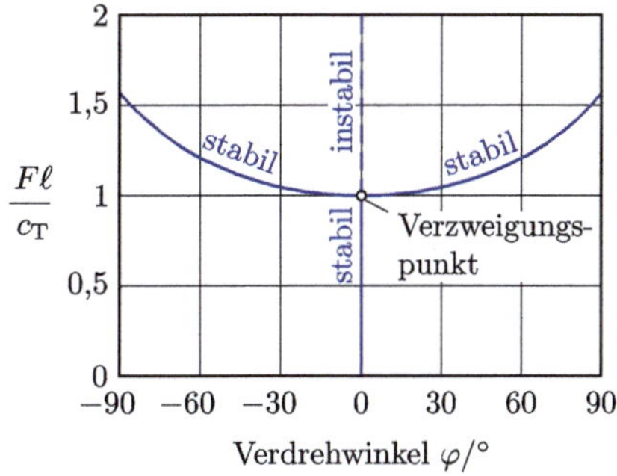


Abb. 18.3: Gleichgewichtslagen am Beispiel Drehstab

Die triviale Lösung $\varphi = 0$ gilt immer, während aus $(F\ell - c_T) = 0$ die kritische Kraft wie in Gleichung (18.2) folgt, ab der zusätzliche Gleichgewichtslagen existieren.

Zur Untersuchung der Stabilität der Gleichgewichtslagen betrachten wir die Potentialfunktion $U(\varphi)$. Diese setzt sich aus dem Anteil der in der Feder gespeicherten potentiellen Energie und dem Potential der äußeren Kraft $F$ zusammen:

$$U = \int_0^{\varphi} M_T(\bar{\varphi})\,\mathrm{d}\bar{\varphi} - F \cdot u$$
$$= \frac{1}{2} c_T \varphi^2 - F\ell(1 - \cos\varphi) \,.$$

Das Potential der äußeren Kraft nimmt mit zunehmender Auslenkung ab. Die bereits ermittelten Gleichgewichtslagen folgen analog aus der Extremwertbedingung der Potentialfunktion: $U' = 0$. Die Stabilität der Gleichgewichtslagen kann mit der zweiten Ableitung überprüft werden. Ein Minimum der Potentialfunktion entspricht einer stabilen, ein Maximum einer instabilen Gleichgewichtslage, wie in Abb. 18.3 dargestellt.

## 18.2 Knicken von Stäben

Elastische Stäbe unter Druckbelastung können bei Überschreiten einer kritischen Last instabil werden und seitlich ausbiegen. Dieses Verhalten wird als *Knicken* bezeichnet.

Wir wollen uns die Thematik anhand des Beispiels in Abb. 18.4 erschließen. Hierfür

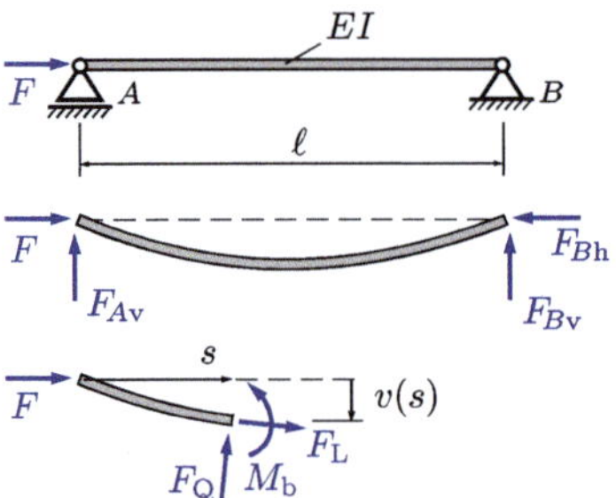


Abb. 18.4: Knickstab, Gleichgewicht am verformten System

bilden wir wieder die Gleichgewichtsbilanzen am *verformten System*. Die Lagerreaktionen sind $F_{B\mathrm{h}} = F$, $F_{A\mathrm{v}} = 0$ und $F_{B\mathrm{v}} = 0$. Die Momentenbilanz um den Schnittpunkt liefert für das freigeschnittene Teilsystem

$$\overset{\curvearrowleft}{\times}: \quad 0 = M_\mathrm{b} - F \cdot v(s) \,.$$

Das Biegemoment hängt über die Differentialgleichung 2. Ordnung mit der Durchbiegung zusammen: $EIv''(s) = -M_\mathrm{b}(s)$, siehe Abschnitt 11.5. Setzen wir diesen Zusammenhang in die Momentenbilanz ein, so erhalten wir die Differentialgleichung für das Knickproblem:

$$v''(s) + \frac{F}{EI} v(s) = 0 \,.$$

Diese Gleichung entspricht, zusammen mit den Randbedingungen, einem *Eigenwertproblem* mit der Knickkraft

$$F_\mathrm{K} = \frac{\pi^2 EI}{\ell^2}$$

als *Eigenwert*. Diese Druckkraft führt zu einer Verzweigung der Lösung. Ab diesem Wert wird die unausgelenkte Gleichgewichtslage instabil und es entstehen stabile Gleichgewichtslagen mit Auslenkung.

### Eulersche Knickfälle

Für andere Lagerungen kann die Lösung analog ermittelt werden. In Abb. 18.5 sind die vier praktisch relevanten von Euler untersuchten Probleme (Euler-Fälle) gezeigt. Die Knickkraft lässt sich für alle Fälle

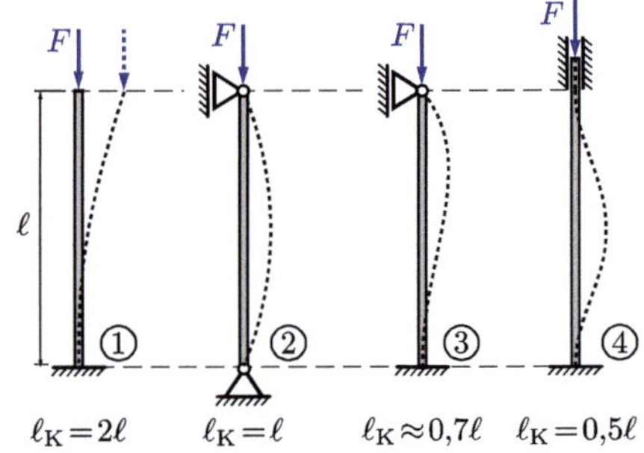


Abb. 18.5: Knicklängen $l_\mathrm{K}$ der vier Euler-Fälle

einheitlich mit der in der Abbildung angegebenen Knicklänge $l_\mathrm{K}$ angeben:

$$F_\mathrm{K} = \frac{\pi^2 EI_\mathrm{min}}{\ell_\mathrm{K}^2} \,.$$

Hierbei wird das minimale Flächenträgheitsmoment $I_\mathrm{min}$ verwendet, da Knicken zuerst in Richtung der geringsten Biegesteifigkeit erfolgt, sofern diese Richtung nicht konstruktiv ausgeschlossen ist. Wir fassen die wichtigsten Erkenntnisse für elastisches Knicken zusammen:

- Die Knickkraft sinkt quadratisch mit zunehmender Länge.
- Die Knickkraft hängt von der Biegesteifigkeit $EI_\mathrm{min}$, aber nicht von der Festigkeit des Werkstoffs, ab.

- Die Lagerung beeinflusst die Knickkraft stark. Bei der steifsten Lagerung (Fall 4) ist sie 16-mal größer als bei der nachgiebigsten (Fall 1).

Die Knicksicherheit eines Stabes wird durch das Verhältnis von Knickkraft zur tatsächlich wirkenden Druckkraft angegeben:

$$S_\mathrm{K} = \frac{F_\mathrm{K}}{F_\mathrm{vorh}}.$$

Wegen möglicher Imperfektionen, wie Krümmungen der Stabachse oder außermittiger Lasteinleitung, sind Sicherheitsbeiwerte von $S_\mathrm{K} \geq 2,5$ üblich. Praktisch treten derartige Imperfektionen immer in gewissem Maße auf.

### Grenze für elastisches Knicken

Die Formeln für elastisches Knicken gelten für den linear-elastischen Bereich des Materialverhaltens, d. h., dass die zur Knickkraft gehörige Spannung (*Knickspannung*) die Proportionalitätsgrenze des Werkstoffs im Druckbereich $\sigma_\mathrm{dp}$ nicht überschreiten darf:

$$\sigma_\mathrm{K} = \frac{F_\mathrm{K}}{A} = \frac{\pi^2 E I_\mathrm{min}}{\ell_\mathrm{K}^2 \cdot A} \leq \sigma_\mathrm{dp}\,.$$

Diese Bedingung kann äquivalent mit dem *Schlankheitsgrad*

$$\lambda = \ell_\mathrm{K}\sqrt{\frac{A}{I_\mathrm{min}}}$$

überprüft werden. Für elastisches Knicken muss dieser kleiner oder gleich dem materialabhängigen *Grenzschlankheitsgrad* sein:

$$\lambda \leq \lambda_\mathrm{p} \quad \text{mit} \quad \lambda_\mathrm{p} = \pi\sqrt{\frac{E}{\sigma_\mathrm{dp}}}.$$

Abb. 18.6 zeigt die Knickspannung in Abhängigkeit vom Schlankheitsgrad. Für

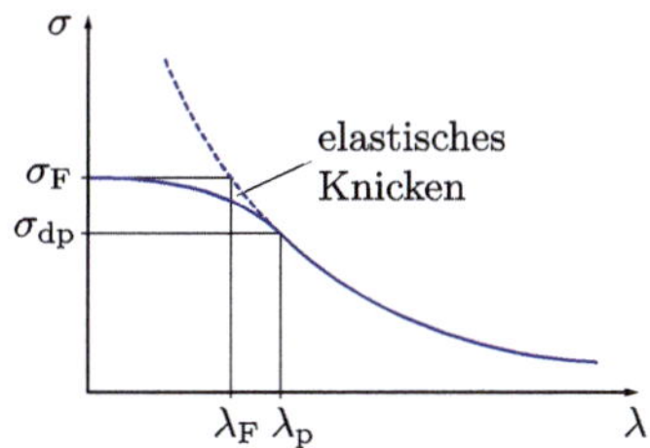


Abb. 18.6: Knickspannungsdiagramm mit Grenze des elastischen Knickens

Spannungen unterhalb der Proportionalitätsgrenze $\sigma_\mathrm{dp}$ folgt die Knickspannung der EULER-Hyperbel $\sigma_\mathrm{K} = E\pi^2/\lambda^2$. Bei kleinen Schlankheitsgraden tritt plastisches Fließen vor Knicken auf, weshalb die Knickspannung durch die Fließspannung $\sigma_\mathrm{F}$ begrenzt wird. Im Übergangsbereich zwischen $\sigma_\mathrm{dp}$ und $\sigma_\mathrm{F}$ werden empirische Ansätze genutzt, die in entsprechenden Regelwerken angegeben sind.

# Teil III Kinematik und Kinetik

## Einleitung

Nachdem wir uns bisher mit ruhenden Körpern im statischen Gleichgewicht beschäftigt haben, betrachten wir im letzten Teil Bewegungen von Körpern und Körpersystemen.

Die *Kinematik* beschreibt deren zeitabhängige Bewegung anhand der Bewegungsgrößen *Weg*, *Geschwindigkeit* und *Beschleunigung*, ohne die Ursachen der Bewegung zu untersuchen. Eine wesentliche kinematische Kenngröße ist weiterhin der *Freiheitsgrad* $f$, der die Anzahl der unabhängigen Bewegungsmöglichkeiten des Systems angibt.

In der *Kinetik* wird der Zusammenhang zwischen den bewegungsverursachenden Kräften und Momenten und den kinematischen Bewegungsgrößen untersucht.

# 19 Kinematik der Translation

Bewegt sich ein Körper rein translatorisch, genügt es, die Bewegung eines einzelnen Körperpunktes zu beschreiben. Im Raum besitzt er dann den Freiheitsgrad $f = 3$, in der Ebene ist $f = 2$ und bei geradliniger Bewegung ist $f = 1$. Damit sind die möglichen Bewegungen eindeutig festgelegt.

## 19.1 Geradlinige Bewegung

Bei der geradlinigen Bewegung entlang einer Koordinatenachse kann die Bewegung mit den zeitabhängigen kinematischen Größen Weg $s(t)$, Geschwindigkeit $v(t)$ und Beschleunigung $a(t)$ als skalare Größen beschrieben werden. Die mittlere Geschwindigkeit entspricht der Änderung des Weges über ein Zeitintervall: $\bar{v} = \Delta s/\Delta t$. Im Grenzübergang $\Delta t \to 0$ erhalten wir die Momentangeschwindigkeit zu jedem Zeitpunkt $t$:

$$v(t) = \frac{\mathrm{d}s}{\mathrm{d}t} = \dot{s}(t)\,.$$

Analog folgt aus der mittleren Beschleunigung $\bar{a} = \Delta v/\Delta t$ im Grenzübergang die Momentanbeschleunigung:

$$a(t) = \frac{\mathrm{d}v}{\mathrm{d}t} = \dot{v}(t) = \ddot{s}(t)\,.$$

Mit diesen Beziehungen können wir aus einer gegebenen kinematischen Größe die anderen Größen durch Differentiation oder Integration bestimmen, wenn diese nur abhängig von der Zeit sind:

1. $s(t)$ gegeben

   $$v(t) = \dot{s}(t) \quad \text{und} \quad a(t) = \ddot{s}(t)$$

2. $v(t)$ gegeben

   $$s(t) = \int v(t)\,\mathrm{d}t + C \quad \text{und} \quad a(t) = \dot{v}(t)$$

3. $a(t)$ gegeben

   $$v(t) = \int a(t)\,\mathrm{d}t + D_1 \quad \text{und}$$
   $$s(t) = \iint a(t)\,\mathrm{d}t\,\mathrm{d}t + D_1 t + D_2$$

Die Integrationskonstanten $C$, $D_1$ und $D_2$ werden mithilfe der Anfangsbedingungen


S. Götz et al., *Technische Mechanik im Überblick*,
https://doi.org/10.1007/978-3-658-49254-0_3

für Weg und Geschwindigkeit, also $s(t_0) = s_0$ und $v(t_0) = v_0$, bestimmt.

Sind die kinematischen Größen noch vom Weg oder der Geschwindigkeit abhängig, wird die Lösung einer Differentialgleichung erforderlich.

## 19.2 Allgemeine Bewegung in kartesischen Koordinaten

Die allgemeine Bewegung eines Punktes entlang einer räumlichen oder ebenen Bahnkurve wird durch den Ortsvektor

$$\vec{r}(t) = x(t)\,\vec{e}_x + y(t)\,\vec{e}_y + z(t)\,\vec{e}_z$$

beschrieben, siehe Abb. 19.1. Dabei sind $x(t)$, $y(t)$ und $z(t)$ die Koordinaten bezüglich der Basis $(\vec{e}_x, \vec{e}_y, \vec{e}_z)$. Der Geschwindigkeitsvektor folgt aus der zeitlichen Ableitung des Ortsvektors:

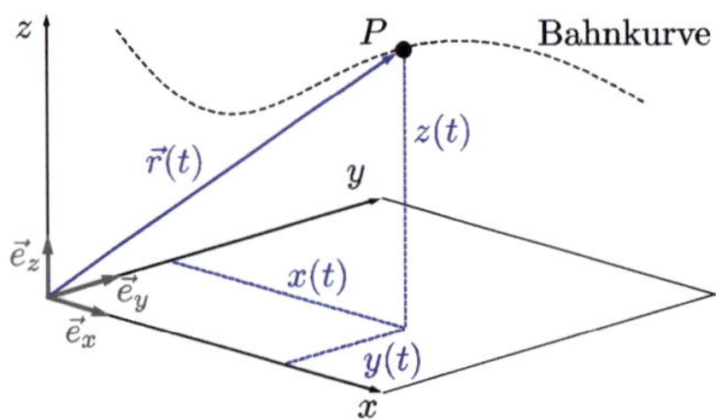


Abb. 19.1: Ortsvektor und Bahnkurve

$$\vec{v}(t) = \dot{\vec{r}}(t) = \dot{x}\,\vec{e}_x + \dot{y}\,\vec{e}_y + \dot{z}\,\vec{e}_z$$

und ist stets tangential zur Bahnkurve ausgerichtet. Der Beschleunigungsvektor entspricht wieder der zweiten zeitlichen Ableitung des Ortsvektors:

$$\vec{a}(t) = \dot{\vec{v}}(t) = \ddot{\vec{r}}(t) = \ddot{x}\,\vec{e}_x + \ddot{y}\,\vec{e}_y + \ddot{z}\,\vec{e}_z$$

und ist im Allgemeinen nicht tangential zur Bahnkurve.

## 19.3 Ebene Darstellung in Polarkoordinaten

In vielen technischen Anwendungen müssen rotatorische Bewegungen beschrieben werden. In solchen Fällen ist es sinnvoll, Polarkoordinaten zu verwenden. Abb. 19.2 zeigt für den ebenen Fall die Beschreibung mit kartesischen Koordinaten und Polarkoordinaten. Der Zusammenhang zwischen beiden Beschreibungen ist durch

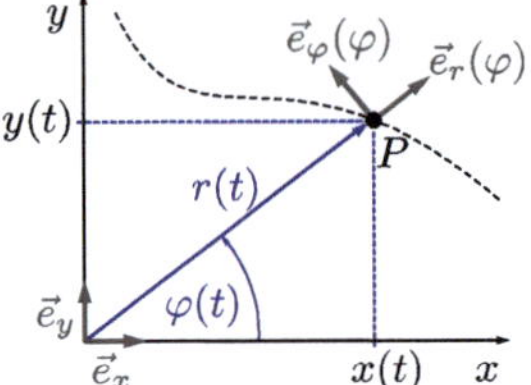


Abb. 19.2: Polarkoordinaten

$$x = r\cos\varphi \quad \text{und} \quad y = r\sin\varphi$$

gegeben. Die orthogonalen Basisvektoren $\vec{e}_r$ und $\vec{e}_\varphi$ hängen im Gegensatz zur kartesischen Koordinatenbasis von $\varphi$ ab und ändern sich daher mit dem Ort und der Zeit. Der Ortsvektor lässt sich schreiben als:

$$\vec{r}(t) = r(t)\,\vec{e}_r(\varphi) \quad \text{mit} \quad \varphi = \varphi(t)\,.$$

Aufgrund dieser Abhängigkeit können die Ableitungen nicht mehr separat für jede Koordinate des Ortsvektors durchgeführt werden, was zu komplizierteren Ausdrücken führt. Der Geschwindigkeitsvektor lautet

$$\vec{v}(t) = \dot{r}\,\vec{e}_r + (r\dot{\varphi})\,\vec{e}_\varphi\,.$$

Dabei ist $\dot{r}\,\vec{e}_r$ der radiale Geschwindigkeitsanteil, während $(r\dot{\varphi})\,\vec{e}_\varphi$ den zirkulären Anteil (Umfangsgeschwindigkeit) beschreibt.

Der Beschleunigungsvektor lässt sich ebenfalls als Summe eines radialen und eines tangentialen Anteils darstellen:

$$\vec{a}(t) = \left(\ddot{r} - r\dot{\varphi}^2\right)\vec{e}_r + \left(2\dot{r}\dot{\varphi} + r\ddot{\varphi}\right)\vec{e}_\varphi .$$

Zur Berechnung von Geschwindigkeit und Beschleunigung in Polarkoordinaten müssen also die Funktionen $r(t)$ und $\varphi(t)$ differenziert und in die obigen Beziehungen eingesetzt werden.

### Kreisbahn

Abschließend betrachten wir den Sonderfall der Bewegung auf einer Kreisbahn $r(t) =$ konst. mit konstanter Winkelgeschwindigkeit $\dot{\varphi}(t) = \omega$. Hier werden die Terme $\dot{r}$, $\ddot{r}$ und $\ddot{\varphi}$ zu null und die Bewegung kann wieder mit skalaren Größen beschrieben werden:

$$\begin{aligned} s(t) &= r\varphi(t) \\ v(t) &= r\dot{\varphi} = r\omega \\ a_r(t) &= -r\dot{\varphi}^2 = -r\omega^2 . \end{aligned}$$

Die Größe $s(t)$ entspricht dabei dem zurückgelegten Weg entlang der Kreisbahn und $v(t)$ dem Betrag des Geschwindigkeitsvektors. Die Beschleunigung wirkt hierbei radial in Richtung des Kreismittelpunkts. Häufig werden $\omega = \dot{\varphi}$ für die Winkelgeschwindigkeit und $\alpha = \ddot{\varphi}$ für die Winkelbeschleunigung verwendet. Es sind weiterhin folgende Größen gebräuchlich:

$$\text{Umlaufzeit}: \quad T = \frac{2\pi}{\omega} \quad \text{in s}$$

$$\text{Kreisfrequenz}: \quad \omega = \frac{2\pi}{T} \quad \text{in s}^{-1} \text{ oder } \frac{\text{rad}}{\text{s}}$$

$$\text{Frequenz}: \quad f = \frac{1}{T} \quad \text{in Hz oder s}^{-1}$$

$$\text{Drehzahl}: \quad n = \frac{\omega}{2\pi} \cdot 60 \, \tfrac{\text{s}}{\text{min}} \quad \text{in U/min} .$$

# 20 Kinetik der Translation

Die *Kinetik* beschäftigt sich mit den Zusammenhängen zwischen der Bewegung von Körpern und den Kräften und Momenten, die diese verursachen. Zunächst betrachten wir rein translatorische Bewegungen, die durch auf den Körperschwerpunkt wirkende Kräfte verursacht werden. Unter *Translation* versteht man eine Bewegung, bei der sich alle Punkte eines Körpers entlang paralleler Bahnen bewegen. In diesem Fall genügt es, die Bewegung eines einzelnen Körperpunktes, zum Beispiel des Schwerpunkts, zu beschreiben.

## 20.1 Impulsbilanz

Das zweite NEWTONsche Axiom, die Impulsbilanz, bildet die Grundlage der Kinetik der Translation. Es besagt, dass die zeitliche Änderung des Impulses gleich der resultierenden Kraft ist und in deren Richtung erfolgt:

$$\vec{F}_\mathrm{R} = \frac{\mathrm{d}\vec{p}}{\mathrm{d}t}.$$

Dieser Zusammenhang wird auch als *Dynamisches Grundgesetz* bezeichnet. Wir beschränken uns auf den Fall eines starren Körpers mit konstanter Masse. In diesem Fall ist der Impuls eines Körpers durch

$$\vec{p} = \int_m \vec{v} \, \mathrm{d}m = m\vec{v}$$

gegeben, wobei $\vec{v}$ die Geschwindigkeit des Schwerpunkts bezeichnet. Wir erhalten die spezielle Form der Impulsbilanz:

$$\vec{F}_\mathrm{R} = \frac{\mathrm{d}}{\mathrm{d}t}(m\vec{v}) = m\vec{a} .$$

Hieraus erkennen wir, dass die Masse $m$ die Trägheit eines Körpers gegenüber einer

Geschwindigkeitsänderung beschreibt und als Proportionalitätsfaktor zwischen Kraft und Beschleunigung wirkt. Für $\vec{a} = \vec{0}$ folgt das Kräftegleichgewicht aus der Statik mit $\vec{F}_\mathrm{R} = \vec{0}$. Umgekehrt gilt das 1. Newtonsche Axiom, wonach ein Körper im Zustand der Ruhe oder gleichförmigen Bewegung verbleibt, solange keine Kräfte auf ihn wirken.

## 20.2 D'Alembertsche Interpretation

Der Term $m\vec{a}$ in der Impulsbilanz kann nach D'ALEMBERT auch als Trägheitskraft, eine sogenannte Scheinkraft, interpretiert und auf die Seite der Kräfte bilanziert werden. Formal nimmt der Impulssatz dann die Form einer Gleichgewichtsbedingung wie in der Statik an (*dynamisches Gleichgewicht*):

$$\vec{F}_\mathrm{R} - m\vec{a} = \vec{0}\,.$$

Im ebenen Fall entspricht dies zwei Gleichungen, die als *Bewegungsgleichungen* bezeichnet werden. In kartesischen Koordinaten lauten diese:

$$F_{\mathrm{R},x} - m\ddot{x} = 0 \quad \text{und} \quad F_{\mathrm{R},y} - m\ddot{y} = 0\,.$$

Diese Bewegungsgleichungen, deren Anzahl dem Freiheitsgrad entspricht, sind Differentialgleichungen, die zur Lösung der kinetischen Aufgabe verwendet werden. Zum Aufstellen dieser Gleichungen muss der Körper zunächst freigeschnitten werden. Neben allen eingeprägten Kräften und Schnittkräften werden die Trägheitskräfte $m\ddot{x}$ und $m\ddot{y}$ entgegen der positiven Koordinatenrichtung angetragen. Diese Trägheitskräfte werden darin als d'Alembertsche Hilfskräfte bezeichnet.

Prinzipiell gibt es zwei Arten kinetischer Grundaufgaben:

1. Die Bewegung ist bekannt und die verursachenden Kräfte sind gesucht. Dazu werden die Beschleunigungen der Bewegung in die Bewegungsgleichungen eingesetzt und nach den Kräften umgestellt. Dieser Aufgabentyp ist algebraisch lösbar.
2. Die Kräfte sind bekannt und die resultierende Bewegung ist gesucht. Hierfür müssen die Bewegungsgleichungen als Differentialgleichungen gelöst werden. Abhängig von den wirkenden Kräften können dies auch nichtlineare Differentialgleichungen sein.

**Beispiel 20.1:** Als Anwendungsbeispiel zeigt Abb. 20.1 den schiefen Wurf. Unter Vernachlässigung des Luftwiderstandes wollen wir den Verlauf der Bahnkurve eines Körpers der Masse $m$ ermitteln, der mit der Anfangsgeschwindigkeit $v_0$ im Winkel $\alpha$ abgeworfen wird. Aus den Gleichgewichtsbedingungen

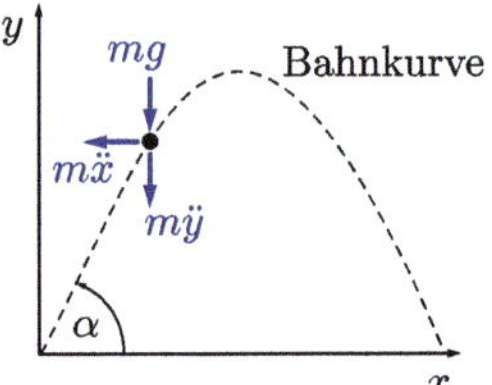


Abb. 20.1: Schiefer Wurf

$$\begin{aligned} \rightarrow:&\quad 0 = -m\ddot{x} \\ \downarrow:&\quad 0 = mg + m\ddot{y} \end{aligned}$$

folgen die beiden Bewegungsgleichungen

$$\ddot{x}(t) = 0 \quad \text{und} \quad \ddot{y}(t) = -g\,.$$

Durch Integration erhalten wir die kinematischen Größen:

$$\dot{x}(t) = C_1, \quad x(t) = C_1 t + C_2$$

$$\dot{y}(t) = -g\,t + C_3, \quad y(t) = -\frac{gt^2}{2} + C_3 t + C_4\,.$$

Die Integrationskonstanten bestimmen wir aus den Anfangsbedingungen:

$$x(t{=}0) = 0\,, \quad \dot{x}(t{=}0) = v_0 \cos\alpha$$
$$y(t{=}0) = 0\,, \quad \dot{y}(t{=}0) = v_0 \sin\alpha\,.$$

Somit erhalten wir die Weg-Zeit-Beziehungen als parametrische Form der Bahnkurve:

$$x(t) = v_0 t \cos\alpha$$
$$y(t) = -\frac{gt^2}{2} + v_0 t \sin\alpha\,.$$

Durch Eliminierung der Zeit $t = x/(v_0 \cos\alpha)$ erhalten wir schließlich die explizite Gleichung der Bahnkurve:

$$y(x) = -\frac{g}{2}\left(\frac{x}{v_0 \cos\alpha}\right)^2 + x \tan\alpha\,.$$

## 20.3 Kraftgesetze

In der Kinetik können Kräfte allgemein orts-, zeit- oder geschwindigkeitsabhängig sein, was im Gegensatz zur Statik bei bewegten Körpern berücksichtigt werden muss. Wir unterscheiden zwischen konservativen und dissipativen Kräften. Wenn ausschließlich *konservative Kräfte* wirken, bleibt die mechanische Energie eines Systems erhalten. Durch *dissipative Kräfte* wird ein Teil der mechanischen Energie in thermische Energie umgewandelt und damit dem System entzogen.

### Konservative Kräfte

Die *Gewichtskraft* resultiert aus der Gravitation zwischen einem Körper und der Erde gemäß dem Gravitationsgesetz

$$F_{\mathrm{G}} = \Gamma\,\frac{m_1 m_2}{r^2}\,.$$

Für einen Körper der Masse $m_2 = m$ auf der Erdoberfläche folgt mit der Erdmasse $m_1 = 5{,}97 \cdot 10^{24}\,\mathrm{kg}$, dem mittleren Erdradius $r = 6370\,\mathrm{km}$ und der Gravitationskonstanten $\Gamma = 6{,}674 \cdot 10^{-11}\,\frac{\mathrm{m}^3}{\mathrm{kg\,s}^3}$ die bekannte Beziehung:

$$F_{\mathrm{G}} = mg \quad \text{mit} \quad g = 9{,}81\,\frac{\mathrm{m}}{\mathrm{s}^2}\,.$$

Weiterhin sind *Federkräfte* Rückstellkräfte, die der Längenänderung von Federn entgegenwirken. Federn können dabei ganz allgemein als Ersatzmodell für die Steifigkeit beliebiger elastischer Körper verwendet werden.

$$F_{\mathrm{F}} = c \cdot s\,.$$

Dabei ist $c$ die Federkonstante (bzw. Federsteifigkeit) in N/m und $s$ die Längenänderung der Feder ausgehend vom entspannten Zustand, siehe Abb. 20.2. Die Federkraft wirkt der Längenänderung stets entgegen, wie in Abb. 20.2 rechts dargestellt. Während die Verformung von Stahl im elastischen Bereich in guter Näherung linear beschrieben werden kann, gelten z. B. bei Elastomeren oder Beton nichtlineare Zusammenhänge zwischen Federkraft und Federweg.

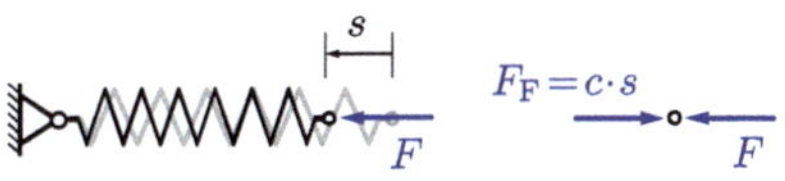

Abb. 20.2: Lineare Federkraft

### Dissipative Kräfte

Dissipative Kräfte wirken der Bewegung entgegen. Sie entstehen z. B. bei der Bewegung in Fluiden, also Flüssigkeiten und Gasen als geschwindigkeitsabhängige Widerstandskräfte, siehe Abb. 20.3.

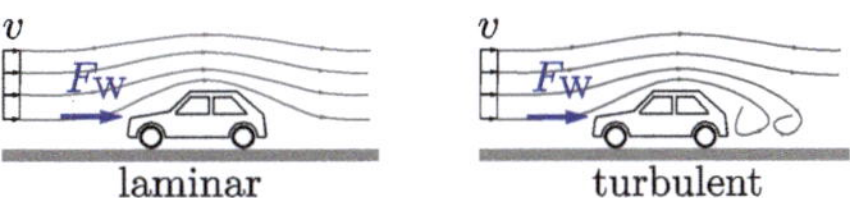


Abb. 20.3: Widerstandskräfte in Strömungen

In laminaren Strömungen gilt mit dem Widerstandsbeiwert $k$:

$$F_{\mathrm{W}} = k \cdot v\,,$$

wobei $v$ die Relativgeschwindigkeit zwischen Fluid und Körper darstellt. In turbulenten Strömungen ist der Zusammenhang zwischen Widerstandskraft und Geschwindigkeit quadratisch:

$$F_{\mathrm{W}} = \frac{1}{2}\rho_{\mathrm{F}}\, c_{\mathrm{W}} A\, v^2\,,$$

wobei $\rho_{\mathrm{F}}$ die Dichte des Fluids, $c_{\mathrm{W}}$ der Widerstandsbeiwert und $A$ die projizierte Fläche des Körpers quer zur Strömungsrichtung sind. Die Kräfte linearer Dämpfer, mit der Dämpferkonstante $d$, sind proportional zur Geschwindigkeit:

$$F_D = d \cdot v\,.$$

Im Fall trockener Gleitreibung ist die Widerstandskraft nicht vom Betrag, sondern von der Richtung der Geschwindigkeit abhängig und wirkt dieser ebenfalls entgegen:

$$F_{\mathrm{R}} = \mu F_{\mathrm{N}}\,\mathrm{sgn}\,(v)\,,$$

wobei sgn $(v)$ das Vorzeichen der Geschwindigkeit angibt und $\mu$ der materialpaarungsabhängige Reibbeiwert ist.

**Beispiel 20.2:** Betrachten wir das in Abb. 20.4 links dargestellte Fahrzeug, welches mit einer Antriebskraft $F$ aus dem Stand $v(x=0)=0$ gegen den Widerstand der (ruhenden) Luft $F_{\mathrm{W}}$ anfährt. Die Bewegungsgleichung des Problems ergibt sich zu

$$m\dot{v} = F - F_{\mathrm{W}}(v)\,,$$

wobei die Beschleunigung $a = \dot{v}$ als Funktion der Geschwindigkeit $v(t)$ erscheint, die ihrerseits als Unbekannte auch in der Widerstandskraft auftaucht. Mit der Schreibweise

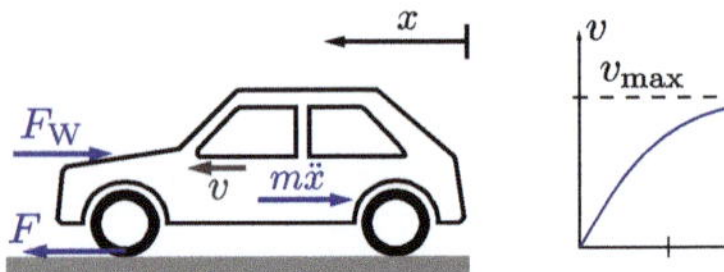


Abb. 20.4: Anfahren eines Fahrzeugs mit Luftwiderstand

$\dot{v} = \mathrm{d}v/\mathrm{d}t$ lässt sich die (inverse) Lösung dieses Problems mittels der Methode *Trennung der Veränderlichen* finden:

$$t = \int_0^t \mathrm{d}\bar{t} = \int_{v_0=0}^{v} \frac{m}{F - F_{\mathrm{W}}(\bar{v})}\,\mathrm{d}\bar{v}\,.$$

Zur Unterscheidung von der erreichten Geschwindigkeit wird die Integrationsvariable $\bar{v}$ bezeichnet. Für den Fall einer turbulenten Strömung ergibt sich die Lösung des Integrals auf der rechten Seiten durch Substitution und führt nach Auflösen schlussendlich auf:

$$v(t) = \underbrace{\sqrt{\frac{2F}{\rho_{\mathrm{F}}\, c_{\mathrm{W}} A}}}_{=v_{\mathrm{max}}} \tanh\left(\frac{\sqrt{F\rho_{\mathrm{F}}\, c_{\mathrm{W}} A}}{\sqrt{2}\, m}\, t\right).$$

Dabei ist $\tanh(x)$ die Funktion *Tangens hyperbolicus*, die für $x \to \infty$ asymptotisch gegen 1 geht. Entsprechend können wir den Vorfaktor in der Lösung als die asymptotisch erreichte Maximalgeschwindigkeit $v_{\mathrm{max}}$ interpretieren, die im Gleichgewicht zwischen Antriebs- und Widerstandskraft $F = F_{\mathrm{W}}$ erreicht wird, wie in Abb. 20.4 rechts dargestellt.

## 20.4 Geführte Bewegungen

Bei geführten Bewegungen schränken *kinematische Zwangsbedingungen* den Freiheitsgrad $f$ der Bewegung ein, indem sie Bewegungsmöglichkeiten blockieren. In den Bewegungsgleichungen muss der Zwang durch *Zwangskräfte* berücksichtigt werden, die stets *senkrecht zur Bahnkurve* wirken und Teil der Lösung sind.

**Beispiel 20.3:** Bei dem in Abb. 20.5 dargestellten Pendel stellt die fixierte Länge $\ell = \sqrt{x(t)^2 + y(t)^2}$ die Zwangsbedingung dar und zwingt den Massepunkt auf eine kreisförmige Bahnkurve. Entsprechend tritt senkrecht da-

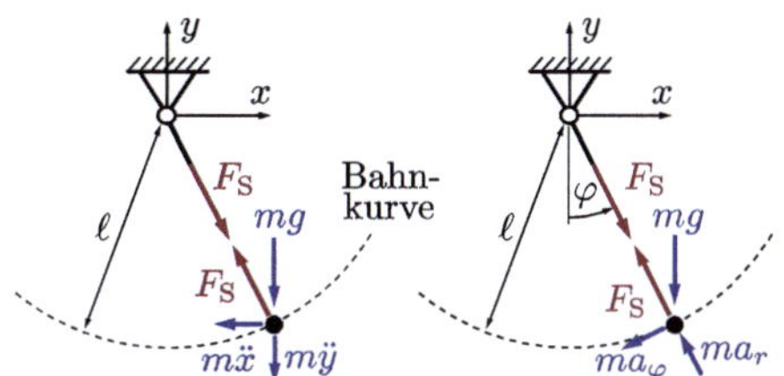


Abb. 20.5: Pendel als geführte Bewegung

zu, also in radialer Richtung, eine Zwangskraft auf, die der Seilkraft $F_S$ entspricht. Der Freiheitsgrad des Systems reduziert sich auf $f = 1$.

Vorteilhafterweise wird die Bewegungsgleichung dieses Problems in Polarkoordinaten aufgestellt. Dementsprechend werden die d'Alembertschen Trägheitskräfte in Radial- und Umfangsrichtung angetragen, wie in Abb. 20.5 rechts dargestellt. Die Zwangsbedingung lautet dann $r = \ell$ und es verbleiben $\varphi(t)$ und $F_S$ als Unbekannte, die aus den beiden dynamischen Gleichgewichtsbedingungen

$$\nwarrow: 0 = F_S + m\,a_r - m\,g\cos\varphi$$
$$\swarrow: 0 = m\,g\sin\varphi + m\,a_\varphi$$

bestimmt werden können. Die Beschleunigungskomponenten berechnen sich nach Abschnitt 19.3 unter Einbezug der Zwangsbedingung $r =$ konst. zu $a_r = -r\dot{\varphi}^2$ und $a_\varphi = r\ddot{\varphi}$. Aus der tangentialen Bedingungen $\swarrow$ folgt damit die Bewegungsgleichung

$$0 = m\,g\sin\varphi(t) + m\,r\ddot{\varphi}(t)\,,$$

welche für das Pendel erwartungsgemäß eine Schwingungslösung hat, die wir in Kapitel 24 eingehender betrachten wollen. Sobald $\varphi(t)$ bekannt ist, kann aus der radialen Gleichung $\nwarrow$ bei Bedarf die Zwangskraft $F_S(t)$ bestimmt werden.

# 21 Ebene Bewegung starrer Körper

## 21.1 Kinematik starrer Körper

Die Bewegung starrer Körper beinhaltet die zeitabhängige Orts- und Lageänderung in Bezug auf ein Koordinatensystem. Dabei beschreibt die Ortsänderung die Verschiebung des Körperschwerpunktes (Translation) und die Lageänderung die Rotation um den Schwerpunkt, wie in Abb. 21.1 dargestellt. Ein starrer Körper im Raum hat den

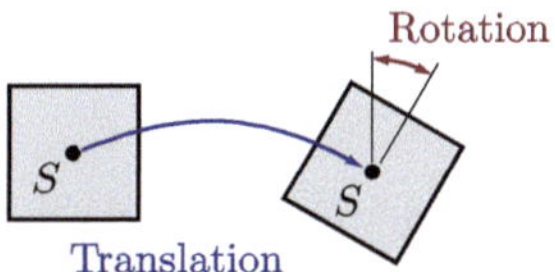


Abb. 21.1: Orts- und Lageänderung

Freiheitsgrad $f = 6$. Das sind drei translatorische Bewegungsmöglichkeiten entlang der $x$-, $y$- und $z$-Achsen sowie drei rotatorischen Bewegungsmöglichkeiten um diese Achsen. Wir beschränken uns hier auf die ebene Bewegung, bei der sich ein Körper entlang der $x$- und $y$-Achsen bewegen und um die $z$-Achse drehen kann. Die allgemeine ebene Bewegung kann als Kombination aus Translation des Körperschwerpunkts und Rotation um eine Achse durch den Schwerpunkt beschrieben werden.

Bei der Translation kommt es zur Verschiebung des Körperschwerpunktes ohne Eigendrehung, die sowohl geradlinig als auch ungeradlinig erfolgen kann. Dabei sind die Geschwindigkeiten und Beschleunigungen aller Körperpunkte gleich, sodass zur Beschreibung der Bewegung ein einzelner Punkt ausreicht, wie in Kapitel 19 behandelt. Zweckmäßigerweise wählt man dafür den Schwerpunkt, dessen Lage durch den Ortsvektor $\vec{r}_S$ beschrieben wird.

### Rotation um eine feste Achse

Bei der Rotation um eine feste Achse $z$ bewegen sich alle Punkte eines starren Körpers auf Kreisbahnen um diese Achse. Die kinematischen Größen für einen Körperpunkt $P$ können in Polarkoordinaten und in Abhängigkeit von der Winkelgeschwindigkeit $\omega = \dot{\varphi}$ berechnet werden, siehe Abb. 21.2. Die Geschwindigkeit und die Beschleunigung des Punkts $P$ mit dem Ortsvektor $\vec{r_P} = r_P\,\vec{e}_r$ ergeben sich zu:

$$\begin{aligned}\vec{v}_P &= \vec{\omega} \times \vec{r}_P \\ &= r_P\,\omega\,\vec{e}_\varphi \\ \vec{a}_P &= \dot{\vec{\omega}} \times \vec{r}_P + \vec{\omega} \times (\vec{\omega} \times \vec{r}_P) \\ &= r_P\,\dot{\omega}\,\vec{e}_\varphi - r_P\,\omega^2\,\vec{e}_r\,.\end{aligned}$$

Hierin sind $\vec{r}_P$ der Ortsvektor von $P$, $r_P$ der Betrag des Ortsvektors und $\vec{\omega}$ der Vektor der Winkelgeschwindigkeit, der senkrecht auf der Ebene steht:

$$\vec{\omega} = \omega\,\vec{e}_z\,.$$

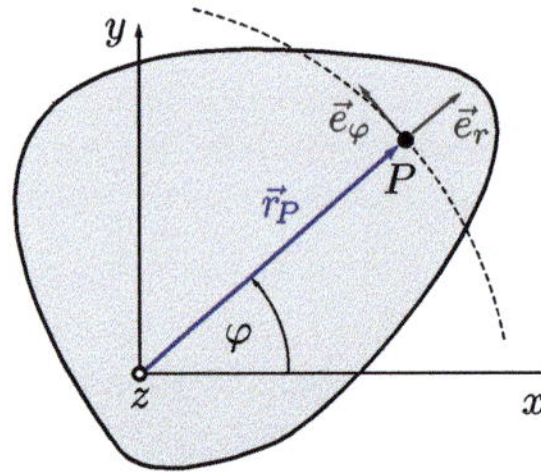


Abb. 21.2: Rotation um feste Achse

### Allgemeine ebene Bewegung

Die Beschreibung der allgemeinen ebenen Bewegung erfolgt durch die Beschreibung der Translation eines beliebigen Bezugspunktes $Q$ und der Rotation um eine senkrechte Achse durch diesen Punkt. Als Bezugspunkt kann der Schwerpunkt verwendet werden. Das ist oft sinnvoll, aber nicht zwingend notwendig. In Abb. 21.3 beschreibt $\vec{r}_Q$ die momentane Lage des Bezugspunktes $Q$ im raumfesten Koordinatensystem $(x, y)$ und $\vec{r}_{QP}$ die Lage des Körperpunktes $P$ relativ zum Bezugspunkt. Somit ergibt sich der Ortsvektor von $P$ als Summe:

$$\vec{r}_P = \vec{r}_Q + \vec{r}_{QP}\,.$$

Die Geschwindigkeit des Körperpunktes $P$

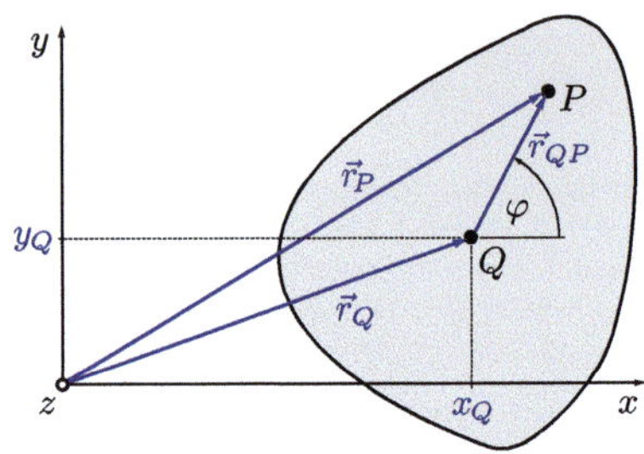


Abb. 21.3: Allgemeine ebene Bewegung

$$\vec{v}_P = \dot{\vec{r}}_Q + \vec{\omega} \times \vec{r}_{QP}$$

setzt sich aus dem translatorischen Anteil $\dot{\vec{r}}_Q$ und dem rotatorischen Anteil $\omega \times \vec{r}_{QP}$ zusammen. Für die Beschleunigung von $P$ gilt:

$$\vec{a}_P = \ddot{\vec{r}}_Q + \dot{\vec{\omega}} \times \vec{r}_{QP} + \vec{\omega} \times (\vec{\omega} \times \vec{r}_{QP})\ .$$

Im raumfesten kartesischen Koordinatensystem erhalten wir mit diesen Beziehungen:

$$\begin{aligned}\vec{r}_P &= \vec{r}_Q + \vec{r}_{QP} \\ &= (x_Q + r_{QP}\cos\varphi)\,\vec{e}_x \\ &\quad + (y_Q + r_{QP}\sin\varphi)\,\vec{e}_y \\ \vec{v}_P &= \dot{\vec{r}}_Q + \vec{\omega} \times \vec{r}_{QP} \\ &= (\dot{x}_Q - r_{QP}\,\omega\sin\varphi)\,\vec{e}_x \\ &\quad + (\dot{y}_Q + r_{QP}\,\omega\cos\varphi)\,\vec{e}_y \\ \vec{a}_P &= \ddot{\vec{r}}_Q + \dot{\vec{\omega}} \times \vec{r}_{QP} + \vec{\omega} \times \dot{\vec{r}}_{QP} \\ &= (\ddot{x}_Q - r_{QP}\,\omega^2\cos\varphi - r_{QP}\,\dot{\omega}\sin\varphi)\,\vec{e}_x \\ &\quad + (\ddot{y}_Q - r_{QP}\,\omega^2\sin\varphi + r_{QP}\,\dot{\omega}\cos\varphi)\,\vec{e}_y.\end{aligned}$$

### Momentanpol

Wenn als Bezugspunkt für die Rotation ein Punkt gewählt wird, dessen translatorische Geschwindigkeit $\dot{\vec{r}}_Q = \vec{0}$ ist, kann die allgemeine Bewegung als reine Rotation um diesen Punkt beschrieben werden. Dieser Punkt wird als *Momentanpol* $M$ bezeichnet. Die Verbindungslinie eines Punktes zum Momentanpol steht somit senkrecht zum Geschwindigkeitsvektor dieses Punktes. Abb. 21.4 zeigt die Lage am Beispiel eines rollenden Rades. Hier befindet sich der Momentanpol stets an dessen Auflagepunkt. Alle Punkte des Rades bewegen sich auf Kreisbahnen um den Momentanpol und besitzen bezüglich dieses Punktes dieselbe Winkelgeschwindigkeit $\omega$. Es gilt daher für jeden Punkt $v_P = \omega \cdot r_P$, wobei $v_P$ der Betrag des Geschwindigkeitsvektors und $r_P$ der Abstand des Punktes zum Momentanpol ist. Somit haben die Geschwindigkeiten

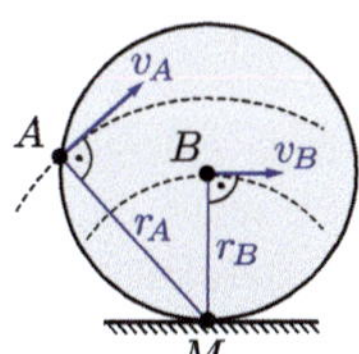


Abb. 21.4: Momentanpol am rollenden Rad

zweier Punkte das gleiche Verhältnis wie ihre Abstände zum Momentanpol. Für die Punkte $A$ und $B$ in der Abbildung gilt also

$$\frac{v_A}{v_B} = \frac{r_A}{r_B} \,.$$

Ist der Momentanpol bekannt, lässt sich aus der Geschwindigkeit eines Punktes die Geschwindigkeit jedes beliebigen anderen Körperpunktes bestimmen. Umgekehrt kann die Lage des Momentanpols als Schnittpunkt der Normalen auf den Geschwindigkeitsvektoren an zwei beliebigen Punkten ermittelt werden.

## 21.2 Kinetik starrer Körper

### Impuls- und Drehimpulsbilanz

Für die Translation gilt die Impulsbilanz

$$\vec{F}_\mathrm{R} = \dot{\vec{p}} = m\vec{a}_S \,,$$

entsprechend Abschnitt 20 für konstante Masse, wobei $\vec{a}_S = \ddot{\vec{r}}_S$ die Beschleunigung des Schwerpunktes ist.

Für die Rotation von Körpern gilt zusätzlich die *Drehimpulsbilanz*

$$\vec{M}_\mathrm{R} = \frac{\mathrm{d}\vec{L}}{\mathrm{d}t} \,.$$

Diese besagt, dass die zeitliche Änderung des Drehimpulses $\vec{L}$ gleich dem auf ihn einwirkenden resultierenden Moment ist und in Richtung dieses Moments wirkt. Der Drehimpuls eines Körpers entspricht

$$\vec{L} = \int_m \left(\vec{r} \times \dot{\vec{r}}\right) \rho \, \mathrm{d}V \,,$$

wobei $\vec{r}$ der Ortsvektor eines Massenelements ist und $\dot{\vec{r}}$ dessen Geschwindigkeitsvektor. Unter Nutzung der kinematischen Beziehungen für $\dot{\vec{r}}$ aus dem vorangegangenen Abschnitt kann dieses Integral ausgeführt werden. Im ebenen Fall, bei reiner Rotation um eine feste Achse durch den Punkt $A$, vereinfacht sich dies zu:

$$M_{\mathrm{R},A} = J_A \ddot{\varphi} \,.$$

Hierbei ist $J_A$ das Massenträgheitsmoment bezüglich der Drehachse durch den Punkt $A$, welches analog zur Masse bei der reinen Translation die Trägheit eines Körpers gegenüber einer Änderung der Winkelgeschwindigkeit beschreibt. Es wirkt als Proportionalitätsfaktor zwischen dem Moment und der Winkelbeschleunigung $\ddot{\varphi} = \dot{\omega}$.

## 21.3 Massenträgheitsmomente

Im Gegensatz zur richtungsunabhängigen Trägheitswirkung der Masse bei der Translation hängt die Größe des Massenträgheitsmoments eines Körpers vom Ort und der Lage der Rotationsachse ab. Es ist jedoch unabhängig vom Drehsinn. Für die Rotation um eine beliebige Drehachse $k$ wird das Massenträgheitsmoment für einen Körper mit konstanter Dichte $\rho$ durch

$$J_k = \int_m r^2 \, \mathrm{d}m = \rho \int_V r^2 \, \mathrm{d}V \, .$$

berechnet. Dabei ist $r$ der Abstand eines Massenelements $\mathrm{d}m$ zur Rotationsachse.

Zur Verdeutlichung betrachten wir Abb. 21.5. Die Masse wird, vereinfacht

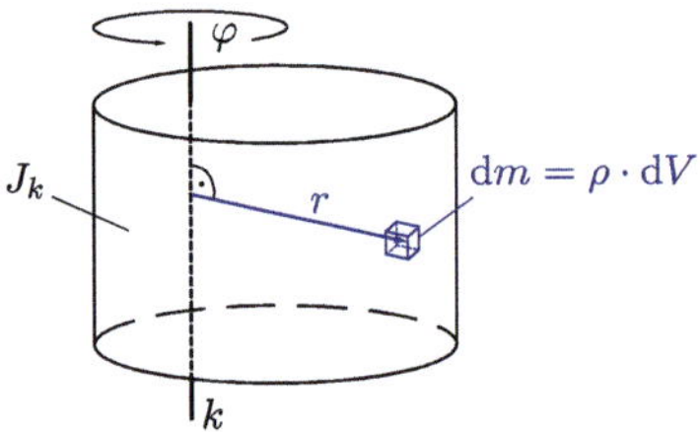


Abb. 21.5: Berechnung des Massenträgheitsmoments

ausgedrückt, an jedem Punkt mit dem Quadrat des Abstands $r^2$ zur Rotationsachse gewichtet und über den gesamten Körper aufsummiert. Für Grundkörper sind die Massenträgheitsmomente um die Schwerpunktachsen häufig tabelliert zu finden. Die Formeln für die wichtigsten Grundkörper Zylinder und Quader sind in Abb. 21.6 angegeben. Analog zu den axialen Flächenträgheitsmomenten können auch die Massenträgheitsmomente mit dem *Satz von Steiner* auf parallele Achsen transformiert werden. Es gilt

$$J_{kA} = J_{kS} + m\, r_S^2 \, .$$

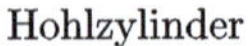


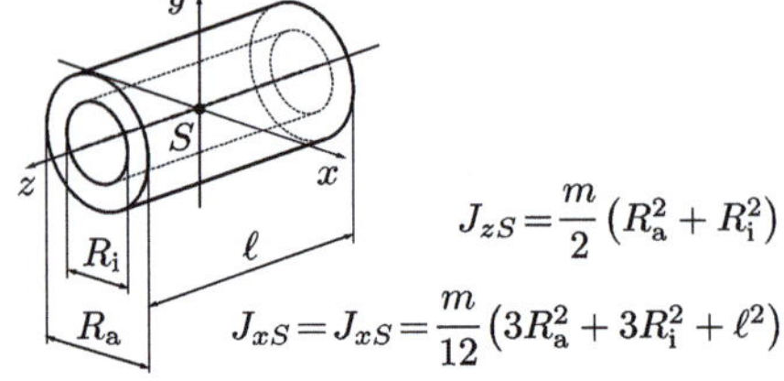


Sonderfall: dünner Stab ($R \ll \ell$)

$$J_{xS} = J_{xS} = \frac{m}{12}\ell^2$$

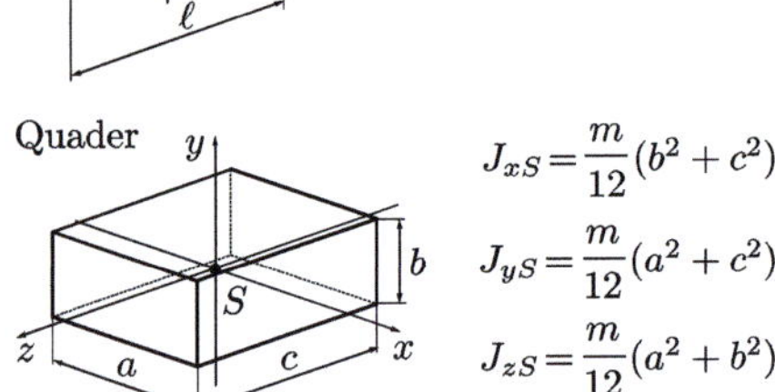


Abb. 21.6: Beispiele für Massenträgheitsmomente

Dabei ist die Achse $kA$ parallel zur durch den Schwerpunkt verlaufenden Achse $kS$, $r_S$ der Abstand zwischen beiden Achsen, und $m$ die Körpermasse. Der Steiner-Anteil $m\,r_S^2$ ist stets positiv, weshalb das Massenträgheitsmoment um die Schwerpunktachse das kleinste im Vergleich zu allen dazu parallelen Achsen ist. Bei Verwendung des Modells Massepunkt trägt nur der Steineranteil zum Massenträgheitsmoment bei, da definitionsgemäß die Abmessungen im Vergleich zur Rotationsachse vernachlässigbar sind und somit das Massenträgheitsmoment um die eigene Schwerpunktachse vernachlässigt werden kann.

### Zusammengesetzte Körper

Besteht ein Körper aus mehreren Teilkörpern, deren jeweilige Massenträgheitsmomente $J_{Si}$ um parallele Achsen durch ihre Schwerpunkte bekannt sind, so lässt sich das Gesamtmassenträgheitsmoment ebenfalls mithilfe des Satzes von Steiner berechnen:

$$J_{\text{ges}} = \sum_i \left(J_{Si} + m_i\, r_{Si}^2\right) .$$

Dabei bezeichnet $r_{Si}$ den Abstand zwischen der Schwerpunktachse des Teilkörpers $i$ und der Achse durch den Gesamtschwerpunkt. Bei Bohrungen können die Massenträgheitsmomente des fehlenden Materials durch Subtraktion berücksichtigt werden.

**Beispiel 21.1:** Wir wollen das Massenträgheitsmoment für den Zylinder der Dichte $\rho$ mit zwei Bohrungen in Abb. 21.7 ermitteln. Dazu

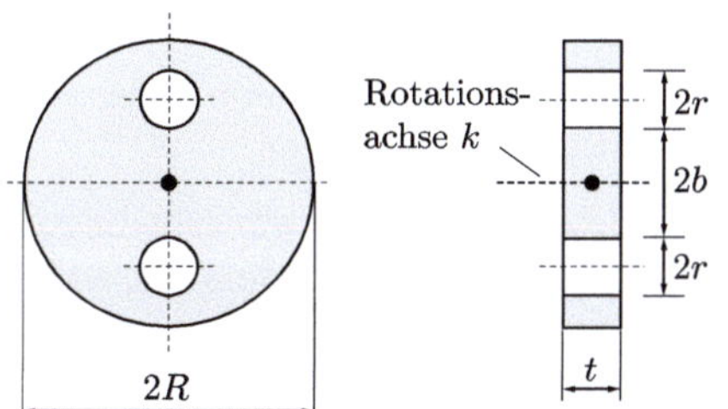


Abb. 21.7: Zylinder mit 2 Bohrungen

berechnen wir zunächst die Masse des vollen Zylinders sowie die Masse einer einzelnen Bohrung:

$$m_{\text{Z}} = \pi R^2 t\rho \quad \text{und} \quad m_{\text{B}} = \pi r^2 t\rho .$$

Mit der Formel für Vollzylinder aus Abb. 21.6 folgt das Massenträgheitsmoment des Zylinders mit den Bohrungen durch Subtraktion der Anteile für die Bohrungen:

$$\begin{aligned} J_{\text{ges}} &= J_{\text{Z}} - 2\left(J_{\text{B}} + m_{\text{B}}\, b^2\right) \\ &= \frac{m_{\text{Z}}}{2} R^2 - 2\left(\frac{m_{\text{B}}}{2} r^2 + m_{\text{B}}\, b^2\right) . \end{aligned}$$

## 21.4 Aufstellen von Bewegungsgleichungen nach d'Alembert

Wie bereits bei der reinen Translation können bei der allgemeinen ebenen Bewegung starrer Körper die Terme der Impuls- und Drehimpulsänderung als Trägheitskräfte und -momente interpretiert werden. Diese bilanzieren wir wieder in Form von Gleichgewichtsbedingungen, um die Bewegungsgleichungen zu erhalten. Abb. 21.8 zeigt einen freigeschnittenen Körper an dem verschiedene Kräfte $F_i$ und Momente $M_j$ wirken. Zusätzlich sind entgegen der

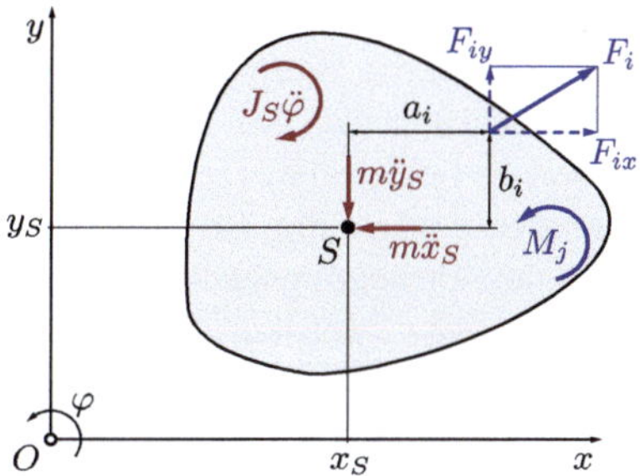


Abb. 21.8: D'ALEMBERTsche Trägheitsterme

positiven Koordinatenrichtung die Komponenten der Trägheitskraft $m\ddot{x}_S$ und $m\ddot{y}_S$ sowie das Trägheitsmoment bezüglich der Schwerpunktachse $J_S\ddot{\varphi}$ rot eingezeichnet. Die dynamischen Gleichgewichtsbedingungen lauten:

$$\begin{aligned} \rightarrow:&\quad 0 = \sum_i F_{ix} - m\ddot{x}_S \\ \uparrow:&\quad 0 = \sum_i F_{iy} - m\ddot{y}_S \\ \overset{\curvearrowleft}{S}:&\quad 0 = \sum_j M_j + \sum_i (F_{iy}a_i - F_{ix}b_i) - J_S\ddot{\varphi} . \end{aligned}$$

Damit stehen uns drei Bewegungsgleichungen zur Verfügung, um die ebene Bewegung eines starren Körpers als Translation des Schwerpunktes mit $x_S(t)$, $y_S(t)$ und als Rotation um die Schwerpunktachse mit $\varphi(t)$ zu beschreiben. Wie in der Statik kann die Momentenbilanz auch bezüglich eines beliebig anderen Punktes aufgestellt werden.

## Geführte Bewegungen

*Führungen* verringern den Freiheitsgrad $f$, womit sich auch die Anzahl der Bewegungsgleichungen zur Beschreibung der Bewegung verringert. Außerdem können auch *Zwangsbedingungen* zwischen Bewegungsgrößen auftreten, die ebenfalls den Freiheitsgrad herabsetzen. Diese Zwangsbedingungen koppeln die Bewegung in einer Koordinatenrichtung fest mit der in einer anderen, sodass beide nicht mehr unabhängig voneinander sind. Eine Koordinate kann somit in den Bewegungsgleichungen durch die andere ersetzt werden. Abb. 21.9 zeigt dies für das Beispiel des schlupffreien Abrollens zweier Zylinder aufeinander.

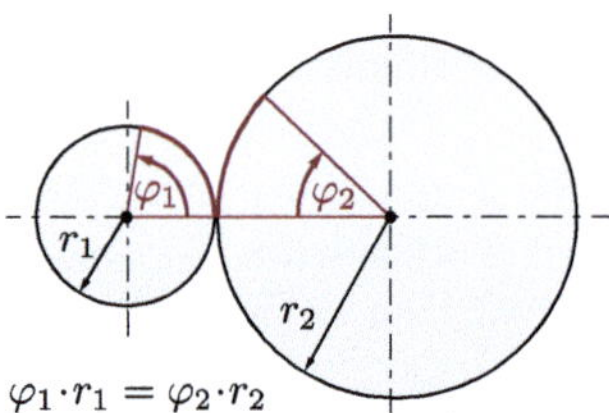


Abb. 21.9: Zwangsbedingung beim Abrollen

Wir bezeichnen alle Koordinaten, die die möglichen Bewegungsrichtungen eines Körpers unabhängig von Zwangsbedingungen beschreiben, als *freie Koordinaten* mit der Anzahl $n$. Für jede dieser Koordinaten muss im Freischnitt die d'Alembertsche Trägheitslast angesetzt werden. Durch $k$ Zwangsbedingungen reduziert sich der Freiheitsgrad und damit die Anzahl der unabhängigen Koordinaten auf $f = n - k$. Die verbleibenden $f$ unabhängigen Koordinaten werden *generalisierte Koordinaten* genannt.

Das Vorgehen zum Aufstellen der Bewegungsgleichungen kann wie folgt formalisiert werden:

1. Festlegen der freien Bewegungskoordinaten, idealerweise so gewählt, dass sie die Bewegung in positiver Richtung beschreiben.
2. Freischnitt des Körpers und Antragen aller Schnittgrößen, eingeprägter Lasten, Widerstands- und Reibungskräfte (entgegen der tatsächlichen Bewegungsrichtung) und Trägheitskräfte/-momente (entgegen der Richtung der freien Koordinaten).
3. Aufstellen von $f$ dynamischen Gleichgewichtsbedingungen.
4. Anwenden der Zwangsbedingungen auf die freien Koordinaten, sodass $f$ Bewegungsgleichungen für $f$ generalisierte Koordinaten vorliegen.

**Beispiel 21.2:** Abb. 21.10 zeigt einen Zylinder der Masse $m$, der durch eine horizontale Kraft $F$ eine schiefe Ebene hinaufbewegt wird. Es wird reines Rollen ohne Schlupf angenommen. Gesucht ist die Bewegungsgleichung. Der Zylinder besitzt den Freiheitsgrad $f = 1$. Ei-

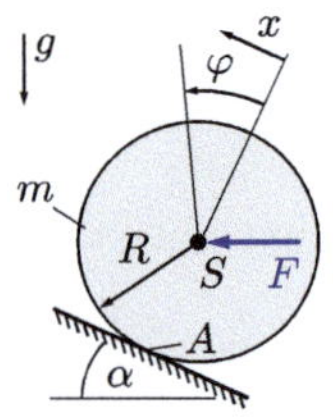


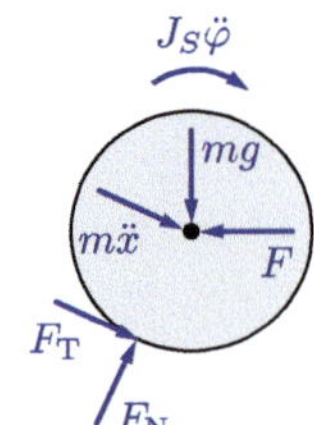


Abb. 21.10: Aufstellen der Bewegungsgleichung am rollenden Zylinder

ne Bewegungsrichtung ist durch den Kontakt mit der Ebene blockiert und bei reinem Rollen gibt es eine Zwangsbedingung zwischen Weg und Drehwinkel um den Mittelpunkt: $x = R\varphi$. Der Zusammenhang gilt bei konstantem Radius auch für die zeitlichen Ableitungen. Wir können die Bewegung also mit nur einer Bewegungsgleichung für $x$ oder $\varphi$ beschreiben und wählen in unserem Beispiel $x$ als generalisierte Koordinate. In der Skizze sind die beiden freien Koordinaten eingetragen. Im Freischnitt sind die Trägheitslasten entgegen der freien Koordinaten sowie die Gewichtskraft und die Schnittkräfte zwischen Ebene und Zylinder eingezeichnet. Die Gleichgewichtsbedingungen lauten

$$\begin{aligned} \nwarrow: &\quad 0 = -m\ddot{x} + F\cos\alpha - F_\mathrm{T} - mg\,\sin\alpha \\ \nearrow: &\quad 0 = F_\mathrm{N} - mg\,\cos\alpha - F\sin\alpha \\ \overset{\curvearrowleft}{S}: &\quad 0 = F_\mathrm{T}R - J_S\ddot{\varphi}\,. \end{aligned}$$

Die Kräfte sind in Richtung der schiefen Ebene und senkrecht dazu bilanziert. Nun ersetzen wir $\ddot{\varphi}$ durch $\ddot{x}$ mittels der Zwangsbedingung und eliminieren die nicht gesuchten Schnittkräfte $F_\mathrm{N}$ und $F_\mathrm{T}$. Mit $J_S = \frac{1}{2}mR^2$ für das Massenträgheitsmoment erhalten wir die Bewegungsgleichung:

$$\ddot{x} = \frac{2}{3}\left[\frac{F\cos\alpha}{m} - g\,\sin\alpha\right].$$

Durch zweifache Integration dieser Gleichung können die Beziehungen für die Geschwindigkeit $\dot{x}(t)$ und den Weg $x(t)$ ermittelt werden, wobei die Integrationskonstanten aus den vorzugebenden Anfangsbedingungen $x(t = 0) = x_0$ und $\dot{x}(t = 0) = \dot{x}_0$ zu bestimmen sind. Falls der Drehwinkel $\varphi(t)$ benötigt wird, kann dieser wiederum mithilfe der Zwangsbedingung aus $x(t)$ berechnet werden.

Wir betrachten abschließend noch zwei alternative Herangehensweisen, die den Berechnungsaufwand reduzieren:

*a) Momentenbilanz um Auflagepunkt*

Die Schnittkräfte im Kontakt $F_\mathrm{N}$ und $F_\mathrm{T}$ sind nicht gesucht. Wenn wir die Momentenbilanz im Auflagepunkt $A$ formulieren, erscheinen die Kräfte nicht in der Bilanzgleichung:

$$\begin{aligned} \overset{\curvearrowleft}{A}: \quad 0 = &-m\ddot{x}R + F\cos\alpha R \\ &- mg\sin\alpha R - J_S\ddot{\varphi}\,. \end{aligned}$$

Durch Ersetzen von $\ddot{\varphi}$ und $J_S$ wie zuvor erhalten wir erneut die gleiche Bewegungsgleichung für $\ddot{x}$.

*b) Nutzung des Momentanpols*

Der Auflagepunkt ist gleichzeitig auch der Momentanpol $A \mathrel{\widehat{=}} M$ der Bewegung. Wir können die Rollbewegung des Zylinders auch zu jedem Zeitpunkt als reine Rotation um den aktuellen Auflagepunkt betrachten. In dem Fall entfällt die Trägheitskraft $m\ddot{x}$ und wir müssen das Massenträgheitsmoment auf die neue Rotationsachse in $M$ mittels des Satzes von Steiner transformieren:

$$J_M = J_S + mR^2\,.$$

Wir stellen erneut die Momentenbilanz um den Auflagepunkt bzw. den Momentanpol auf:

$$\overset{\curvearrowleft}{A}: \quad 0 = F\cos\alpha R - mg\,\sin\alpha R - J_M\ddot{\varphi}$$

und erhalten auch hier wieder die gleiche Bewegungsgleichung wie zuvor, wenn wir $\varphi$ durch $x$ und $J_M$ durch $J_S$ ersetzen.

## 21.5 Mehrkörpersysteme

Als Mehrkörpersysteme werden Systeme aus starren Körpern bezeichnet, die durch Bindungen wie Gelenke, Führungen, Seile, Ketten oder Federn miteinander verbunden sind. Durch kinematische Bindungen entstehen zwischen den freien Koordinaten der einzelnen Teilkörper geometrische Zwangsbedingungen, die den Freiheitsgrad $f$ des Systems verringern. Dadurch lässt sich die Bewegung wiederum mit einer reduzierten Anzahl $f$ an Koordinaten, den *generalisierten Koordinaten*, beschreiben. Lässt sich ein System mit nur einer generalisierten Koordinate beschreiben ($f = 1$), so spricht man von einem Mechanismus (Getriebe), der eine Antriebsbewegung in eine Abtriebsbewegung übersetzt. Wir beschränken uns auf diesen Fall.

Die Bewegungsgleichung eines Mehrkörpersystems mit $f = 1$ kann nach folgender Systematik aufgestellt werden:

1. Erstellen einer Skizze mit den freien Koordinaten aller Körper (Anzahl $n$), sinnvollerweise in Richtung der angenommenen Bewegung definiert.
2. Wahl geeigneter generalisierter Koordinate zur Beschreibung der Bewegung.
3. Formulieren von $k = n - 1$ kinematischen Zwangsbedingungen.
4. Freischneiden jedes Körpers im System und Antragen der Trägheitskräfte und -momente entgegen den Richtungen der freien Koordinaten.
5. Aufstellen der dynamischen Gleichgewichtsbedingungen für jeden Körper.
6. Elimination der Bindungsreaktionen zwischen den Körpern und Ersetzen der freien Koordinaten durch die generalisierte Koordinate. Daraus folgt die Bewegungsgleichung für die generalisierte Koordinate.

Die Wahl der generalisierten Koordinate orientiert sich an der gesuchten Größe. Wenn beispielsweise das Antriebsmoment gesucht ist, wählt man den Antriebswinkel als generalisierte Koordinate.

**Beispiel 21.3:** Wir wollen die Bewegungsgleichung für das System in Abb. 21.11 aufstellen. Die reibungsfrei gelagerte, abgesetzte Seiltrommel wird durch das Moment $M_A$ angetrieben, wodurch der Körper 1 mit der Masse $m_1$ nach unten und der Körper 2 mit der Masse $m_2$ nach oben bewegt wird. Gesucht ist

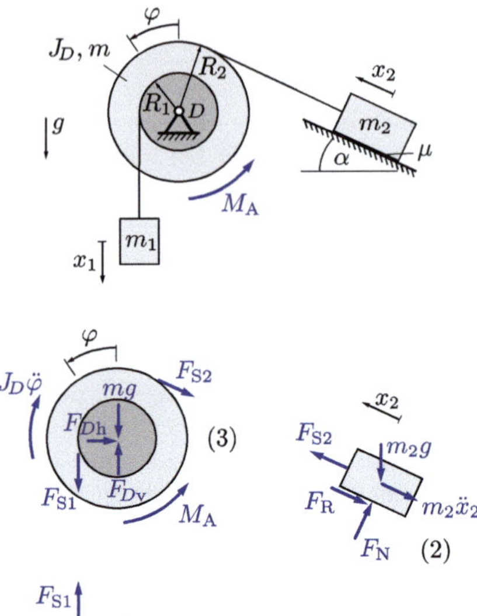


Abb. 21.11: Beispiel Mehrkörpersystem

die Bewegungsgleichung für die Bewegung von Körper 1.

In der Aufgabenskizze sind die freien Koordinaten $x_1$, $\varphi$ und $x_2$ bereits eingetragen (Schritt 1). Da wir die Bewegung von Körper 1 beschreiben wollen, verwenden wir $x_1$ als generalisierte Koordinate (Schritt 2). Die kinematischen Zwangsbedingungen lauten $x_1 = \varphi R_1$ und $x_2 = \varphi R_2$ (Schritt 3). Sie gelten auch für die Beschleunigungen. In den Freischnitten aller Körper sind die d'Alembertschen Trägheitskräfte und -momente angetragen (Schritt 4). Die dynamischen Gleichgewichtsbedingungen der drei Körper lauten (Schritt 5):

$$\uparrow_{(1)}: \quad 0 = F_{S1} + m_1\ddot{x}_1 - m_1 g$$

$$\overset{\frown}{D}_{(3)}: \quad 0 = M_A - J_D\ddot{\varphi} + F_{S1}R_1 - F_{S2}R_2$$

$$\nearrow_{(2)}: \quad 0 = F_N - m_2 g \cos\alpha$$

$$\nwarrow_{(2)}: \quad 0 = F_{S2} - m_2\ddot{x}_2 - F_R - m_2 g \sin\alpha\,.$$

Für die Seiltrommel haben wir vorteilhafterweise die Momentenbilanz um den Drehpunkt

$D$ aufgestellt, wodurch die im Beispiel nicht gesuchten Lagerkräfte $F_{D\mathrm{h}}$ und $F_{D\mathrm{v}}$ auch nicht mit in die Bilanz eingehen. Ansonsten wären zusätzlich noch zwei Kräftebilanzen für Körper 3 erforderlich gewesen. Für die Reibkraft an Körper 2 gilt außerdem: $F_\mathrm{R} = \mu F_\mathrm{N}$.

Es stehen uns somit für die sieben unbekannten Größen $F_{\mathrm{S}1}$, $F_{\mathrm{S}2}$, $F_\mathrm{R}$, $F_\mathrm{N}$, $\ddot{x}_1$, $\ddot{x}_2$ und $\ddot{\varphi}$ auch sieben Gleichungen zur Verfügung: vier Gleichgewichtsbedingungen, zwei kinematische Zwangsbedingungen und die Beziehung für die Gleitreibung. Nach Elimination der Zwangskräfte sowie der freien Koordinaten erhalten wir die Bewegungsgleichung für die generalisierte Koordinate $x_1$ (Schritt 6):

$$\ddot{x}_1 = \frac{M_\mathrm{A} - m_2 g R_2 (\mu \cos\alpha + \sin\alpha) + m_1 R_1 g}{m_1 R_1 + m_2 \dfrac{R_2^2}{R_1} + \dfrac{J_\mathrm{D}}{R_1}}.$$

Über die kinematischen Zwangsbedingungen kann die Bewegungsgleichung jederzeit in einer der anderen Koordinaten $x_2$ oder $\varphi$ ausgedrückt werden. Mit der bekannten Beschleunigung können nun auch die Seilkräfte berechnet werden.

# 22 Impuls-, Arbeits- und Energiesätze

Mit den nach den dynamischen Grundgesetzen der Kinetik oder dem Prinzip von d'Alembert aufgestellten Bewegungsgleichungen lassen sich im Prinzip alle Aufgabenstellungen der Kinetik lösen. In manchen Fällen kann es jedoch sinnvoller sein, die nachfolgend beschriebenen Sätze zu nutzen, welche aus der Integration des dynamischen Grundgesetzes abgeleitet sind. Diese Vorgehensweise erfordert kein Aufstellen der Bewegungsgleichung und ist dann vorteilhaft, wenn nicht die zeitlichen Verläufe einzelner Größen gesucht sind.

## 22.1 Impuls- und Drehimpulssatz

Für translatorische Bewegungen starrer Körper folgt der *Impulssatz* aus der Integration der Impulsbilanz $\vec{F}_\mathrm{R} = \mathrm{d}\vec{p}/\mathrm{d}t$ über die Dauer der Krafteinwirkung:

$$\int_{t_0}^{t_1} \vec{F}(t)\,\mathrm{d}t = m\vec{v}_1 - m\vec{v}_0\,. \tag{22.1}$$

Das Zeitintegral über der Krafteinwirkung entspricht somit der Impulsänderung. Analog gilt für die Rotation in der Ebene um eine feste Achse $k$ der *Drehimpulssatz*:

$$\int_{t_0}^{t_1} M_k(t)\,\mathrm{d}t = J_k\,\omega_1 - J_k\,\omega_0\,.$$

Für den hier betrachteten Fall starrer Körper mit konstanter Masse ändert sich ausschließlich die Geschwindigkeit bzw. die Winkelgeschwindigkeit. Die Impulssätze sind besonders nützlich, wenn die Geschwindigkeit oder Winkelgeschwindigkeit bei bekannter Kraft- oder Momenteneinwirkung ermittelt werden sollen.

## 22.2 Arbeit, Energie, Leistung

Die *Arbeit* einer Kraft $F$, die entlang des Weges $s$ wirkt, wird durch Integration über den Weg berechnet

$$W = \int_{s_0}^{s_1} F_s(s)\,\mathrm{d}s\,,$$

wobei nur die Kraftkomponente $F_s$ in Richtung des Weges eingeht. Dementsprechend verrichten nur eingeprägte Kräfte Arbeit, nicht aber Zwangskräfte, da aufgrund der Zwangsbedingungen kein Weg in ihrer Wirkrichtung zurückgelegt wird. Im allgemeinen hängt die verrichtete Arbeit somit von der Länge des Weges ab.

Lassen sich Kräfte durch partielle Differentiation

$$F_x = -\frac{\partial U}{\partial x}, \quad F_y = -\frac{\partial U}{\partial y}, \quad F_z = -\frac{\partial U}{\partial z}$$

aus einer *potentiellen Energie* $U$ berechnen, hängt die verrichtete Arbeit nicht von der Weglänge, sondern nur von der Lage von Anfangs- und Endpunkt ab:

$$W = -(U_1 - U_0). \qquad (22.2)$$

Kräfte mit dieser Eigenschaft werden als konservative Kräfte oder *Potentialkräfte* bezeichnet. Beispiele für konservative Kraftfelder sind das Schwerefeld der Erde ($F_z = -mg$) mit der potentiellen Energie $U = mgz$ und Federkräfte mit $U = \frac{1}{2}cs^2$. Die Arbeit entspricht also der Änderung der potentiellen Energie. Dementsprechend werden Arbeit und Energie mit den äquivalenten physikalischen Einheiten Joule (J) bzw. Newtonmeter (Nm) beschrieben. Das Minuszeichen in Gleichung 22.2 zeigt an, dass es sich bei $U$ um die von außen verfügbare potentielle Energie handelt (im Unterschied zu $U_i$ in Abschnitt 14.1).

Die verrichtete Arbeit eines Moments um die Drehachse $k$ kann analog zur Kraft durch Integration über den Winkel berechnet werden:

$$W = \int_{\varphi_0}^{\varphi_1} M_k(\varphi)\,\mathrm{d}\varphi\,.$$

Arbeit ist eine Größe ohne Zeitbezug. Mit der *Leistung* beschreibt man die pro Zeiteinheit verrichtete Arbeit:

$$P = \frac{\mathrm{d}W}{\mathrm{d}t}\,.$$

Für den Fall einer in Wegrichtung konstanten Kraft bzw. eines in Drehrichtung konstanten Momentes gilt:

$$P = F \cdot v \quad \text{bzw.} \quad P = M \cdot \omega\,.$$

Wie Arbeit und Energie ist die Leistung eine skalare Größe. Sie wird in der Einheit Watt W angegeben. Es ist 1 W = 1 J/s = 1 Nm/s.

## 22.3 Arbeits- und Energiesatz

### Arbeitssatz

Die Integration des dynamischen Grundgesetzes über den Weg führt auf den Arbeitssatz. Für die Translation gilt:

$$W = \int_{s_0}^{s_1} F_s(s)\,\mathrm{d}s = \frac{m}{2}v_1^2 - \frac{m}{2}v_0^2\,.$$

Die von einer Kraft entlang des Weges $s$ verrichteten Arbeit entspricht der Änderung der kinetischen Energie $T = \frac{1}{2}mv^2$ eines Körpers. Für rein translatorische Bewegungen muss die Kraft am Schwerpunkt des Körpers angreifen. Analog gilt für die Rotation um eine feste Achse $k$

$$W = \int_{\varphi_0}^{\varphi_1} M_k(\varphi)\,\mathrm{d}\varphi = \frac{J_k}{2}\omega_1^2 - \frac{J_k}{2}\omega_0^2\,,$$

wobei $T = \frac{1}{2}J_k\omega^2$ die kinetische Energie für die Rotation ist. Für allgemeine Bewegungen lautet der Arbeitssatz:

$$W = T_1 - T_0\,. \qquad (22.3)$$

Er wird sinnvollerweise verwendet, um Beziehungen zwischen Weg und Geschwindigkeit bzw. zwischen Winkel und Winkelgeschwindigkeit zu berechnen.

## Energiesatz

Wenn auf ein System nur Potentialkräfte wirken, geht der Arbeitssatz in den mechanischen Energieerhaltungssatz über. Unter dieser Voraussetzung bleibt die Summe aus potentieller und kinetischer Energie konstant:

$$U_0 + T_0 = U_1 + T_1 \,.$$

Wirken auf das System neben den im Potential $U$ erfassten Lasten noch weitere Kräfte oder Momente, deren Arbeit nicht durch $U$ beschrieben wird, so wird deren gesamte Arbeit im Term $W^*$ zusammengefasst. Dazu zählen insbesondere nichtkonservative Kräfte wie Reibungs- und Widerstandskräfte aber auch Antriebs- und Abtriebskräfte, wenn deren Wirkung nicht über ein Potential erfasst wird. Positive Werte von $W^*$ bedeuten eine Zufuhr, negative Werte eine Abgabe von Energie. Der Energiesatz lautet dann:

$$U_0 + T_0 + W^* = U_1 + T_1 \,. \qquad (22.4)$$

**Beispiel 22.1:** Wir wollen die Anwendung von Impuls-, Arbeits- und Energiesatz anhand des Beispiels in Abb. 22.1 verdeutlichen. Ein Körper der Masse $m$ befindet sich an einer

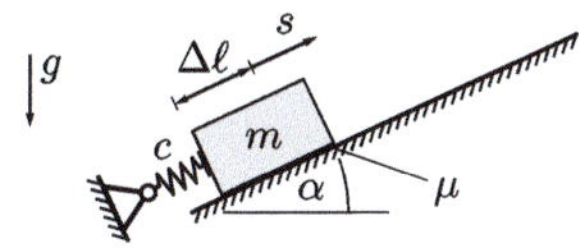


Phase 1: $-\Delta\ell \leq s < 0$

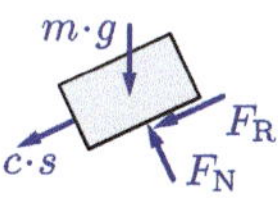


Phase 2: $s \geq 0$

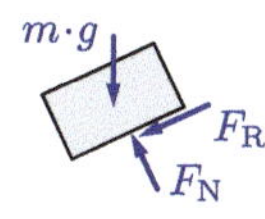


Abb. 22.1: Beispiel zum Arbeits- und Impulssatz

um $\Delta\ell$ zusammengedrückten Druckfeder. Diese kann keine Zugkräfte auf den Körper übertragen, da sie nur unter Druck anliegt. Wir wollen voraussetzen, dass die Federkraft den Körper nach oben bewegen kann und dass $\mu$ sowohl für Haften als auch für Gleiten gilt. Gesucht sind nach dem Loslassen des Körpers:

a) die Strecke $s_{\max}$, die der Körper maximal rutscht

b) die Dauer zwischen Verlassen der Feder und Erreichen von $s = s_{\max}$

Zur Lösung von Teilaufgabe a) nutzen wir den Arbeitssatz. Dies erfolgt in zwei Schritten. Wir unterscheiden zwischen Zeitpunkt 0 bei $s = -\Delta\ell$, Zeitpunkt 1 bei $s = 0$ und Zeitpunkt 2 bei $s = s_{\max}$. In Phase 1 ($s < 0$) wirken in Bewegungsrichtung die Druckkraft der Feder, ein Teil der Gewichtskraft und die Reibkraft auf den Körper. Mit dem Arbeitssatz (22.3) erhalten wir

$$\int_{s=-\Delta\ell}^{0} (-cs - mg\sin\alpha - F_{\mathrm{R}})\,\mathrm{d}s = \frac{m}{2}v_1^2 \,.$$

Hierbei ist $v_1$ die Geschwindigkeit des Körpers am Ende von Phase 1. Zu Beginn der Bewegung gilt $v_0 = 0$. Mit $F_{\mathrm{R}} = \mu F_{\mathrm{N}} = \mu mg\cos\alpha$ erhalten wir

$$v_1 = \sqrt{\frac{c}{m}(\Delta\ell)^2 - 2g\Delta\ell\,(\sin\alpha + \mu\cos\alpha)} \,.$$

In Phase 2 wirkt die Federkraft nicht mehr. Der Arbeitssatz lautet

$$\int_{s=0}^{s_{\max}} (-mg\sin\alpha - F_{\mathrm{R}})\,\mathrm{d}s = \frac{m}{2}v_2^2 - \frac{m}{2}v_1^2 \,.$$

Wenn $s_{\max}$ erreicht ist, gilt $v_2 = 0$. Mit $v_1$ aus Phase 1 erhalten wir schließlich

$$s_{\max} = \frac{c(\Delta\ell)^2}{2mg\,(\sin\alpha + \mu\cos\alpha)} - \Delta\ell \,.$$

Alternativ führt auch der Energiesatz in Gleichung (22.4), d. h. $U_0 + T_0 + W^* = U_2 + T_2$, auf das gleiche Ergebnis. Dabei sind $U_0 = \frac{c}{2}(\Delta\ell)^2$, $T_0 = 0$ und $T_2 = 0$. Mit

$$\frac{c}{2}(\Delta\ell)^2 - \int\limits_{s=-\Delta\ell}^{s_{\max}} F_{\mathrm{R}}\,\mathrm{d}s = mg\,(\Delta\ell + s_{\max})\sin\alpha$$

erhalten wir ohne den Umweg über $v_1$ direkt $s_{\max}$ wie mit dem Arbeitssatz.

Für Teilaufgabe b) wenden wir den Impulssatz aus Gleichung (22.1) an:

$$\int\limits_{t=0}^{t_{\max}} (-mg\sin\alpha - F_{\mathrm{R}})\,\mathrm{d}t = -mv_1\,.$$

Mit $v_1$ aus Teilaufgabe a) erhalten wir

$$t_{\max} = \frac{v_1}{g\,(\sin\alpha + \mu\cos\alpha)} = \frac{\sqrt{\frac{c}{m}(\Delta\ell)^2 - 2g\Delta\ell(\sin\alpha + \mu\cos\alpha)}}{g(\sin\alpha + \mu\cos\alpha)}.$$

## 22.4 Lagrangesche Gleichung zweiter Art

Alternativ zur Methode von d'Alembert können die Bewegungsgleichungen auch mithilfe der kinetischen und potentiellen Energie eines Systems über die Lagrangesche Funktion

$$L = T - U$$

aufgestellt werden. Dabei muss das System nicht freigeschnitten werden, was besonders bei großen Systemen von Vorteil ist. Die Bewegungsgleichung für jede generalisierte Koordinate $q_k$ $(k = 1, 2, \ldots f)$ folgt aus

$$\frac{\mathrm{d}}{\mathrm{d}t}\left(\frac{\partial L}{\partial \dot{q}_k}\right) - \frac{\partial L}{\partial q_k} = Q_k^*\,, \tag{22.5}$$

der sog. Lagrangeschen Gleichung zweiter Art. Hierbei ist $Q_k^*$ die resultierende generalisierte Kraft. Sie setzt sich aus den Komponenten aller eingeprägten *nichtkonservativen* Kräfte $F_{s,i}^*$ und Momente $M_{\varphi,j}^*$ in Richtung der zugehörigen freien Koordinaten $s_i$ bzw. $\varphi_i$ zusammen, multipliziert mit der Ableitung dieser freien Koordinaten nach der generalisierten Koordinate $q_k$:

$$Q_k^* = \sum_i F_{s,i}^* \frac{\partial s_i}{\partial q_k} + \sum_j M_{\varphi,j}^* \frac{\partial \varphi_j}{\partial q_k}\,.$$

Das Vorgehen beim Aufstellen der Bewegungsgleichung erfolgt in folgenden Schritten:

1. Antragen der $n$ freien Koordinaten, Ermittlung des Freiheitsgrades $f$ und Aufstellen der geometrischen Zwangsbedingungen (Anzahl $n - f$)
2. Wahl der generalisierten Koordinate(n) $q_k$ und Ersetzen der übrigen freien Koordinaten durch die generalisierten Koordinate(n)
3. Formulieren der Lagrangeschen Funktion $L$ mit den Energieausdrücken $T$ und $U$, ausgedrückt in den generalisierten Koordinaten
4. Aufstellen der resultierenden generalisierten Kraft $Q_k^*$
5. Formulierung der Bewegungsgleichungen nach Gleichung (22.5).

**Beispiel 22.2:** Die Methode soll auf das System in Beispiel 21.3 angewendet werden, um die Bewegungsgleichung für $x_1$ bestimmen.

*Schritt 1*

Da der Freiheitsgrad $f = 1$ beträgt, gibt es zwei Zwangsbedingungen zwischen den freien Koordinaten: $x_1 = \varphi R_1$ und $x_2 = \varphi R_2$.

*Schritt 2*

Wir wählen $x_1$ als generalisierte Koordinate $q_1$ und ersetzen die übrigen freien Koordinaten durch $\varphi = \frac{x_1}{R_1}$ und $x_2 = \frac{R_2}{R_1}\,x_1$.

*Schritt 3*

Die Energieausdrücke entsprechen der Summe der Beiträge jedes Körpers:

$$
\begin{aligned}
T &= \frac{1}{2}m_1\dot{x}_1^2 + \frac{1}{2}m_2\dot{x}_2^2 + \frac{1}{2}J_D\dot{\varphi}^2\\
&= \frac{1}{2}m_1\dot{x}_1^2 + \frac{1}{2}m_2\left(\frac{R_2}{R_1}\right)^2\dot{x}_1^2 + \frac{1}{2}\frac{J_D}{R_1^2}\dot{x}_1^2\\
U &= -m_1 g\,x_1 + m_2 g\,x_2\sin\alpha\\
&= -m_1 g\,x_1 + m_2 g\,\frac{R_2}{R_1}x_1\sin\alpha\,.
\end{aligned}
$$

Die Vorzeichen der Terme in $U$ zeigen an, ob die potentielle Energie in positiver Koordinatenrichtung zu- oder abnimmt. Die Lagrangesche Funktion lautet

$$
\begin{aligned}
L &= T - U\\
&= \frac{1}{2}\left(m_1 + m_2\left(\frac{R_2}{R_1}\right)^2 + \frac{J_D}{R_1^2}\right)\dot{x}_1^2\\
&\quad + \left(m_1 g - m_2 g\frac{R_2}{R_1}\sin\alpha\right)x_1\,.
\end{aligned}
$$

*Schritt 4*

Nicht im Potential erfasst sind das Antriebsmoment $M_\mathrm{A}$ (positiv zur Koordinatenrichtung $\varphi$) und die auf Körper 2 wirkende Reibkraft $F_\mathrm{R} = -\mu\, m_2 g\cos\alpha$ (negativ zur Koordinatenrichtung $x_2$). Damit lautet die generalisierte Kraft:

$$
\begin{aligned}
Q^* &= M_\mathrm{A}\cdot\frac{\partial\varphi}{\partial x_1} - \mu\, m_2 g\cos\alpha\cdot\frac{\partial x_2}{\partial x_1}\\
&= \frac{M_\mathrm{A}}{R_1} - \mu\, m_2 g\cos\alpha\frac{R_2}{R_1}\,.
\end{aligned}
$$

*Schritt 5*

Wir setzten die Ableitungen

$$
\frac{\mathrm{d}}{\mathrm{d}t}\left(\frac{\partial L}{\partial\dot{x}_1}\right) = \left(m_1 + m_2\left(\frac{R_2}{R_1}\right)^2 + \frac{J_D}{R_1^2}\right)\ddot{x}_1
$$

und

$$
\frac{\partial L}{\partial x_1} = m_1 g - m_2 g\frac{R_2}{R_1}\sin\alpha
$$

mit der generalisierten Kraft in die Gleichung (22.5) ein und erhalten:

$$
\begin{aligned}
&\left(m_1+m_2\left(\frac{R_2}{R_1}\right)^2+\frac{J_D}{R_1^2}\right)\ddot{x}_1-m_1 g+m_2 g\frac{R_2}{R_1}\sin\alpha\\
&= \frac{M_\mathrm{A}}{R_1} - \mu m_2\, g\cos\alpha\,\frac{R_2}{R_1}\,.
\end{aligned}
$$

Umgestellt nach $\ddot{x}_1$ erhalten wir auf diesem Weg das identische Ergebnis wie vorher nach dem Prinzip von d'Alembert (Freischneiden und Gleichgewicht):

$$
\ddot{x}_1 = \frac{M_\mathrm{A} - m_2 g R_2\,(\mu\cos\alpha + \sin\alpha) + m_1 R_1 g}{m_1 R_1 + m_2\dfrac{R_2^2}{R_1} + \dfrac{J_D}{R_1}}\,.
$$

Für große Systeme ist die Lagrangesche Methode effizienter und auch weniger fehleranfällig als das Prinzip von d'Alembert. Der Vorteil, dass hierbei keine Schnittgrößen zwischen den Teilsystemen berücksichtigt und eliminiert werden müssen, hat allerdings den Nachteil, dass diese anschließend mittels Freischnitt eines Teilsystems zusätzlich zu bestimmen sind, wenn sie z. B. für die Dimensionierung benötigt werden. Kleine Systeme mit drei oder weniger freien Koordinaten lassen sich nach dem Prinzip von D'ALEMBERT häufig schneller lösen.

# 23 Stoßvorgänge

Ein *Stoß* beschreibt das Aufeinandertreffen zweier Körper, bei dem sich die Bewegungsrichtungen und Geschwindigkeiten innerhalb sehr kurzer Zeit ändern. Wir nehmen im Folgenden vereinfachend an, dass der Stoßvorgang so kurz ist, dass eine Lageänderung der beteiligten Körper während des Stoßes vernachlässigt werden kann. Zudem nehmen wir an, dass die Stoßkräfte deutlich größer sind als alle anderen wirkenden

Kräfte, die daher vernachlässigt werden können. Anhand von Abb. 23.1 betrachten wir zwei Unterscheidungsmerkmale. Wenn

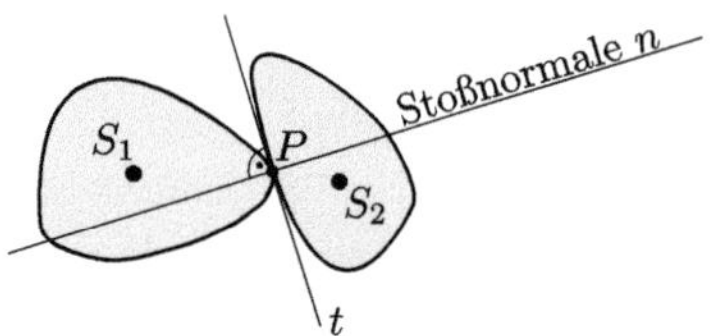


Abb. 23.1: Stoßpunkt $P$ und Stoßnormale

die Geschwindigkeitsvektoren beider Körper vor dem Stoß in Richtung der Stoßnormalen zeigen, handelt es sich um einen *geraden Stoß*, ansonsten um einen *schiefen Stoß*. Bezüglich der Lage der Schwerpunkte unterscheidet man zwischen einem *zentrischen Stoß*, wenn beide Schwerpunkte auf der Stoßnormalen liegen, und einem *exzentrischen Stoß*, wenn dies nicht der Fall ist. In allen Fällen gilt die Impulserhaltung, da äußere Kräfte während des Stoßes vernachlässigt werden.

## 23.1 Gerader zentrischer Stoß

Die Impulserhaltung liefert für den geraden zentrischen Stoß zweier Körper mit den Massen $m_1$ und $m_2$ den Zusammenhang zwischen den Geschwindigkeiten vor dem Stoß ($v_1$, $v_2$) und danach ($\bar{v}_1$, $\bar{v}_2$):

$$m_1 v_1 + m_2 v_2 = m_1 \bar{v}_1 + m_2 \bar{v}_2 \,.$$

Das Verhältnis der Geschwindigkeitsdifferenzen vor und nach dem Stoß wird durch die Stoßzahl $k$ beschrieben, die im Bereich $0 \le k \le 1$ liegt und definiert ist als

$$k = \frac{\bar{v}_1 - \bar{v}_2}{v_2 - v_1} \,.$$

Aus diesen beiden Gleichungen ergeben sich die Geschwindigkeiten nach dem Stoß:

$$\bar{v}_1 = v_1 - (1+k)\,\frac{v_1 - v_2}{1 + \frac{m_1}{m_2}}$$

$$\bar{v}_2 = v_2 - (1+k)\,\frac{v_2 - v_1}{1 + \frac{m_2}{m_1}} \,.$$

Die Grenzwerte von $k$ beschreiben die beiden Sonderfälle:

- *elastischer Stoß* mit $k = 1$: Es treten nur elastische Verformungen auf und die kinetische Energie beider Körper bleibt in Summe konstant.
- *plastischer Stoß* mit $k = 0$: Beide Körper bewegen sich nach dem Stoß gemeinsam mit der gleichen Geschwindigkeit weiter ($\bar{v}_1 = \bar{v}_2$).

Vorgänge beim Schmieden oder dem Einschlagen von Nägeln können näherungsweise als plastische Stöße betrachtet werden. Der Gesamtimpuls bleibt in allen Fällen erhalten, während die kinetische Energie mit Ausnahme des elastischen Stoßes abnimmt. Dieser Energieverlust lässt sich mit

$$\Delta T = \frac{1-k^2}{2}\,(v_1 - v_2)^2\,\frac{m_1 m_2}{m_1 + m_2}$$

berechnen. Die Stoßzahl $k$ ist eine empirische Kenngröße und muss experimentell ermittelt werden.

## 23.2 Schiefer zentrischer Stoß

Beim schiefen zentrischen Stoß besitzen die Geschwindigkeiten Anteile in Richtung der Stoßnormalen $v_\mathrm{n}$ sowie Tangentialkomponenten $v_\mathrm{t}$, die senkrecht dazu stehen. Wir betrachten hier nur den reibungsfreien Fall mit glatten Oberflächen am Stoßpunkt, bei dem die Impulsübertragung ausschließlich in Richtung der Stoßnormalen erfolgt. Somit gilt für die Tangentialkomponenten

$\bar{v}_{1t} = v_{1t}$ und $\bar{v}_{2t} = v_{2t}$. Die Geschwindigkeitskomponenten in Richtung der Stoßnormalen werden mit den Gleichungen des geraden, zentrischen Stoßes berechnet, wobei $v_1 = v_{1n}$ und $v_2 = v_{2n}$ gesetzt wird.

## 23.3 Exzentrischer Stoß

Beim exzentrischen Stoß verläuft die Stoßnormale nicht durch die Schwerpunkte der beteiligten Körper, wodurch zusätzlich Rotationen hervorgerufen werden. Im Allgemeinen haben die Körper vor und nach dem Stoß unterschiedliche translatorische Geschwindigkeiten der Schwerpunkte $v_1$ und $v_2$ bzw. $\bar{v}_1$ und $\bar{v}_2$ sowie unterschiedliche Winkelgeschwindigkeiten $\omega_1$ und $\omega_2$ bzw. $\bar{\omega}_1$ und $\bar{\omega}_2$. Um die vier Geschwindigkeitsgrößen nach dem Stoß zu bestimmen, müssen sowohl die Impulsbilanz als auch die Drehimpulsbilanz für jeden Körper unter Berücksichtigung der Stoßkraft aufgestellt werden.

Abb. 23.2 zeigt den praktisch relevanten Sonderfall eines geraden exzentrischen Stoßes, bei dem ein Körper drehbar gelagert ist. Dieses spezielle Problem kann mit

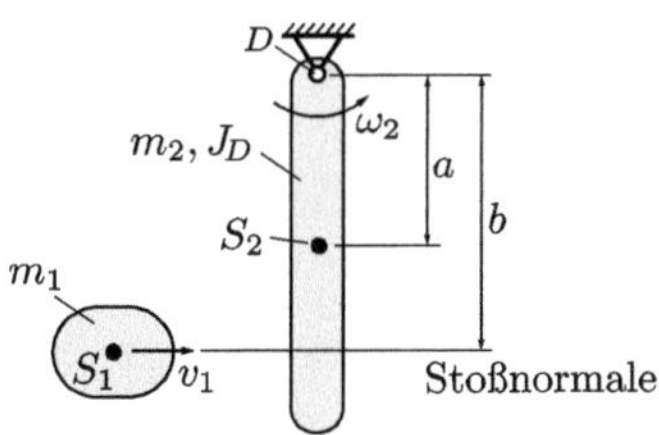


Abb. 23.2: Beispiel für exzentrischen Stoß

den Formeln des geraden zentrischen Stoßes gelöst werden, indem man für den drehbar gelagerten Körper die Masse durch die sog. reduzierte Masse $m_{2\text{red}} = J_D/b^2$ ersetzt und die translatorische Geschwindigkeit am Stoßpunkt $v_2 = \omega_2 \cdot b$ verwendet.

Liegt der Stoßpunkt im Abstand

$$b^* = \frac{J_D}{m_2 a}$$

vom Drehpunkt, treten im Lager $D$ keine Stoßkräfte auf. Dieser Punkt wird als *Stoßmittelpunkt* bezeichnet und entspricht dem Momentanpol der Bewegung von Körper 2. Daher werden Hämmer oder Tennisschläger idealerweise am Stoßmittelpunkt gehalten.

# 24 Schwingungen

## 24.1 Grundlagen

Vorgänge, bei denen physikalische Größen, wie Wege, Geschwindigkeiten, Kräfte oder Drücke, zeitlichen Schwankungen unterliegen, werden als Schwingungen bezeichnet. Beispiele aus der Technik sind etwa Fahrzeugbewegungen beim Überfahren einer Schlechtwegstrecke, Schwingungen von Brücken, Türmen oder ein elektrischer Schwingkreis. Alle diese Vorgänge können mathematisch auf ähnliche Weise behandelt werden.

Mechanische Schwingungen entstehen, wenn auf bewegte Körper wegabhängige Rückstellkräfte wirken, beispielsweise durch Federn. Dabei findet eine periodische Umwandlung von potentieller in kinetische Energie und umgekehrt statt.

### Kinematik

Schwingungen, bei denen eine Größe $q(t)$ nach einem konstanten Zeitabstand $T$, der *Periodendauer*, wieder denselben Wert annimmt, siehe Abb. 24.1, werden als *periodisch* bezeichnet. Es gilt

$$q(t+T) = q(t)\,.$$

Der Kehrwert der Periodendauer ist die

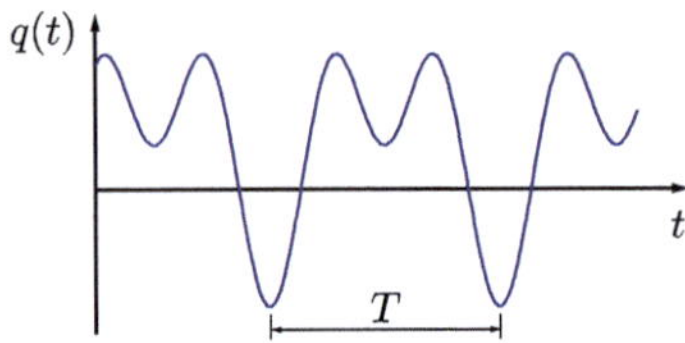


Abb. 24.1: Periodische Schwingung

*Frequenz* $f$, womit die Anzahl der Schwingungsperioden pro Sekunde in der Einheit Hertz ($1\,\text{Hz} = 1/\text{s}$) angegeben wird:

$$f = \frac{1}{T}.$$

Der einfachste Fall einer periodischen Schwingung ist die harmonische Schwingung, die sich durch eine Sinus- oder Kosinusfunktion darstellen lässt:

$$q(t) = \hat{q} \cdot \sin(\omega t + \varphi_0)\,. \qquad (24.1)$$

Sie wird durch die Parameter Amplitude $\hat{q}$, Kreisfrequenz $\omega$ und Nullphasenwinkel $\varphi_0$ beschrieben. Zwischen Kreisfrequenz, Periodendauer und Frequenz besteht der Zusammenhang:

$$\omega = \frac{2\pi}{T} = 2\pi f\,.$$

Abb. 24.2 zeigt, dass sich harmonische Schwingungen als Bewegung eines Punktes auf einer Kreisbahn mit konstanter Winkelgeschwindigkeit darstellen lassen. Alternativ zur Darstellung mit Amplitude und

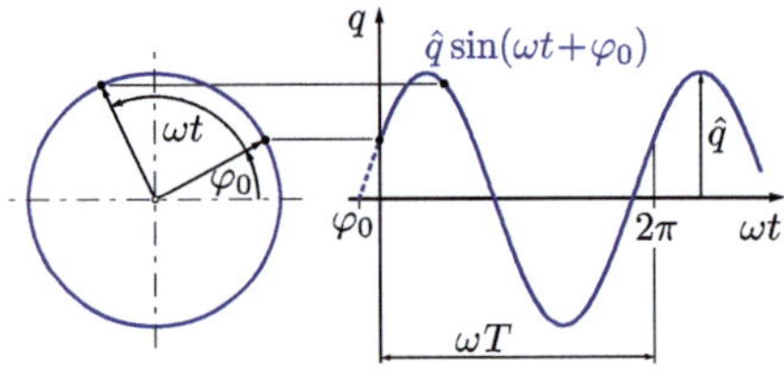


Abb. 24.2: Harmonische Schwingung

Nullphasenwinkel in Gleichung (24.1) lässt sich eine harmonische Schwingung auch als Summe einer Sinus- und einer Kosinus-Funktion beschreiben:

$$q(t) = A\cos(\omega t) + B\sin(\omega t)\,.$$

Beide Formulierungen sind gleichwertig. Die Zusammenhänge zwischen den Parametern lauten:

$$\hat{q} = \sqrt{A^2 + B^2} \quad \text{und} \quad \tan\varphi_0 = \frac{B}{A}.$$

Jede periodische Schwingung kann mittels Fourier-Reihenentwicklung als Überlagerung verschiedener harmonischer Schwingungen beschrieben werden. Daher beschränken wir uns im Folgenden ausschließlich auf die Analyse harmonischer Schwingungen.

### Einteilung

Schwingungen können nach verschiedenen Kriterien klassifiziert werden.

- Ursache:
  *Freie Schwingungen* (Eigenschwingungen) entstehen durch eine einmalige Anregung (Anfangsbedingungen) und verlaufen ohne weitere äußere Einflüsse. *Erzwungene Schwingungen* treten hingegen unter kontinuierlicher Anregung, etwa durch periodische Kräfte, auf.
- Dämpfung:
  Bei *ungedämpften* freien Schwingungen bleibt die Amplitude konstant, während sie bei *gedämpften* Schwingungen abnimmt.
- Freiheitsgrad:
  Für ein Schwingungssystem mit dem Freiheitsgrad $f$ ergeben sich entsprechend $f$ gekoppelte Bewegungsgleichungen.

- Typ der Bewegungsgleichung:
  Je nach Art der Differentialgleichung unterscheidet man zwischen linearen und nichtlinearen Schwingungen. Hier beschränken wir uns auf lineare Schwingungen.

### Ersatzsteifigkeiten

Lineare Federn können als Ersatzmodell für die Steifigkeit eines beliebigen elastischen Körpers verwendet werden. Die Steifigkeit $c$ entspricht dabei dem Quotienten einer aufgebrachten Kraft und der Verformung in Kraftrichtung

$$c = \frac{F}{\Delta\ell}.$$

Verschiedene Beispiele für einfache mechanische Grundmodelle sind in Abb. 24.3 gezeigt. So kann die Steifigkeit für einen ge-

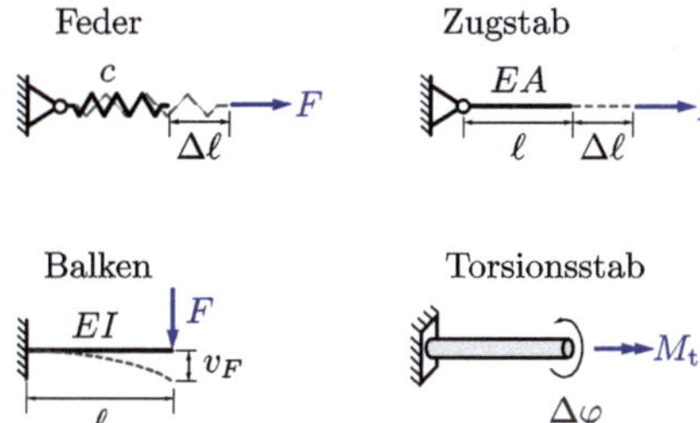


Abb. 24.3: Elastische Körper

raden Stab mit Gleichung (10.2) berechnet werden:

$$\Delta\ell = \frac{F\ell}{EA} \quad \rightarrow \quad c = \frac{F}{\Delta\ell} = \frac{EA}{\ell}.$$

Analog erhalten wir auch die Biegesteifigkeit eines einseitig eingespannten Balkens:

$$v_F = \frac{F\ell^3}{3EI} \quad \rightarrow \quad c = \frac{F}{v_F} = \frac{3EI}{\ell^3}.$$

Die Drehsteifigkeit eines Torsionsstabs folgt schließlich als:

$$\Delta\varphi = \frac{M_t\ell}{GI_t} \quad \rightarrow \quad c_t = \frac{M_t}{\Delta\varphi} = \frac{GI_t}{\ell}.$$

Die Drehsteifigkeit hat die Einheit Nm/rad.

Häufig treten in Schwingungssystemen Kombinationen mehrerer Federn auf. Diese können zu einer resultierenden Ersatzsteifigkeit $c_{ers}$ zusammengefasst werden. Bei ei-

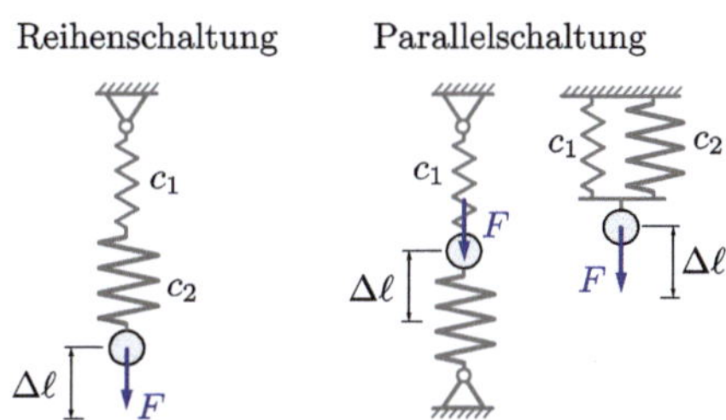


Abb. 24.4: Reihen- und Parallelschaltung

ner *Reihenschaltung* von Federn addieren sich die Federwege, während die Kräfte in den Federn gleich groß sind. Wir erhalten:

$$\frac{1}{c_{ers}} = \sum_i \frac{1}{c_i}.$$

Bei Federn in *Parallelschaltung* hingegen addieren sich die Federkräfte und der Federweg ist für beide gleich. Die Gesamtsteifigkeit beträgt:

$$c_{ers} = \sum_i c_i.$$

Gelegentlich wird für Federn auch die *Nachgiebigkeit* angegeben. Sie entspricht dem Kehrwert der Steifigkeit.

**Beispiel 24.1:** Für das Schwingungssystem in Abb. 24.5 soll die Ersatzsteifigkeit ermittelt werden. Zunächst wird die Ersatzsteifigkeit aus dem Balken mit $c_B = 6EI/a^3$ und

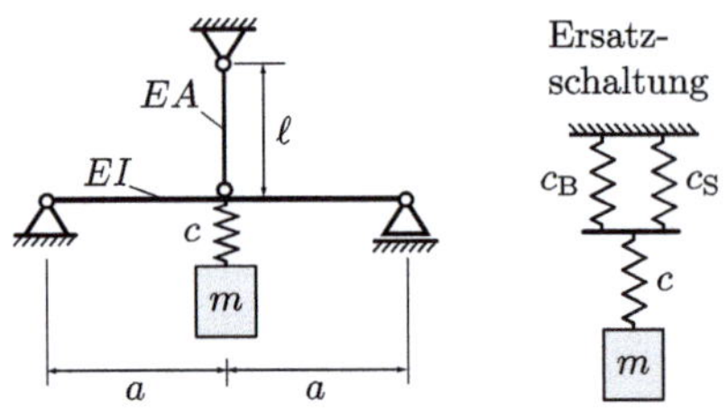


Abb. 24.5: Beispiel Ersatzfedersteifigkeit

dem Stab mit $c_S = EA/\ell$ gebildet. Da die Federwege des Balkens und des Stabes gleich sind, entspricht dies einer Parallelschaltung. Der Federweg der Spiralfeder wird zum Federweg der beiden addiert, weshalb sie zu diesen in Reihe geschaltet ist. Für die Ersatzsteifigkeit erhalten wir

$$c_{\text{ers}} = \frac{1}{\frac{1}{c} + \frac{1}{c_B + c_S}} = \frac{c\,(c_B + c_S)}{c + c_B + c_S}$$
$$= \frac{c\,E\,(6I\ell + A\,a^3)}{c\,a^3\ell + 6EI\ell + EAa^3}.$$

## 24.2 Freie ungedämpfte Schwingungen

Als einfaches Beispiel für eine ungedämpfte Schwingung mit dem Freiheitsgrad $f = 1$ betrachten wir das System in Abb. 24.6. Der Körper der Masse $m$ bewegt sich reibungsfrei. Zur Beschreibung der Bewegung verwenden wir die Koordinate $x$, deren Nulllage der statischen Ruhelage entspricht, sodass die Rückstellkraft $c \cdot x$ beträgt. Die vertikalen Kräfte haben keinen Einfluss auf die Bewegungsgleichung in $x$-Richtung. Diese folgt aus der horizontalen Kräftebilanz

$$\rightarrow: \quad m\ddot{x} + cx = 0\,. \qquad (24.2)$$

In normierter Form (wir teilen dafür durch die Masse, sodass der Term mit der höchsten Ableitung den Faktor 1 hat) entspricht dies der ungedämpften Schwingungsdifferentialgleichung:

$$\ddot{x} + \omega_0^2\,x = 0 \quad \text{mit} \quad \omega_0 = \sqrt{\frac{c}{m}}\,. \qquad (24.3)$$

Es handelt sich dabei um eine lineare, homogene Differentialgleichung 2. Ordnung mit konstanten Koeffizienten. Die *Eigenkreisfrequenz* $\omega_0$ entspricht der Kreisfrequenz mit der ein ungedämpftes Schwingungssystem frei schwingt. Sie kann anhand der unten angegebenen Lösung direkt aus der Bewegungsgleichung abgelesen werden, ohne diese jedes Mal selbst lösen zu müssen. Bevor wir die Lösung von Gleichung (24.3) behandeln, wollen wir noch anhand von zwei weiteren Beispielen den Einfluss der Gewichtskraft auf das Schwingungsverhalten untersuchen.

Der vertikale Schwinger in Abb. 24.7 schwingt um seine statische Ruhelage bei $x = 0$, wobei die Feder bereits durch die Gewichtskraft um die Strecke $x_{\text{st}} = mg/c$ statisch ausgelenkt ist. Die Kräftebilanz in vertikaler Richtung lautet

$$\uparrow: \quad m\ddot{x} + c \cdot (x_{\text{st}} + x) - mg = 0$$

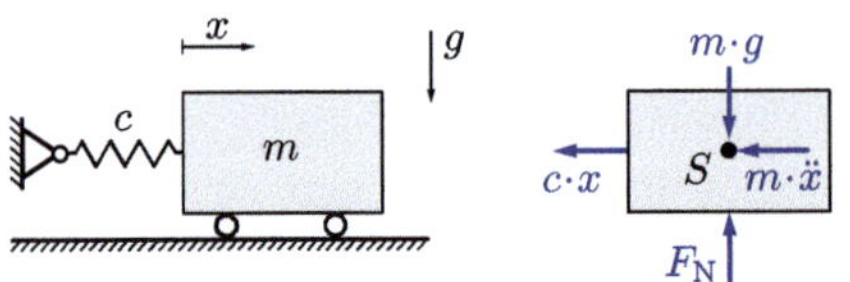


Abb. 24.6: Beispiel horizontaler Schwinger

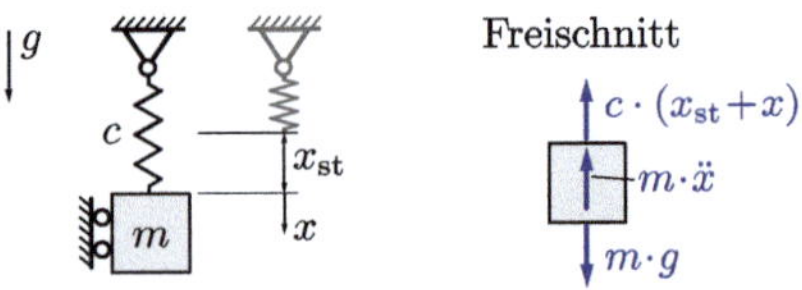


Abb. 24.7: Beispiel vertikaler Schwinger

und vereinfacht sich wegen $cx_{\mathrm{st}} = mg$ zu

$$\uparrow: \quad m\ddot{x} + cx = 0\,,$$

womit sie dieselbe Form wie der horizontale Schwinger (24.2) mit der Eigenkreisfrequenz $\omega_0 = \sqrt{c/m}$ hat. Die Gewichtskraft hat also keinen Einfluss auf die Schwingung. Verallgemeinernd können wir festhalten, dass die Gewichtskraft und die statische Federkraft nicht in der Bewegungsgleichung berücksichtigt werden müssen, wenn sie sich im Gleichgewicht gegenseitig kompensieren.

Abb. 24.8 zeigt ein elastisch gelagertes Pendel. In der links gezeigten statischen Ruhelage ist die Feder entspannt. Die Bewegung des Körpers mit den Trägheitseigenschaften $m$ und $J_A$ betrachten wir als reine Rotation mit der Koordinate $\varphi$ um den Aufhängungspunkt $A$, den Momentanpol der Bewegung. Die Momentenbilanz

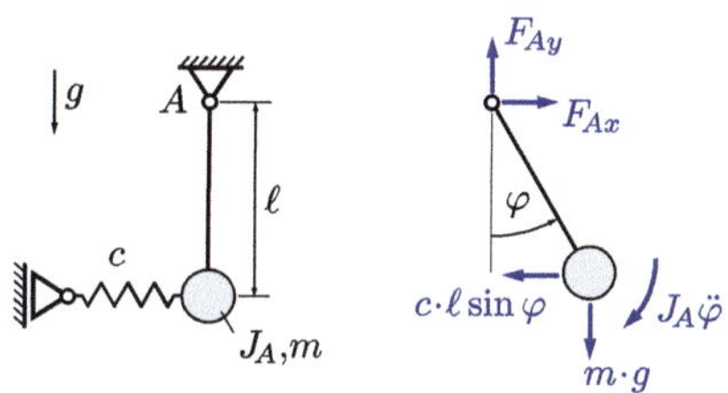


Abb. 24.8: Elastisch gestütztes Pendel

bilden wir zweckmäßigerweise um $A$ und erhalten als Bewegungsgleichung:

$$\overset{\frown}{A}: \; J_A\ddot{\varphi} + mg\cdot\ell\sin\varphi + c\,\ell\sin\varphi\cdot\ell\cos\varphi = 0\,.$$

Dies ist eine nichtlineare Bewegungsgleichung, die für kleine Ausschläge mit der Kleinwinkelnäherung $\sin\varphi \approx \varphi$ und $\cos\varphi \approx 1$ linearisiert werden kann. Nach der Normierung erhalten wir die Differentialgleichung für die Pendelschwingung analog zu (24.3):

$$\ddot{\varphi} + \omega_0^2\,\varphi = 0 \quad \text{mit} \quad \omega_0 = \sqrt{\frac{mg\ell + c\,\ell^2}{J_A}}\,.$$

Im Gegensatz zum vertikalen Schwinger in Abb. 24.7 ist die Feder in der statischen Ruhelage entspannt. Dadurch steht die Gewichtskraft hier nicht im Gleichgewicht mit der statischen Federvorspannung und entfällt auch nicht in der Bewegungsgleichung.

## Lösung der Bewegungsgleichung

Die allgemeine Lösung der Differentialgleichung

$$\ddot{q} + \omega_0^2 q = 0$$

lautet:

$$q(t) = C_1\sin(\omega_0 t + C_2)\,.$$

Die verallgemeinerte Koordinate $q$ kann dabei einen Weg oder einen Winkel beschreiben. Ein Vergleich mit Gleichung (24.1) zeigt, dass die Konstanten $C_1 = \hat{q}$ der Amplitude und $C_2 = \varphi_0$ dem Nullphasenwinkel entsprechen. Diese Größen können aus den Anfangsbedingungen der freien Schwingung für den Anfangsweg bzw. -winkel und die Anfangs(winkel)geschwindigkeit

$$q(t{=}0) = q_0, \qquad \dot{q}(t{=}0) = \dot{q}_0$$

bestimmt werden und wir erhalten:

$$C_1 = \hat{q} = \sqrt{q_0^2 + \left(\frac{\dot{q}_0}{\omega_0}\right)^2} \qquad \text{und}$$

$$C_2 = \varphi_0 = \arctan\left(\frac{\omega_0\cdot q_0}{\dot{q}_0}\right)\,.$$

Für die gleichwertige Beschreibung ohne Phasenwinkel lautet die Lösung der Differentialgleichung:

$$q(t) = A\cos(\omega_0 t) + B\sin(\omega_0 t) \quad \text{mit}$$

$$A = q_0 \quad \text{und} \quad B = \frac{\dot{q}_0}{\omega_0}.$$

Wir halten fest, dass Amplitude und Phasenwinkel der freien Schwingung von den Anfangsbedingungen abhängen. Im Fall einer Anfangsauslenkung ohne Anfangsgeschwindigkeit ist die Amplitude $\hat{q} = q_0$ und der Nullphasenwinkel $\varphi_0 = 90°$, womit die Schwingung einer um 90° nach links verschobenen Sinusfunktion und somit einer reinen Kosinusfunktion ($B = 0$) entspricht.

Von technischem Interesse ist häufig nur die Eigenkreisfrequenz. Diese kann direkt aus der Bewegungsgleichung abgelesen werden, ohne sie zu lösen. Die Anfangsbedingungen haben bei linearen Systemen keinen Einfluss auf die Eigenkreisfrequenz.

## 24.3 Freie gedämpfte Schwingungen

Vollständig ungedämpfte Schwingungen mit konstant bleibenden Amplituden treten in der Praxis nicht auf. Bewegungswiderstände durch Reibung, Flüssigkeits- oder Luftwiderstände und innere Werkstoffdämpfung sorgen für den Verlust an mechanischer Energie des Schwingungssystems (Energiedissipation), wodurch eine freie gedämpfte Schwingung letztendlich zur Ruhe kommt.

Wir beschränken uns hier auf den praktisch wichtigen Spezialfall geschwindigkeitsproportionaler (viskoser) Dämpfung. Diese tritt z. B. durch Flüssigkeitsreibung in Schwingungsdämpfern von Kraftfahrzeugen oder allgemein in guter Näherung als Widerstandskraft in laminaren Strömungen auf. Auch innere Werkstoffdämpfung kann bei niedrigen Frequenzen näherungsweise als proportional zur Geschwindigkeit betrachtet werden. Dämpfer mit diesen Eigenschaften werden als lineare Dämpfer bezeichnet, da sie auf lineare Differentialgleichungen führen. Die Wirkung mehrerer solcher Dämpfer kann wie bei Federn zu resultierenden Ersatzdämpferkonstanten zusammengefasst werden.

### Lösung der Bewegungsgleichung

Die Bewegungsgleichung wollen wir erneut anhand des Beispiels einer translatorischen Schwingung entsprechend Abb. 24.9 aufstellen. Im Freischnitt sind die Gewichts-

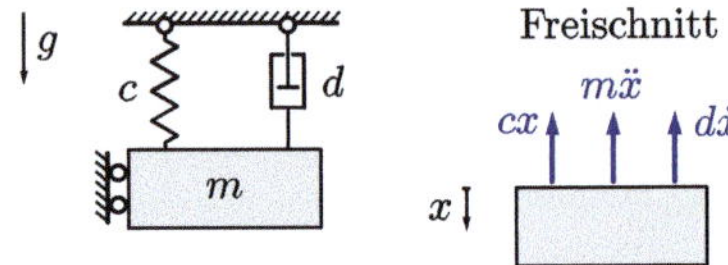


Abb. 24.9: Schwingungssystem mit Dämpfung

kraft und die statische Federkraft nicht eingetragen, da sie im Gleichgewicht stehen. Außerdem wurde der lineare Dämpfer durch die Dämpferkraft $F_D = d \cdot \dot{x}$ ersetzt. Dabei ist die Dämpferkonstante $d$ der Proportionalitätsfaktor zwischen Dämpferkraft und Geschwindigkeit und hat die Einheit kg/s.

Die Kräftebilanz führt auf die Bewegungsgleichung:

$$\uparrow: \quad m\ddot{x} + d\dot{x} + cx = 0\,.$$

In normierter Form kann sie wie folgt geschrieben werden:

$$\ddot{x} + 2\delta\,\dot{x} + \omega_0^2\,x = 0\,. \qquad (24.4)$$

Dabei wurden die Größen *Abklingkonstante* $\delta$ (in 1/s) und die Eigenfrequenz der ungedämpften Schwingung $\omega_0$ eingesetzt:

$$\delta = \frac{d}{2m}\,, \quad \omega_0 = \sqrt{\frac{c}{m}}\,.$$

Aus beiden Größen kann das *Lehr'sche Dämpfungsmaß* $D$ (auch Dämpfungsgrad) als dimensionslose Kenngröße für die Dämpfung eines Schwingungssystems gebildet werden:

$$D = \frac{\delta}{\omega_0}\,.$$

Die Lösung der Bewegungsgleichung (24.4), einer homogenen linearen Differentialgleichung 2. Ordnung mit konstanten Koeffizienten, hängt vom Dämpfungsgrad $D$ ab. Es ist zu unterscheiden zwischen

| | |
|---|---|
| $D > 1$ | starker Dämpfung |
| $D = 1$ | aperiodischem Grenzfall |
| $D < 1$ | schwacher Dämpfung. |

Die beiden ersten Fälle führen auf Kriechbewegungen mit maximal einem Nulldurchgang und einem Extremwert. Von technischer Relevanz ist daher vor allem der Fall schwacher Dämpfung, denn nur für $D < 1$ treten Schwingungen auf. Die Lösung der Differentialgleichung lautet in diesem Fall:

$$x(t) = Ce^{-\delta t} \cdot \sin\left(\omega_\mathrm{d} t + \varphi_0\right)\,. \qquad (24.5)$$

Die Konstanten $C$ und $\varphi_0$ folgen wie bei der freien Schwingung aus den Anfangsbedingungen für den Weg $x_0$ und die Geschwindigkeit $\dot{x}_0$:

$$C = \sqrt{x_0^2 + \left(\frac{\dot{x}_0 + D\,\omega_0 x_0}{\omega_\mathrm{d}}\right)^2}$$

$$\varphi_0 = \arctan\left(\frac{\omega_\mathrm{d} x_0}{\dot{x}_0 + D\omega_0 x_0}\right)\,.$$

Weiterhin ist $\omega_\mathrm{d}$ die tatsächliche Eigenkreisfrequenz der gedämpften Schwingung. Sie kann aus $\omega_0$ mit

$$\omega_\mathrm{d} = \omega_0\sqrt{1 - D^2}$$

berechnet werden und ist für $D > 0$ stets kleiner als die Eigenkreisfrequenz des Systems ohne Dämpfung, d. h. die Periodendauer wird infolge von Dämpfung größer.

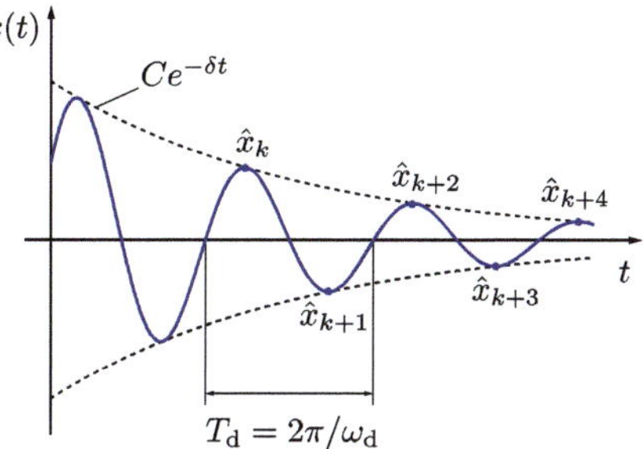


Abb. 24.10: Freie gedämpfte Schwingung

Abb. 24.10 zeigt den Verlauf einer freien gedämpften Schwingung. Ihre Amplituden gehen für $t \to \infty$ asymptotisch gegen null. Praktisch kommen aber auch viskos gedämpfte Schwingungen aufgrund vorhandener Reibung nach endlicher Zeit zum Stillstand. Da die Amplituden mit der Zeit abnehmen, ist die freie gedämpfte Schwingung nicht periodisch. Allerdings ist die Frequenz konstant und die Periodendauer $T_\mathrm{d}$ beschreibt den zeitlichen Abstand zwischen zwei aufeinanderfolgenden Nulldurchgängen mit derselben Richtung.

## Bestimmung der Dämpfungsparameter

Anders als Trägheits- und Steifigkeitskennwerte lassen sich Dämpfungskennwerte meist nur experimentell ermitteln. Dazu wird die Ausschwingkurve einer gedämpften Schwingung nach einmaliger Anregung, wie in Abb. 24.10 gezeigt, ausgewertet. Geschwindigkeitsproportionale Dämpfung liegt dann vor, wenn das Verhältnis aufeinanderfolgender Maxima konstant ist. In diesem Fall kann das *logarithmische Dekrement* $\lambda$ als Verhältnis zweier Maxima berechnet werden. Ganz allgemein können dafür Ausschläge, die beliebig viele Periodendauern $n \cdot T_\mathrm{d}$ auseinanderliegen, verwendet werden:

$$\lambda = \ln\left(\frac{\hat{x}_k}{\hat{x}_{k+2}}\right) = \frac{1}{n}\ln\left(\frac{x(t)}{x(t+n\cdot T_\mathrm{d})}\right).$$

Aus dem logarithmischen Dekrement lassen sich auch die weiteren Dämpfungskenngrößen des Schwingungssystems berechnen:

$$D = \frac{\lambda}{\sqrt{4\pi^2+\lambda^2}} \quad \text{und} \quad \delta = \frac{\lambda}{T_\mathrm{d}}.$$

Wir haben hiermit bereits vier Parameter für die Dämpfung kennengelernt. Die Dämpferkonstante $d$ ist, analog zur Federsteifigkeit, die Kenngröße eines diskreten Dämpferelements. Die Parameter $\delta$, $D$ und $\lambda$ sind Kenngrößen der Dämpfung eines Schwingungssystems, da sie auch von der Trägheit und der Steifigkeit abhängen. Zur Dämpferkonstante gelten die Beziehungen:

$$d = 2\,\delta\, m = 2\,D\,\omega_0\, m = \frac{2\lambda\,\omega_0 m}{\sqrt{4\pi^2+\lambda^2}}.$$

Für Systeme mit mehreren Dämpferelementen gelten diese Zusammenhänge für die resultierende Dämpferkonstante.

Alle bisherigen Gleichungen gelten analog für Drehschwingungen, wenn für die Masse das Massenträgheitsmoment, für die Dämpferkonstante die Drehdämpferkonstante (in Nms/rad=kg·m$^2$/s) und für die Steifigkeit die Drehsteifigkeit (in Nm/rad) verwendet werden.

### Allgemeine Drehschwingung

Viele bewegliche Maschinenbauteile sind Drehschwinger. Darunter versteht man ein im Punkt $D$ drehbar gelagertes Bauteil, das durch translatorische Federn und Dämpfer gehalten wird, wie in Abb. 24.11 gezeigt ist. Die Bewegungsgleichung kann für kleine Winkel (lineare Bewegungsgleichung) mit der resultierenden Drehdämpferkonstante

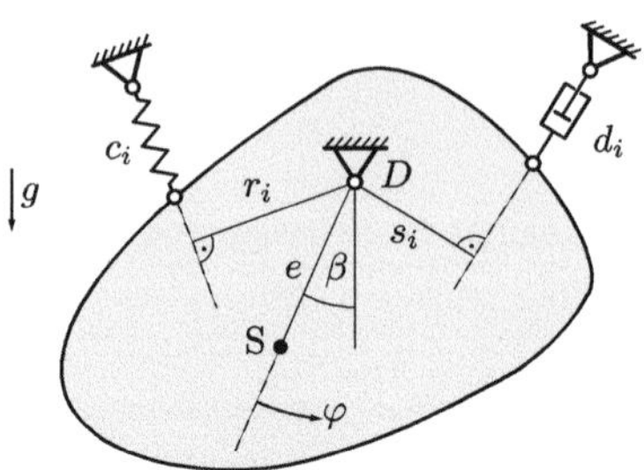


Abb. 24.11: Allgemeine Drehschwingung

$d_\mathrm{D}$ und der resultierenden Drehsteifigkeit $c_\mathrm{D}$ aufgestellt werden:

$$J_D\,\ddot{\varphi} + d_D\dot{\varphi} + c_D\varphi = 0\,,$$

woraus direkt die Systemkenngrößen

$$\delta = \frac{d_D}{2J_D} \quad \text{und} \quad \omega_0^2 = \frac{c_D}{J_D}$$

folgen. Die resultierende Dämpferkonstante folgt aus der Konstante $d_i$ und dem Hebelarm $s_i$ der Kraft jedes diskreten Dämpfers:

$$d_D = \sum_i \left(d_i \cdot s_i^2\right).$$

Für die resultierende Drehsteifigkeit muss neben der Steifigkeit $c_i$ und dem Hebelarm $r_i$ jeder Feder auch noch der Einfluss der Gewichtskraft auf die statische Federvorspannkraft berücksichtigt werden:

$$c_D = \sum_j \left(c_j \cdot r_j^2\right) + mg \cdot e\cos\beta\,,$$

wobei $e$ der Abstand zwischen Schwerpunkt und Drehpunkt und $\beta$ der Winkel zwischen dieser Verbindungslinie und der vertikalen Linie unterhalb des Drehpunktes ist.

## 24.4 Erzwungene Schwingungen

Freie Schwingungen treten nach einmaliger Anregung durch die Anfangsbedingungen ohne weitere äußere Krafteinwirkung auf und klingen aufgrund von Dämpfung mit der Zeit ab. Im Unterschied dazu entstehen *erzwungene Schwingungen* durch periodisch wirkende äußere Anregungen und klingen nicht ab, solange die Anregung anhält. Dabei wird zwischen *Kraftanregung*, *Unwuchtanregung* und *Stützenanregung* unterschieden. Wir beschränken uns wieder auf harmonische Anregungen, da jede periodische Anregung mithilfe der Fourier-Reihenentwicklung als Summe harmonischer Anregungen zurückgeführt werden kann.

Die Bewegungsgleichung erzwungener Schwingungen haben die Form:

$$\ddot{q} + 2\delta\,\dot{q} + \omega_0^2 q = \hat{f}\sin(\Omega t)\ . \qquad (24.6)$$

Hierin ist $q$ wieder die verallgemeinerte Koordinate von der Dimension eines Weges oder Winkels, $\hat{f}$ die (bezogene) Amplitude der Anregung und $\Omega$ die Erregerkreisfrequenz.

Gleichung (24.6) ist im Gegensatz zum Fall der freien Schwingungen eine inhomogene Differentialgleichung. Die allgemeine Lösung setzt sich aus der homogenen und einer partikulären Lösung der Differentialgleichung zusammen:

$$q(t) = q_{\mathrm{h}}(t) + q_{\mathrm{p}}(t)\,.$$

Die homogene Lösung $q_{\mathrm{h}}(t)$ entspricht der freien Schwingung und ist bereits in Gleichung (24.5) angegeben. Sie klingt aufgrund der Dämpfung exponentiell ab. Dieser Prozess wird als Einschwingvorgang bezeichnet. Danach entspricht die Bewegung der partikulären Lösung: $q(t) = q_{\mathrm{p}}(t)$. Man spricht dann vom stationären oder eingeschwungenen Zustand. Dabei erfolgt die Schwingung mit der Erregerkreisfrequenz $\Omega$ und nicht wie freie Schwingungen mit der Eigenkreisfrequenz. Abb. 24.12 zeigt das beispielhaft für den Fall $\Omega < \omega_{\mathrm{d}}$. Die partikuläre Lösung für den eingeschwungenen Zustand lautet:

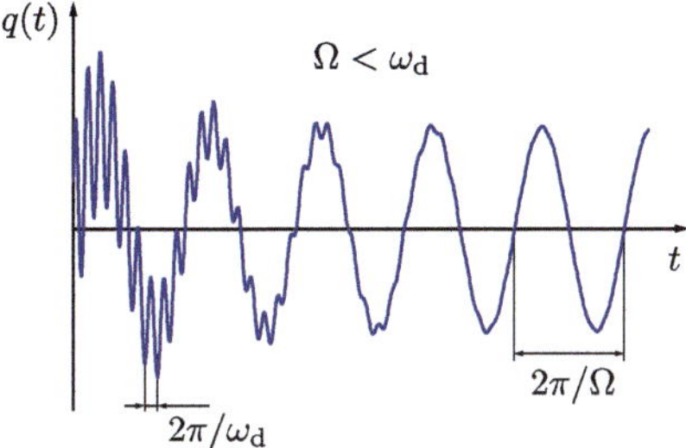


Abb. 24.12: Einschwingvorgang erzwungener Schwingungen

$$\begin{aligned} q_{\mathrm{p}}(t) &= \hat{q}\cdot\sin(\Omega t - \psi) \\ &= q_0\cdot V\cdot\sin(\Omega t - \psi)\,. \end{aligned} \qquad (24.7)$$

Hier ist $q_0$ die statische Auslenkung, die sich bei statisch wirkender Erregerkraft einstellen würde und $V$ die Vergrößerungsfunktion, welche angibt, wie stark die Schwingungsamplitude bei harmonischer Anregung mit $\Omega$ gegenüber der statischen Auslenkung vergrößert wird. Der Phasenwinkel $\psi$ gibt die Phasenverschiebung an, mit der die Bewegung der Anregung dämpfungsbedingt nachläuft.

Im Folgenden betrachten wir die speziellen Lösungen für die unterschiedlichen Arten der Schwingungsanregung. Dabei wird das *Abstimmungsverhältnis* $\eta$ verwendet, das als Quotient aus Erregerkreisfrequenz und ungedämpfter Eigenkreisfrequenz definiert ist:

$$\eta = \frac{\Omega}{\omega_0}.$$

## Harmonische Kraftanregung

Abb. 24.13 zeigt ein Schwingungssystem unter harmonischer Kraftanregung mit der Amplitude $\hat{F}$.

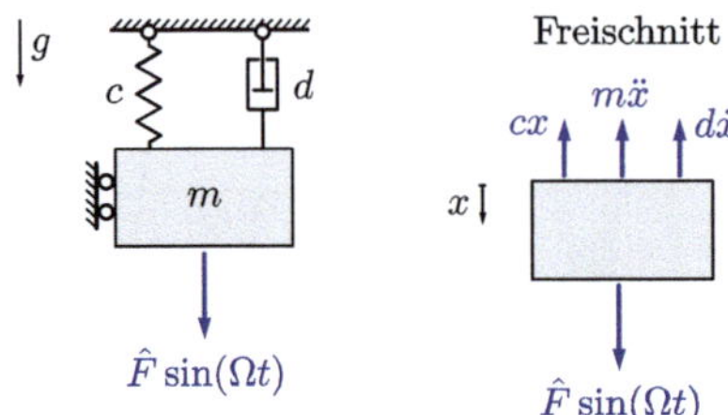


Abb. 24.13: Harmonische Kraftanregung

Die Bewegungsgleichung hierfür lautet

$$m\ddot{x} + d\dot{x} + cx = \hat{F}\sin(\Omega t).$$

In der Lösung nach Gleichung (24.7) sind die statische Auslenkung

$$q_0 = \frac{\hat{F}}{c}$$

und die Vergrößerungsfunktion für Kraftanregung

$$V_\mathrm{K} = \frac{1}{\sqrt{(1-\eta^2)^2 + 4D^2\eta^2}}.$$

einzusetzen. Abb. 24.14 zeigt den Verlauf für verschiedene Dämpfungsgrade. Für den theoretischen Fall ohne Dämpfung ($D = 0$) geht im Resonanzfall ($\omega_0 = \Omega$ bei $\eta = 1$) die Vergrößerungsfunktion $V_\mathrm{K}$ gegen unendlich und damit auch die Schwingungsamplitude. Mit Dämpfung tritt Resonanz und damit das Maximum der Vergrößerungsfunktion bei

$$\eta_\mathrm{max} = \sqrt{1 - 2D^2}$$

auf, wobei der Maximalwert

$$V_\mathrm{K,max} = \frac{1}{2D\sqrt{1-D^2}}$$

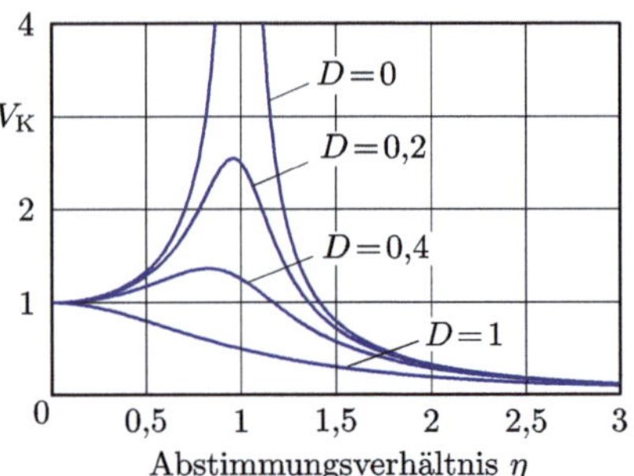


Abb. 24.14: Vergrößerungsfunktion $V_\mathrm{K}$ für harmonische Kraftanregung

beträgt. Für Dämpfungsgrade $D \geq \sqrt{\frac{1}{2}}$ tritt keine Resonanz auf und $V_\mathrm{K}$ verläuft monoton fallend. Schwingungstechnisch interessant ist der überkritische Bereich $\eta > 1$, da für $\eta \to \infty$ die Vergrößerungsfunktion und damit auch die Schwingungsamplitude gegen null gehen. Wir sehen weiterhin, dass die Dämpfung nur nahe der Resonanzstelle einen nennenswerten Einfluss hat.

Der Phasenwinkel zwischen Schwingungsanregung und -antwort beträgt

$$\psi = \arctan\left(\frac{2D\eta}{1-\eta^2}\right). \qquad (24.8)$$

Abb. 24.15 zeigt den Verlauf des Phasenwinkels abhängig vom Abstimmungsverhältnis für verschiedene Dämpfungsgrade. Die Verläufe lassen sich folgendermaßen

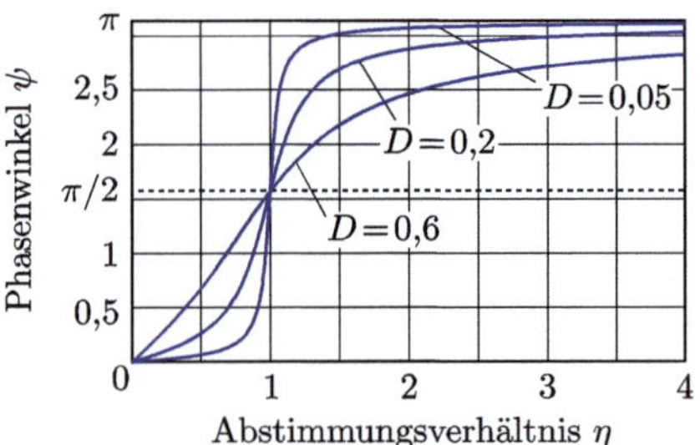


Abb. 24.15: Phasenwinkel

deuten: Bei kleinen Abstimmungsverhältnissen $\eta = \Omega/\omega_0 < 1$ verläuft die Bewegung nahezu in Phase mit der Anregung. Im Bereich sehr hoher Abstimmungsverhältnisse liegt der Phasenwinkel bei $\psi \approx \pi$, d. h. die Schwingung verläuft entgegengesetzt zur Anregung.

Die Lösung für harmonische Kraftanregung gilt analog für momentenerregte Drehschwingungen mit $\hat{M}\sin(\Omega t)$.

### Harmonische Unwuchtanregung

Bauteile, die nicht um ihre Schwerpunktachse rotieren, erzeugen infolge der Unwucht umlaufende Kräfte. Harmonische Unwuchtanregung beschreibt die Schwingungsanregung für den Fall konstanter Drehzahl. Dies ist beispielsweise der Fall bei Rotoren, die nicht ausgewuchtet sind. Abb. 24.16 zeigt als Beispiel ein Schwingungssystem mit einer Unwuchtmasse $m_\mathrm{U}$, die mit dem Radius $r_\mathrm{U}$ rotiert. Für

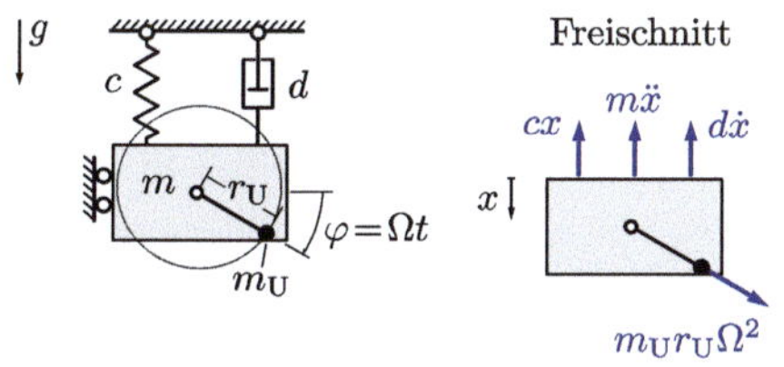


Abb. 24.16: Harmonische Unwuchtanregung

das betrachtete System, das nur in vertikaler Richtung schwingen kann, führt dies zu einer harmonischen Anregung mit $m_\mathrm{U} r_\mathrm{U} \Omega^2 \sin(\Omega t)$. Daraus ergibt sich die Bewegungsgleichung:

$$(m + m_\mathrm{U})\ddot{x} + d\dot{x} + cx = m_\mathrm{U} r_\mathrm{U}\, \Omega^2 \sin(\Omega t)\,.$$

Für die Lösung nach Gleichung (24.7) ist die statische Auslenkung

$$q_0 = \frac{m_\mathrm{U} r_\mathrm{U}}{m + m_\mathrm{U}}$$

und die Vergrößerungsfunktion

$$V_\mathrm{U} = \frac{\eta^2}{\sqrt{(1-\eta^2)^2 + 4D^2\eta^2}}\,.$$

Abb. 24.17 zeigt ihren Verlauf. Resonanz tritt bei

$$\eta_\mathrm{max} = \frac{1}{\sqrt{1 - 2D^2}}$$

und damit oberhalb des Abstimmungsverhältnisses $\eta = 1$ mit dem Maximalwert der Vergrößerungsfunktion

$$V_\mathrm{U,max} = \frac{1}{2D\sqrt{1 - D^2}}\,.$$

auf. Im Gegensatz zur harmonischen Kraftanregung sind hier im unterkritischen Bereich mit $\eta \ll 1$ die Amplituden am geringsten, weshalb bei Unwuchtanregung eine hohe Abstimmung $\omega_0 \gg \Omega$ günstig ist. Die Phasenverschiebung zur Erregerfunktion wird wie bei der Kraftanregung nach Gleichung (24.8) berechnet.

Für unwuchtangeregte Drehschwingungen ist der Winkel der statischen Auslenkung:

$$q_0 = \varphi_\mathrm{stat} = \frac{m_\mathrm{U}\, r_\mathrm{U}\, e_\mathrm{U}}{J_D}\,.$$

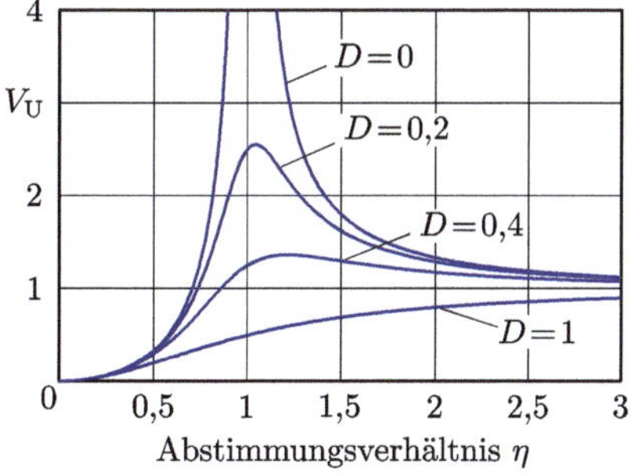


Abb. 24.17: Vergrößerungsfunktion $V_\mathrm{U}$ für harmonische Unwuchtanregung

Dabei bezeichnet $e_U$ der Abstand vom Unwuchtdrehpunkt zum Drehpunkt $D$ der Schwingung und $J_D$ das Massenträgheitsmoment des Schwingungssystems zum Drehpunkt $D$, wie Abb. 24.18 zeigt.

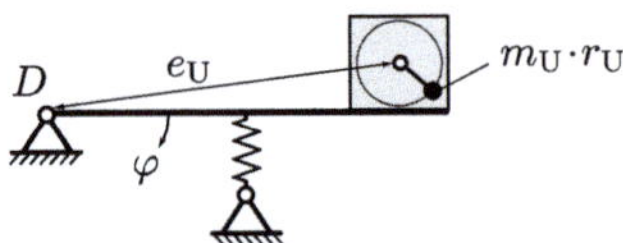


Abb. 24.18: Unwuchterregte Drehschwingung

### Harmonische Stützenanregung

Stützenanregung (Weganregung) beschreibt die Schwingungsanregung durch harmonische Bewegung der Lagerpunkte von Feder und Dämpfer mit $s(t) = \hat{s}\sin(\Omega t)$. Damit kann beispielsweise die Anregung von Fahrzeugschwingungen durch die Fahrbahn oder die Erdbebenanregung von Gebäuden beschrieben werden.

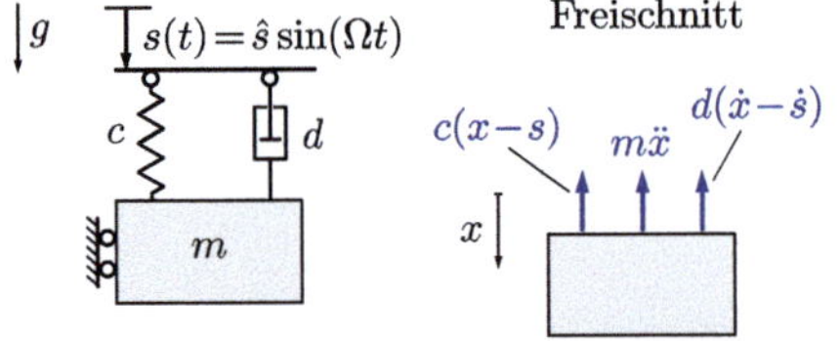


Abb. 24.19: Harmonische Stützenanregung

Für das in Abb. 24.19 gezeigte Beispiel lautet die Bewegungsgleichung:

$$m\ddot{x} + d(\dot{x} - \dot{s}) + c(x - s) = 0\,.$$

Die Parameter der Lösung gemäß Gleichung (24.7) sind

$$q_0 = \hat{s}$$

und

$$V_{St} = \frac{\sqrt{1 + 4D^2\eta^2}}{\sqrt{(1-\eta^2)^2 + 4D^2\eta^2}}\,.$$

Die Vergrößerungsfunktion in Abb. 24.20 weist die Resonanzstelle bei

$$\eta_{max} = \frac{1}{2D}\sqrt{\sqrt{1 + 8D^2} - 1}$$

auf. Die kleinsten Amplituden treten im überkritischen Bereich für $\eta \gg 1$ auf. Eine Ausnahme beobachten wir im Vergleich mit den beiden anderen Anregungsarten. Für $\eta = \sqrt{2}$ hat die Vergrößerungsfunktion $V_{St}$ unabhängig von der Dämpfung den Wert 1. Bei größeren Abstimmungsverhältnissen nehmen die Amplituden mit geringerer Dämpfung ab, anstatt zuzunehmen. Der Maximalwert der Vergrößerungsfunktion im Resonanzfall beträgt:

$$V_{St,max} = \frac{1}{\sqrt{1 - \left(\frac{\sqrt{1+8D^2} - 1}{4D^2}\right)^2}}\,.$$

In der Literatur ist dafür oft die Näherungslösung $V_{St,max} \approx (1 + \frac{5}{2}D^2)/(2D)$ angegeben.

Die Phasenverschiebung bei Stützenanregung beträgt

$$\varphi = \arctan\left(\frac{2D\eta^3}{1 - (1 - 4D^2)\eta^2}\right)\,.$$

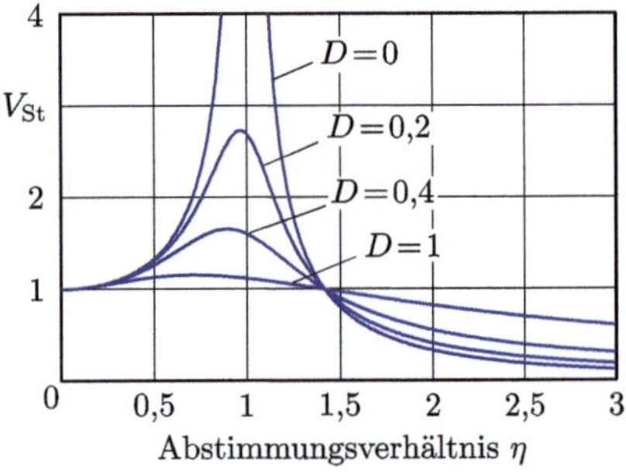


Abb. 24.20: Vergrößerungsfunktion $V_{St}$ für harmonische Stützenanregung

## 24.5 Schwingungssysteme mit höherem Freiheitsgrad

Schwingungssysteme mit höherem Freiheitsgrad ($f > 1$) werden durch ein System von $f$ gekoppelten Differentialgleichungen charakterisiert, das die Bewegung mit $f$ voneinander unabhängigen Bewegungskoordinaten beschreibt. Das Vorgehen zur Lösung solcher Probleme wird exemplarisch für das in Abb. 24.21 gezeigte Beispiel mit dem Freiheitsgrad $f = 2$ und harmonischer Kraftanregung gezeigt. Wir beschränken uns dabei auf den ungedämpften Fall. Die Federn dienen wieder als Ersatzmodell für beliebige elastische Strukturen.

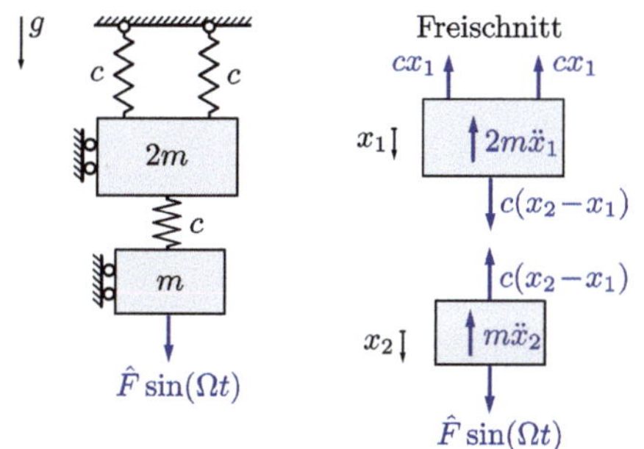


Abb. 24.21: Schwingungssystem ($f = 2$) mit harmonischer Kraftanregung

### Bewegungsgleichungen

Die Gleichgewichtsbedingungen für die freigeschnittenen Körper führen auf ein gekoppeltes Differenzialgleichungssystem mit den zwei Bewegungsgleichungen:

$$\uparrow: \quad 0 = 2m\ddot{x}_1 + 2cx_1 - c(x_2 - x_1)$$

$$\uparrow: \quad 0 = m\ddot{x}_2 + c(x_2 - x_1) - \hat{F}\sin(\Omega t)\ .$$

Diese Gleichungen können in Matrixschreibweise

$$\begin{pmatrix} 2m & 0 \\ 0 & m \end{pmatrix}\begin{pmatrix} \ddot{x}_1 \\ \ddot{x}_2 \end{pmatrix} + \begin{pmatrix} 3c & -c \\ -c & c \end{pmatrix}\begin{pmatrix} x_1 \\ x_2 \end{pmatrix} = \begin{pmatrix} 0 \\ \hat{F}\sin(\Omega t) \end{pmatrix}$$

aufgeschrieben werden. Allgemein lautet die Bewegungsgleichung

$$\boldsymbol{M}\cdot\ddot{\boldsymbol{x}} + \boldsymbol{C}\cdot\boldsymbol{x} = \boldsymbol{f}\,. \tag{24.9}$$

Hierin sind der Koordinatenvektor $\boldsymbol{x}$, der Beschleunigungsvektor $\ddot{\boldsymbol{x}}$ und der Lastvektor $\boldsymbol{f}$ sowie als Systemmatrizen die *Massenmatrix* $\boldsymbol{M}$ und die *Steifigkeitsmatrix* $\boldsymbol{C}$ enthalten.

Wie bei Schwingungssystemen mit dem Freiheitsgrad $f = 1$ setzt sich die Lösung des Differentialgleichungssystems aus einem homogenen und einem partikulären Anteil zusammen: $\boldsymbol{x} = \boldsymbol{x}_\text{h} + \boldsymbol{x}_\text{p}$.

### Freie Schwingung

Zunächst betrachten wir die homogene Lösung der freien Schwingung, bei der keine äußeren Kräfte wirken, also $\boldsymbol{f} = \boldsymbol{0}$ ist. Wird der Lösungsansatz $\boldsymbol{x}_\text{h} = \hat{\boldsymbol{x}}_\text{h}\cos(\omega_0 t + \varphi)$ in das Differentialgleichungssystem (24.9) eingesetzt erhält man das verallgemeinerte Eigenwertproblem:

$$\left(-\omega_0^2\,\boldsymbol{M} + \boldsymbol{C}\right)\hat{\boldsymbol{x}}_\text{h} = \boldsymbol{0}\,. \tag{24.10}$$

Dieses Gleichungssystem für die Schwingungsamplituden $\hat{\boldsymbol{x}}_\text{h}$ besitzt neben der trivialen Lösung für den Ruhezustand $\hat{\boldsymbol{x}}_\text{h} = \boldsymbol{0}$ nur dann nichttriviale Lösungen, wenn die Determinante der Koeffizientenmatrix null ist: $\det\left(-\omega_0^2\,\boldsymbol{M} + \boldsymbol{C}\right) = 0$. Für unser konkretes Beispiel ergibt sich

$$\begin{vmatrix} -2m\,\omega_0^2 + 3c & -c \\ -c & -m\,\omega_0^2 + c \end{vmatrix} = 0\,,$$

was auf eine biquadratische Gleichung für $\omega_0$ führt:

$$\omega_0^4 - \frac{5}{2}\frac{c}{m}\omega_0^2 + \frac{c^2}{m^2} = 0\,.$$

Die positiven Lösungen dieser Gleichung lauten:

$$\omega_{0,1} = \sqrt{\frac{2c}{m}}, \quad \omega_{0,2} = \sqrt{\frac{c}{2m}}.$$

Diese Werte stellen die beiden Eigenkreisfrequenzen des Systems dar. Ihre Quadrate sind die Eigenwerte des zugrunde liegenden Eigenwertproblems. Allgemein gilt: Ein lineares Schwingungssystem mit dem Freiheitsgrad $f$ besitzt genau $f$ Eigenfrequenzen.

Mit jeder Eigenkreisfrequenz ergibt sich aus Gleichung (24.10) ein Amplitudenvektor, der die jeweilige Eigenschwingform beschreibt und damit den zugehörigen Eigenvektor des Problems bildet. Für $\omega_{0,1}$ erhält man $\hat{\boldsymbol{x}}_{\mathrm{h}1} = \left(\hat{x}_{\mathrm{h}1,1} \quad \hat{x}_{\mathrm{h}2,1}\right)^{\mathrm{T}}$ und für $\omega_{0,2}$ entsprechend $\hat{\boldsymbol{x}}_{\mathrm{h}2} = \left(\hat{x}_{\mathrm{h}1,2} \quad \hat{x}_{\mathrm{h}2,2}\right)^{\mathrm{T}}$. Die Koeffizienten sind nicht unabhängig voneinander, da alle vier das Gleichungssystem (24.10) erfüllen müssen. Es genügt daher, eine der beiden Gleichungen aus (24.10) zu verwenden, um das Verhältnis zwischen den beiden Koeffizienten bei einer Eigenkreisfrequenz zu bestimmen. Für unser Beispiel folgt jeweils aus der ersten Gleichung[13]:

$$\hat{x}_{\mathrm{h}2,1} = \frac{1}{c}\left(-2m\,\omega_{0,1}^2 + 3c\right)\hat{x}_{\mathrm{h}1,1} = \mu_1\,\hat{x}_{\mathrm{h}1,1}$$

$$\hat{x}_{\mathrm{h}2,2} = \frac{1}{c}\left(-2m\,\omega_{0,2}^2 + 3c\right)\hat{x}_{\mathrm{h}1,2} = \mu_2\,\hat{x}_{\mathrm{h}1,2}\,.$$

Die Auslenkungsverhältnisse $\mu_1$ und $\mu_2$ charakterisieren die jeweilige Schwingform des Systems. Für $\omega_{0,1}$ ist das Verhältnis $\mu_1 = -1$, d. h. beide Körper schwingen mit gleicher Amplitude, aber gegenläufig. Für $\omega_{0,2}$ ist $\mu_2 = 2$. In diesem Fall schwingen beide Körper in gleicher Richtung, wobei der untere Körper eine doppelt so große Amplitude hat. Die konkrete Größe der Amplituden hängt jedoch von den Anfangsbedingungen der Schwingung ab.

[13] Alternativ kann auch die zweite Gleichung verwendet werden.

Die homogene Lösung für die freie Schwingung ergibt sich aus der Überlagerung der beiden Eigenschwingungen mit den jeweiligen Eigenkreisfrequenzen $\omega_{0,1}$ und $\omega_{0,2}$:

$$\boldsymbol{x}_{\mathrm{h}} = \hat{\boldsymbol{x}}_{\mathrm{h}1}\cos(\omega_{0,1}t+\varphi_1) + \hat{\boldsymbol{x}}_{\mathrm{h}2}\cos(\omega_{0,2}t+\varphi_2)\,.$$

Die vier unabhängigen Konstanten $\hat{x}_{\mathrm{h}1,1}$, $\hat{x}_{\mathrm{h}1,2}$, $\varphi_1$ und $\varphi_2$ werden aus den Anfangsbedingungen für beide Körper bestimmt. Abb. 24.22 zeigt beispielhaft den Verlauf der freien Schwingung für die Anfangsbedingungen

$$x_{\mathrm{h}1}(t{=}0) = 2x_0, \quad x_{\mathrm{h}2}(t{=}0) = x_0,$$
$$\dot{x}_{\mathrm{h}1}(t{=}0) = 0, \quad \dot{x}_{\mathrm{h}2}(t{=}0) = 0\,.$$

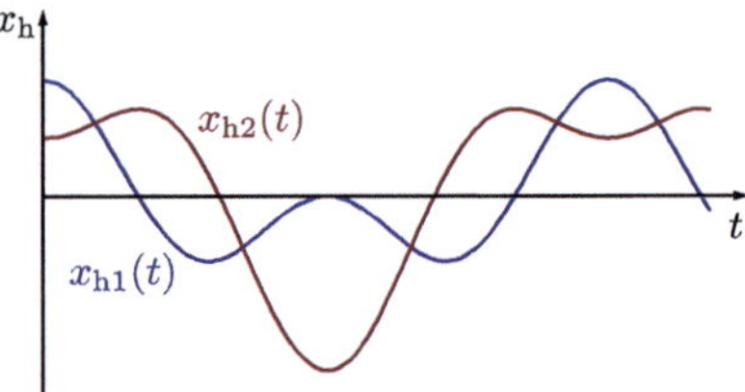


Abb. 24.22: Verlauf der freien Schwingung

## Erzwungene Schwingung

Die Amplituden der erzwungenen Schwingung folgen aus der partikulären Lösung der Bewegungsgleichungen (24.9). Auch wenn im betrachteten Beispiel keine Dämpfung berücksichtigt wird, gibt es in realen Systemen praktisch immer Dämpfung, wodurch der homogene Anteil der Lösung mit der Zeit exponentiell abklingt.

Für die partikuläre Lösung wird ein zur Anregung passender harmonischer Ansatz der Form $\boldsymbol{x}_\mathrm{p} = \hat{\boldsymbol{x}}_\mathrm{p} \sin(\Omega t)$ in das Differentialgleichungssystem eingesetzt. Dies führt auf das lineare Gleichungssystem

$$\left(-\Omega^2 \boldsymbol{M} + \boldsymbol{C}\right) \hat{\boldsymbol{x}}_\mathrm{p} = \boldsymbol{f}\,, \tag{24.11}$$

dessen Lösung die gesuchten Schwingungsamplituden $\hat{x}_{\mathrm{p}1}$ und $\hat{x}_{\mathrm{p}2}$ für eine gegebene Erregerkreisfrequenz $\Omega$ liefert. Die Matrix $(-\Omega^2 \boldsymbol{M} + \boldsymbol{C})$ wird als dynamische Steifigkeitsmatrix bezeichnet, ihre Inverse $\boldsymbol{H} = (-\Omega^2 \boldsymbol{M} + \boldsymbol{C})^{-1}$ als *Frequenzgangmatrix*. Beide Matrizen beschreiben den Zusammenhang zwischen den Erregerkraftamplituden und den resultierenden stationären Schwingungsamplituden des Systems. Zur Bewertung des Schwingungsverhaltens kann dieses Gleichungssystem für verschiedene Erregerkreisfrequenzen $\Omega$ gelöst werden. Der resultierende Verlauf der Schwingungsamplituden in Abhängigkeit von $\Omega$ wird als *Amplitudenfrequenzgang* bezeichnet.

Für unser Beispiel lautet das Gleichungssystem (24.11)

$$\begin{pmatrix} -2m\,\Omega^2 + 3c & -c \\ -c & -m\,\Omega^2 + c \end{pmatrix} \begin{pmatrix} \hat{x}_{\mathrm{p}1} \\ \hat{x}_{\mathrm{p}2} \end{pmatrix} = \begin{pmatrix} 0 \\ \hat{F} \end{pmatrix}.$$

Der zugehörige Amplitudenfrequenzgang ist in Abb. 24.23 dargestellt. Aufgrund der zwei Eigenkreisfrequenzen treten zwei *Resonanzstellen* auf. Wie bei Systemen mit dem Freiheitsgrad 1 gehen die Amplituden an diesen Stellen infolge der vernachlässigten Dämpfung gegen unendlich. Ein besonderes Phänomen tritt bei jener Frequenz auf, bei der Körper 2 in Ruhe bleibt, obwohl eine äußere harmonische Anregung wirkt. Dieser Effekt wird als *Schwingungstilgung* bezeichnet und in der technischen Praxis gezielt eingesetzt, um die Schwingungen einzelner Körper innerhalb eines Systems zu unterdrücken.

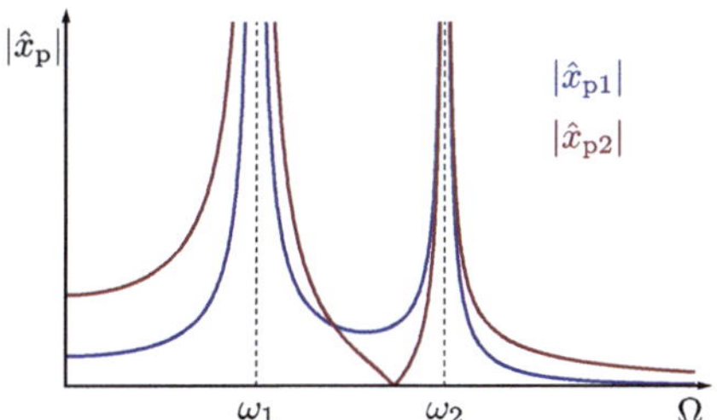


Abb. 24.23: Amplitudenfrequenzgang

MIX
Papier aus verantwortungsvollen Quellen
Paper from responsible sources
FSC® C105338

If you have any concerns about our products,
you can contact us on
**ProductSafety@springernature.com**

In case Publisher is established outside the EU,
the EU authorized representative is:
**Springer Nature Customer Service Center GmbH**
**Europaplatz 3, 69115 Heidelberg, Germany**

Printed by Libri Plureos GmbH
in Hamburg, Germany